生态文明之路：基于新指数的工业节能减排效率研究

蔡宁 著

U0230015

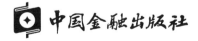中国金融出版社

责任编辑：黄海清
责任校对：李俊英
责任印制：陈晓川

图书在版编目（CIP）数据

生态文明之路：基于新指数的工业节能减排效率研究（Shengtai Wenming-zhilu Jiyu Xinzhishu de Gongye Jieneng Jianpai Xiaolü Yanjiu）/蔡宁著 . —北京：中国金融出版社，2015.5

ISBN 978 - 7 - 5049 - 7909 - 4

Ⅰ.①生⋯　Ⅱ.①蔡⋯　Ⅲ.①工业企业—节能—研究—中国
Ⅳ.①TK01

中国版本图书馆 CIP 数据核字（2015）第 065185 号

出版
发行 **中国金融出版社**

社址　北京市丰台区益泽路 2 号
市场开发部　（010）63266347，63805472，63439533（传真）
网 上 书 店　http://www.chinafph.com
　　　　　　（010）63286832，63365686（传真）
读者服务部　（010）66070833，62568380
邮编　100071
经销　新华书店
印刷　保利达印务有限公司
尺寸　169 毫米×239 毫米
印张　15.75
字数　250 千
版次　2015 年 5 月第 1 版
印次　2015 年 5 月第 1 次印刷
定价　40.00 元
ISBN 978 - 7 - 5049 - 7909 - 4/F. 7469
如出现印装错误本社负责调换　联系电话（010）63263947

序

工业节能减排是建设美丽中国与生态文明，以绿色发展、低碳发展实现美丽中国梦的重要途径和方式，是新时期中国改变传统工业高能耗、高污染、高排放粗放式发展模式，推进新型工业化可持续发展的内在要求。在当前中国工业增长与资源、生态、环境矛盾日益突出的背景下，进一步深化工业节能减排工作，提高工业节能减排效率，完成工业节能减排任务，积极应对全球气候变化，是中国工业不得不面对的问题。

蔡宁博士的专著《生态文明之路：基于新指数的工业节能减排效率研究》，从中国开展节能减排的背景、现状及存在的问题出发，回顾和梳理了目前研究工业节能减排效率及其影响因素的理论和方法，通过借鉴数据包络分析测度生产效率的模型，构建了一种新型的工业节能减排指数 IESERI，评估和测度了中国大陆 30 个省（自治区、直辖市）及 36 个工业行业的节能减排效率。该书基于新构建的节能减排指数，分别从区域和行业视角剖析了中国工业节能减排效率的特征与格局，探索分析了影响工业节能减排效率的主要因素，并提出改善中国工业节能减排的相关政策建议。

中国自 2006 年开展节能减排工作以来，每年的成果都颇为丰硕，但与此同时仍存在较大的提升空间。在国家公布的节能减排成绩单中，各省（自治区、直辖市）及各行业都完成了相应的节能减排任务，成效显著。但实际上，在每一份美丽的成绩单背后，各省（自治区、直辖市）及各行业付出的努力是不一样的，这就是节能减排效率不同带来的差异。哪些省（自治区、直辖市）或行业节能减排效率高？哪些因素影响节能减排效率？哪些政策能够提高节能减排效率？呈现在读者面前的《生态文明之路：基于新指数的工业节能减排效率研究》试图对这些问题进行回答。

蔡宁博士自 2009 年攻读我的硕士研究生以来，便开始进行绿色经济方面的研究。硕博期间，蔡宁博士一直参与我主持的《中国绿色发展指数报告》、《2014 人类绿色发展报告》、《中国绿色金融报告 2014》等系列绿色发展报告研究，多次担任课题联系人，组织协调能力强，研究成果丰富。在本书的写作过程中，蔡宁博士勇于探索、不断创新，将其对中国经济可持续发展的长期研究与思考出版成册，对推进中国经济绿色转型，实现中国经济绿色发展有重要的理论价值与现实意义。在本书即将出版之际，作为蔡宁博士的导师，我感到由衷的高兴，并欣然作序，衷心希望且相信蔡宁博士在未来的学术研究中能继续努力，力争取得更大的成绩。

金山银山，归根结底是要绿水青山。在中国经济进入全面转型升级的新常态时期，作为见证并参与中国经济腾飞发展的我们，如何在实现经济增长的同时做到既要发展，又要绿色，这是一个值得深思的问题。未来中国经济面临着保增长、调结构、促转型的巨大压力，推动中国经济的可持续发展任重而道远。

2014 年 12 月 14 日

目　　录

第一章　导论 ……………………………………………………… 1

　第一节　本书的研究背景与研究意义 ……………………… 2

　第二节　本书的主要研究内容、框架与方法 ……………… 8

　　一、主要研究内容及框架 ………………………………… 8

　　二、主要研究方法 ………………………………………… 11

　第三节　本书的创新、难点与不足 ……………………… 12

第二章　节能减排经济学研究的起源发展、范畴界定及相关概念辨析 ……… 14

　第一节　节能减排经济学研究的起源发展与范畴界定 ……………… 14

　第二节　节能减排相关概念辨析 ………………………… 17

　　一、低碳经济 ……………………………………………… 17

　　二、循环经济 ……………………………………………… 18

　　三、绿色经济 ……………………………………………… 19

　　四、可持续发展 …………………………………………… 20

第三章　工业节能减排效率研究方法与影响因素的梳理、比较与评述 ……… 21

　第一节　基于统计分析的工业节能减排效率指标体系研究 ……… 21

　　一、国际间接评估节能减排效率的指标体系 ……………… 22

　　二、国内直接评估节能减排效率的指标体系 ……………… 26

　　三、国内间接评估节能减排效率的指标体系 ……………… 36

　第二节　基于数据计量模型的工业节能减排效率测度与评估 ……… 43

　　一、增长会计法 …………………………………………… 44

二、随机前沿分析法 ……………………………………………… 46

三、数据包络分析法 ……………………………………………… 48

第三节 影响工业节能减排效率的主要因素 ………………………… 52

一、技术创新与工业节能减排效率 ……………………………… 53

二、环境规制与工业节能减排效率 ……………………………… 56

三、行业异质性与工业节能减排效率 …………………………… 57

四、其他因素与工业节能减排效率 ……………………………… 59

第四节 工业节能减排效率及其影响因素研究成果比较与评述 ……… 62

第四章 中国工业节能减排现状 ……………………………………… 64

第一节 中国工业节能减排总体成效 ………………………………… 64

一、工业结构逐步优化升级 ……………………………………… 64

二、工业能源利用效率不断提高 ………………………………… 69

三、工业污染排放得到有效控制 ………………………………… 73

四、节能减排政策法规逐步完善 ………………………………… 76

第二节 中国各省（自治区、直辖市）工业节能减排进展 ………… 78

一、中国各省（自治区、直辖市）积极优化产能结构，降低工业能源
消耗 ………………………………………………………… 78

二、中国各省（自治区、直辖市）大力减少工业污染物排放 …… 81

第三节 中国重点工业行业的节能减排 ……………………………… 83

一、钢铁行业的节能减排 ………………………………………… 84

二、石油和化工行业的节能减排 ………………………………… 85

三、有色金属行业的节能减排 …………………………………… 87

四、建材行业的节能减排 ………………………………………… 89

五、电力行业的节能减排 ………………………………………… 91

第四节 中国工业节能减排存在的问题 ……………………………… 93

一、能源利用效率虽有所提高，但与国际先进水平差距仍然明显 … 94

二、能源消费结构不甚合理，高耗能行业能耗所占比重太大 …… 95

三、能耗、污染物排放强度和达标率虽有所改善，但总量指标仍然呈

　　　　逐年增长趋势 ··· 96

　　四、部分工业重大污染事故给节能减排带来巨大压力 ············· 96

第五章　工业节能减排指数构建 ··· 99

　第一节　工业节能减排指数构建的理论基础 ······························· 99

　　一、效率与生产率理论的几个相关概念 ································· 99

　　二、测度生产率的相关模型辨析 ··· 103

　第二节　基于 SBM – DDF 模型的工业节能减排指数构建与分解 ········· 107

第六章　区域视角的中国工业节能减排效率测度及分析 ············· 111

　第一节　中国大陆 30 个省（自治区、直辖市）的工业节能减排效率 ····· 111

　　一、区域工业节能减排指数 IESERI – Region 的指标选取及数据来源 ··· 111

　　二、2006—2011 年中国大陆 30 个省（自治区、直辖市）的工业节能

　　　　减排指数 ··· 114

　　三、2006—2011 年区域视角的中国工业节能减排效率格局与特征 ··· 117

　　四、2006—2011 年区域视角的中国工业节能减排效率核密度动态变化 ··· 122

　第二节　中国区域工业节能减排效率 IESERI – Region 与传统单一指标

　　　　之间的关系 ··· 123

　第三节　中国区域工业节能减排效率 IESERI – Region 的聚类分析 ········· 127

第七章　影响中国区域工业节能减排效率的主要因素 ················· 132

　第一节　影响中国区域工业节能减排效率主要因素的变量选择及面板

　　　　数据模型构建 ··· 132

　　一、技术创新变量选择及数据来源 ······································· 133

　　二、环境规制变量选择及数据来源 ······································· 135

　　三、行业异质性变量选择及数据来源 ····································· 137

　　四、区域工业节能减排效率影响因素分解的面板数据模型构建 ····· 138

　第二节　各因素对中国区域视角的工业节能减排效率影响 ··············· 140

　　一、技术创新对区域节能减排效率的影响 ······························· 141

二、环境规制和行业异质性对区域节能减排效率的影响 ………… 142

第八章　行业视角的中国工业节能减排效率测度及分析 ………… 144
　第一节　中国36个工业行业的节能减排效率 ………… 144
　　一、工业行业节能减排指数 IESERI – Sector 的指标选取及数据来源 … 144
　　二、2006—2011年中国36个工业行业的节能减排指数 ………… 146
　　三、2006—2011年行业视角的中国工业节能减排效率水平与特征 ……… 150
　　四、2006—2011年行业视角的中国工业节能减排效率核密度动态
　　　　变化 ………… 157
　第二节　中国工业行业节能减排效率 IESERI – Sector 与传统单一指标之间
　　　　的关系 ………… 158
　第三节　中国工业行业节能减排效率的聚类分析 ………… 162

第九章　影响中国工业行业节能减排效率的主要因素 ………… 167
　第一节　影响中国工业行业节能减排效率主要因素的变量选择及面板
　　　　数据模型构建 ………… 167
　　一、技术创新变量选择及数据来源 ………… 167
　　二、环境规制变量选择及数据来源 ………… 169
　　三、行业异质性变量选择及数据来源 ………… 171
　　四、工业行业节能减排效率影响因素分解的面板数据模型构建 ……… 172
　第二节　各因素对中国行业视角的节能减排效率影响 ………… 173
　　一、技术创新对行业节能减排效率的影响 ………… 174
　　二、环境规制和行业异质性对行业节能减排效率的影响 ………… 175

第十章　结论与建议 ………… 177
　第一节　主要研究结论 ………… 177
　　一、总体而言，中国工业节能减排效率位于一个相对较高的水平，
　　　　中国工业可持续发展处于重要的战略转型期 ………… 177
　　二、中国工业节能减排效率在区域和行业视角均存在非均衡发展特征，

部分省份和行业节能减排效率亟待提高 ·················· 178

三、中国工业节能减排效率水平总体逐年增长，非均衡发展趋势有所
改善 ··· 178

四、中国区域工业节能减排效率呈现东部最高、中部次之、西部最低的
态势，且各区域内部也存在一定的两极分化 ·············· 179

五、战略性新兴产业、高新技术产业比重较高的制造业节能减排效率
普遍较高，资源密集型、劳动密集型和资本密集型的采矿业、
电力、燃气及水的生产和供应业节能减排效率普遍较低；轻工业
节能减排效率普遍较高，重工业节能减排效率普遍较低 ·········· 179

六、技术创新对区域和行业视角的工业节能减排效率提高都有积极的
影响，且内生创新努力、国内创新溢出和国外技术引进三种形式
的技术创新中，不同类型的技术创新其影响程度略有差异 ········· 180

七、环境规制对中、低工业节能减排效率地区和行业工业节能减排效率
的改善都有重要意义，对高工业节能减排效率地区和行业则有消极
的影响 ·· 180

八、工业结构和行业企业规模等行业异质性对工业节能减排效率的
改善也有一定的意义 ·· 181

第二节　进一步提高中国工业节能减排效率的建议 ············ 181

一、加大各省（自治区、直辖市）和各行业淘汰落后产能的力度 ······ 182

二、积极运用市场手段推动节能减排工作 ·························· 184

三、坚定不移地调整工业产业结构 ·································· 186

四、加强中西部地区工业的发展与扶持 ···························· 188

五、重视技术创新对节能减排的积极作用 ·························· 190

第三节　结束语 ··· 191

附录一　1978 年以来中国颁布制定的主要全国性节能减排专项行政法规 ··· 193

附录二　2012 年中国节能减排十大里程碑事件 ······················ 206

参考文献 ··· 212

后记 ··· 232

图 目

图 1-1 本书的研究框架及技术路线 ……………………………………… 11

图 4-1 2006—2011 年中国六大高耗能行业增加值比重变动趋势……… 70

图 4-2 2010—2013 年中国工业行业淘汰落后产能企业数 …………… 71

图 4-3 2006—2011 年中国单位工业增加值能耗……………………… 72

图 4-4 2006—2012 年中国工业废水及主要污染物排放变化趋势……… 74

图 4-5 2011 年中国 30 个省（自治区、直辖市）六大高耗能行业产值占
        工业总产值比重 ………………………………………………… 79

图 4-6 2006—2011 年钢铁、石化、有色金属、建材和电力 5 行业能耗和
        污染物排放占工业总能耗和污染物排放的变化趋势 ………… 83

图 4-7 2008—2012 年中国钢铁行业吨钢综合能耗………………… 85

图 4-8 2006—2010 年中国有色金属行业单位产品综合能耗变化情况……… 89

图 4-9 2006—2011 年电力行业能耗和污染物排放占工业总能耗和污染物
        排放的变化趋势 ………………………………………………… 92

图 4-10 2011 年中国高耗能产品能耗与国际先进水平的对比 ……… 95

图 4-11 2011 年中国六大高耗能行业能耗比重与其他行业的对比 …… 96

图 4-12 2006—2011 年中国节能减排部分总量指标变化情况 ……… 97

图 5-1 生产技术前沿 …………………………………………………… 100

图 5-2 距离函数 ………………………………………………………… 101

图 5-3 方向距离函数 …………………………………………………… 104

图 6-1 2006—2011 年中国大陆 30 个省（自治区、直辖市）工业节能减
        排指数 IESERI-Region 排序 ……………………………… 116

图 6-2 2006—2011 年东部、中部和西部三大区域工业节能减排效率的

总体水平及比较 ·············· 118

图 6 - 3 东部地区各省（自治区、直辖市）的工业节能减排效率 ········ 119

图 6 - 4 中部地区各省（自治区、直辖市）的工业节能减排效率 ········ 120

图 6 - 5 西部地区各省（自治区、直辖市）的工业节能减排效率 ········ 121

图 6 - 6 2006—2011 年区域视角的中国工业节能减排效率核密度动态分布 ····· 122

图 6 - 7 IESERI - Region 与工业能耗强度 ·············· 125

图 6 - 8 IESERI - Region 与工业二氧化硫排放强度 ·············· 125

图 6 - 9 IESERI - Region 与工业化学需氧量排放强度 ·············· 126

图 6 - 10 2006—2011 年区域视角的工业节能减排效率树状聚类图 ········· 128

图 6 - 11 2006—2011 年高、中、低工业节能减排效率地区在中国的区域
分布示意图 ·············· 129

图 6 - 12 2006—2011 年高、中、低工业节能减排效率地区的
IESERI - Region ·············· 130

图 8 - 1 2006—2011 年中国 36 个工业行业节能减排指数
IESERI - Sector 排序 ·············· 149

图 8 - 2 2006—2011 年工业三大门类节能减排效率的总体水平及比较 ······ 151

图 8 - 3 采矿业的节能减排效率 ·············· 152

图 8 - 4 制造业的节能减排效率 ·············· 153

图 8 - 5 电力、燃气及水的生产和供应业的节能减排效率 ·············· 154

图 8 - 6 轻工业与重工业的节能减排效率 ·············· 155

图 8 - 7 轻工业各行业节能减排效率 ·············· 156

图 8 - 8 重工业各行业节能减排效率 ·············· 156

图 8 - 9 2006—2011 年行业视角的中国工业节能减排效率核密度动态
分布 ·············· 157

图 8 - 10 IESERI - Sector 与工业能耗强度 ·············· 160

图 8 - 11 IESERI - Sector 与工业废水排放强度 ·············· 161

图 8 - 12 IESERI - Sector 与工业废气排放强度 ·············· 161

图 8 - 13 2006—2011 年行业视角的工业节能减排效率树状聚类图 ········· 163

图 8 - 14 2006—2011 年高、中、低节能减排效率行业的 IESERI - Sector ··· 165

表　目

表 1 - 1　1978—2012 年中国主要工业产品产量居世界的位次 ……… 4

表 1 - 2　2006—2011 年中国对全国 GDP、能源消耗和主要污染物排放的
贡献 ………………………………………………………………… 5

表 3 - 1　2012 年环境绩效指数指标体系 ……………………………… 23

表 3 - 2　2012 年绿色经济进展测度体系指标框架 …………………… 24

表 3 - 3　2014 年全球能源构架绩效指数指标体系 …………………… 25

表 3 - 4　饶清华等（2011）的节能减排绩效评估体系 ……………… 27

表 3 - 5　王彦彭（2009）的节能减排效率评价体系 ………………… 27

表 3 - 6　杨华峰、姜维军（2008）的节能减排效率评价体系 ……… 28

表 3 - 7　朱启贵（2010）的节能减排效率评价体系 ………………… 30

表 3 - 8　许凯、张刚刚（2010）的化工行业节能减排指标 ………… 31

表 3 - 9　刘元明、单绍磊、高朋钊（2011）的煤炭企业节能减排评价指标
体系 ………………………………………………………………… 32

表 3 - 10　张雷、徐静珍（2010）的水泥行业节能减排综合测评指标体系 … 33

表 3 - 11　王林、杨新秀（2009）的道路运输企业节能减排评价指标体系 … 34

表 3 - 12　李明（2011）的高校节能减排综合评价指标体系 ………… 35

表 3 - 13　樊耀东（2008）的电信运营业节能减排指标体系 ………… 36

表 3 - 14　2013 年中国绿色发展指数中与节能减排相关的指标（部分） …… 37

表 3 - 15　2013 年资源环境综合绩效指数中与节能减排相关的指标 …… 39

表 3 - 16　2010 年环境竞争力评价指标体系中与节能减排相关的指标 ……… 40

表 3 - 17　苏利阳、郑红霞、王毅（2013）工业绿色发展绩效指数中与节能
减排相关的指标 ………………………………………………… 41

表 3 – 18　肖宏伟、李佐军、王海芹（2013）绿色转型发展指标体系中与
　　　　　　节能减排相关的指标 ··· 42

表 4 – 1　2006—2011 年中国高技术产业发展情况················· 68

表 4 – 2　2006—2011 年六大高耗能行业能耗占工业总能耗的比重············· 69

表 4 – 3　2006—2012 年中国工业淘汰落后产能具体情况················· 70

表 4 – 4　2006—2011 年中国主要高耗能产品单位能耗··············· 72

表 4 – 5　2006—2012 年中国工业废气及主要污染物排放治理情况············ 75

表 4 – 6　2006—2012 年中国工业固体废物综合利用水平··············· 76

表 4 – 7　1978—2012 年中国与节能减排工作直接相关的法律············· 77

表 4 – 8　2006—2011 年中国各省（自治区、直辖市）单位工业增加值能耗及
　　　　　变动情况 ··· 80

表 4 – 9　2011 年中国各省（自治区、直辖市）污染物排放较 2010 年
　　　　　变动情况 ··· 81

表 4 – 10　2008—2012 年中国钢铁行业的减排情况 ·············· 85

表 4 – 11　2007—2011 年石油和化学工业中三个主要行业污染物排放情况 ··· 86

表 4 – 12　2013—2017 年石化和化学工业重点耗能产品单位综合能耗下降
　　　　　　目标 ··· 87

表 4 – 13　2011—2012 年对有色金属行业的淘汰落后产能工作 ·········· 88

表 4 – 14　2007—2011 年有色金属行业中两个主要行业污染物排放情况 ····· 89

表 4 – 15　2011—2012 年建材行业淘汰落后产能工作 ·············· 90

表 4 – 16　2011—2012 年非金属矿采选业和非金属矿物制品业减排的具体
　　　　　　情况 ··· 91

表 4 – 17　2007—2011 年中国电力行业每亿元工业增加值污染物排放 ······· 93

表 4 – 18　2006—2010 年中国环境污染与破坏事故情况 ············· 98

表 6 – 1　2006—2011 年中国大陆 30 个省（自治区、直辖市）的工业节能
　　　　　减排指数 IESERI – Region ······························ 114

表 6 – 2　2006—2011 年各省（自治区、直辖市）IESERI – Region 与工业能耗强
　　　　　度、工业二氧化硫排放强度、工业化学需氧量排放强度的均值········ 124

表 6 – 3　2006—2011 年 30 个省（自治区、直辖市）工业节能减排效率的

聚类分析结果 ·· 128

表 6 - 4　2006—2011 年高、中、低工业节能减排效率地区工业能耗及污染
物排放强度 ··· 131

表 7 - 1　2006—2011 年高、中、低工业节能减排效率地区内生创新努力
（II）、国内创新溢出（DI）和国外技术引进（TI）均值 ········· 134

表 7 - 2　2006—2011 年高、中、低工业节能减排效率地区的区域环境规制
强度 ERS - R_{ij} ·· 136

表 7 - 3　2006—2011 年高、中、低工业节能减排效率地区的重工业总产值
占工业总产值比重 HI ····································· 138

表 7 - 4　区域工业节能减排效率影响因素分解面板数据模型选择的协方差
分析检验 ··· 140

表 7 - 5　技术创新、环境规制、行业异质性对区域工业节能减排效率
IESERI - Region 的影响 ··································· 140

表 8 - 1　2006—2011 年中国 36 个工业行业的节能减排指数 IESERI - Sector ··· 146

表 8 - 2　36 个工业行业轻工业和重工业具体划分情况 ················ 154

表 8 - 3　2006—2011 年各工业行业 IESERI - Sector 与工业能耗强度、工业
废气排放强度、工业废水排放强度的均值 ·················· 159

表 8 - 4　2006—2011 年 36 个工业行业节能减排效率的聚类分析结果········ 164

表 8 - 5　2006—2011 年高、中、低节能减排效率行业能耗及污染物排放
强度 ·· 166

表 9 - 1　2006—2011 年高、中、低节能减排效率行业内生创新努力
（II）、国内创新溢出（DI）和国外技术引进（TI）均值 ········· 168

表 9 - 2　2006—2011 年高、中、低节能减排效率行业的环境规制强度
ERS - S_{it} ·· 170

表 9 - 3　2006—2011 年高、中、低节能减排效率行业的行业企业规模 SE ··· 171

表 9 - 4　工业行业节能减排效率影响因素分解面板数据模型选择的协方差
分析检验 ··· 172

表 9 - 5　技术创新、环境规制、行业异质性对工业行业节能减排效率
IESERI - Sector 的影响 ···································· 173

第一章　导　　论

近年来，全球经济快速发展，经济总量翻了两番，人民的生活水平得到极大改善。然而，世界经济的增长主要靠牺牲环境、消耗资源来实现，全球60%的生态系统已因此退化或被破坏。华沙国际气候大会对全球气候变化的激烈讨论，再一次引发了人类对生存环境的关注，可持续发展已成为世界各国共同的任务。改革开放以来，中国经济经历了持续的高速增长，但长期以来以GDP为核心的评价考核机制使我国经济增长方式依然粗放。特别在经历了21世纪新一轮快速工业化、重工业化过程，中国经济，尤其是工业经济与资源、环境、生态之间的矛盾日趋尖锐，已经走到了转型升级的十字路口。

2006年，《中华人民共和国国民经济和社会发展第十一个五年规划纲要》首次将节能减排政策写入国家发展规划，节能减排成为中国工业发展的强制性制度安排。"十二五"时期，中国再一次提出新一轮节能减排任务，进一步确立了节能减排在工业可持续发展中的地位。随着节能减排工作的持续推进，其已经成为建设美丽中国与生态文明，以绿色发展、低碳发展实现美丽中国梦的重要途径和方式，是新时期中国改变传统工业高能耗、高污染、高排放粗放式发展模式，推进新型工业化、新型城镇化可持续发展的内在要求。为更有针对性地在中国开展节能减排工作，提高节能减排在工业企业决策实施中的有效性，实现中国承诺与计划的节能减排目标，本书试图通过理论与实证研究，在分析中国工业节能减排的背景、现状及存在问题的基础之上，构建一种新型的工业节能减排指数评估和测度中国工业节能减排效率，探究影响中国区域和行业工业节能减排效率的主要因素，并进一步提出提高中国工业节能减排效率以实现工业可持续发展的政策建议。

第一节 本书的研究背景与研究意义

工业革命以来，人类创造了辉煌的物质财富，经济社会取得前所未有的繁荣与成就。然而，工业文明在为人类带来巨大福祉的同时，人与自然之间的矛盾从未像今天这样突出，严重的资源消耗、环境污染和生态破坏使人类付出沉重的代价。无论是国际还是国内，资源环境问题已经成为地球、人类、各国面临的首要发展问题，转变经济发展方式，实现资源节约与环境友好的可持续发展刻不容缓。

据联合国等国际组织最新研究报告显示，全球自然资源正在被人类以不可持续的速度过度消耗，欲达到目前欧洲和北美的平均生活水平，至少需要消费3.5 个地球；全球水资源已日益稀缺，到 2030 年超过 20 亿人将出现绝对用水短缺问题，近 60% 的人可能在用水短缺的条件下生存，47% 的人口将生活在严重缺水地区。[①] 1995 年至今，全球森林因无节制的砍伐、毁坏，净损失达到 7 290 万公顷，平均每年损失超过 490 万公顷，每分钟损失近 10 公顷，由森林面积减少带来的全球气候变化、水土流失、酸雨、荒漠化等日趋严重，世界上超过 10 亿居民和约 2/3 的国家将遭受灾难性后果。[②] 全球生物多样性受到严重威胁，被评估的 63 837 个物种中，10 104 个物种脆弱易受伤害、5 766 个物种濒危、3 947 个物种严重濒危、801 个物种已灭绝；在 19 817 个受威胁的物种中，包括 13% 的鸟类，25% 的哺乳动物占比超 100%。30% 的松柏类，33% 的珊瑚、41% 的两栖动物；全球 52% 的商业鱼类已经充分开发而无进一步增值空间，约 20% 已被过度开发，8% 已经耗竭。[③]

工业革命带来的人与自然的问题，使有识之士开始关注资源、环境和生态问题。1962 年，雷切尔·卡逊（Rachel Carson）的著作《寂静的春天》（*Silent*

---

① "World Water Assessment Programme (WWAP)", *The United Nations World Water Development Report 4: Managing Water under Uncertainty and Risk* [M], Paris: UNESCO, 2012.

② "United Nations Environment Programme (UNEP), Towards a Green Economy Pathways to Sustainable Development and Poverty Eradication [M]", www.unep.org/greeneconomy, 2011.

③ "International Union for Conservation of Nature (IUCN)", 2012 IUCN Annual Report: Nature + Towards Nature - based Solutions [M], *International Union for Conservation of Nature*, 2012.

Spring）敲响了全球环境保护的警钟，该书首次将传统征服大自然的观念转向思考人与自然的关系。1972 年，罗马俱乐部发表《增长的极限》（*Limits to Growth*），预言石油等自然资源的供给有限，经济增长不可能无限持续，经济与资源之间的关系引发人们关注。随后，联合国"人类环境与发展"研讨会在斯德哥尔摩举行，讨论并通过了著名的《人类环境宣言》（*Declaration on the Human Environment*），可持续发展思想在本次会议上被提出，全球逐渐进入环境保护的时代。1973 年，中东战争引发的石油危机迅速证明了资源有限这一预言，美国、欧盟、日本等开始重视提高能源效率问题，节能被各国提上议事日程。1987 年，第八次世界环境与发展委员会在日本东京召开，会议通过并出版了《我们共同的未来》（*Our Common Future or Brundtland Report*），系统阐述了生态文明的指导思想可持续发展概念："既能满足当代人的需要，又不对后代人满足其需要的能力构成危害的发展。" 1992 年，联合国环境与发展大会通过《21 世纪议程》（*Agenda* 21），该报告作为世界范围内可持续发展行动计划，得到了最高级别的政治承诺，高度凝结了各国、国际组织、社会各界对可持续发展的认识。随后，1994 年通过的《关于小岛屿发展中国家可持续发展的巴巴多斯行动纲领》（*Barbados Programme of Action*，BPOA）、1997 年通过的《进一步执行 21 世纪议程方案》（*the Programme for the Further Implementation of Agenda 21*）、2002 年通过的《约翰内斯堡执行计划》（*Johannesburg Declaration on Sustainable Development*）、2005 年通过的《进一步执行巴巴多斯行动纲领的毛里求斯战略》（*the Mauritius Strategy for the Further Implementation of the BPOA*）、2012 年通过的《我们期望的未来》（*the Future We Want*）等逐步明确了可持续发展的具体行动和措施，对传统征服、掠夺、污染自然的工业文明进行生态、和谐、可持续的变革，改善人类与自然的关系，走可持续发展之路已逐步成为全球的共识。

中国的工业发展也带来严峻的资源、环境、生态问题，改变传统高能耗、高污染、高排放粗放式发展模式，走可持续的工业之路迫在眉睫。

1978 年，改革开放使中国工业跨越式发展，中国建成了独立完整的工业体系，超过 200 种工业产品产量高居世界首位，中国实现了从农业大国向工业大国的转变，经济连续多年高速增长，具体如表 1－1 所示。

表1-1　　　　1978—2012 年中国主要工业产品产量居世界的位次

指标	1978 年	1990 年	2000 年	2005 年	2010 年	2011 年	2012 年
钢	5	4	1	1	1	1	1
煤	3	1	1	1	1	1	1
原油	8	5	5	5	4	4	4
发电量	7	4	2	2	1	1	1
水泥	4	1	1	1	1	1	1
化肥	3	3	1	1	1	1	1
棉布	1	1	2	1	1	1	1
国内生产总值	10	11	6	5	2	2	2
进出口贸易额	29	15	8	2	2	2	2

资料来源：中华人民共和国国家统计局：《2013 中国统计年鉴》，北京，中国统计出版社，2013。

　　然而，中国工业仍处于全球产业价值链中低端，在经历 21 世纪新一轮快速工业化和重工业化的过程中，工业造成的资源、生态、环境问题日益突出，转变中国工业发展方式刻不容缓。2011 年，中国工业增加值占全国 GDP 总量的 39.84%，但能源消费总量、二氧化硫排放量、烟尘排放量却分别高达全国总量的 70.82%、90.95% 和 73.42%（见表 1-2）[①]；2012 年，中国能源消耗总量高达 36.2 亿吨标准煤，中国仍然是世界上能源消费第一大国[②]；中国单位 GDP 能耗累计下降 6.6%，仅完成"十二五"规划节能减排任务的 38%，远远落后于时间进度要求；中国单位 GDP 能耗强度、单位 GDP 二氧化硫、氮氧化物、氨氮、化学需要量和二氧化碳排放 6 个节能减排指标中，仅二氧化硫、化学需要量和氨氮的排放 3 个指标完成了当年任务，其余 3 个指标与预期尚有一定差距[③]；中国雾霾的六大贡献源中，工业污染贡献高达 28%，远高于土壤尘、燃煤、生物质燃烧、汽车尾气与垃圾焚烧和二次无机气溶胶其他 5 个贡献源。[④]

---

①　数据由《2013 中国统计年鉴》和《2012 中国环境统计年鉴》计算而得。
②　资料来源：《2013 中国统计年鉴》。
③　赵家荣：《推动节能低碳发展是必然选择》，载《经济参考报》，2013-11-25。
④　Zhang, R., Jing, J., Tao, J., Hsu, S.-C., Wang, G., Cao, J., Lee, C. S. L., Zhu, L., Chen, Z., Zhao, Y., and Shen, Z, "Chemical characterization and source apportionment of PM2.5 in Beijing: seasonal perspective", *Atmospheric Chemistry and Physics* [J], 2013 (13), 7053 – 7074, doi: 10.5194/acp-13-7053-2013.

表 1－2 　　　　2006—2011 年中国对全国 GDP、能源消耗和
主要污染物排放的贡献　　　　　单位:%

指标	2006 年	2007 年	2008 年	2009 年	2010 年	2011 年
工业增加值占全国 GDP 比重	42.21	41.58	41.48	39.67	40.03	39.84
工业能源消耗占全国能源消费比重	71.12	71.60	71.81	71.48	71.12	70.82
工业二氧化硫排放占全国二氧化硫排放比重	86.33	86.71	85.79	84.26	85.32	90.95
工业烟尘排放占全国烟尘排放比重	79.40	78.16	74.39	71.30	72.75	73.42

资料来源：中华人民共和国国家统计局：《2013 中国统计年鉴》，北京，中国统计出版社，2013；国家统计局、环境保护部：《2012 中国环境统计年鉴》，北京，中国统计出版社，2012。

事实上，早在 1983 年，中国便将环境保护作为基本国策之一，高度重视人与自然、社会的可持续发展。1994 年，中国编制了《中国 21 世纪议程——中国 21 世纪人口、环境与发展白皮书》，首次把可持续发展战略纳入经济和社会发展的长远规划，并于 1997 年党的第十五次全国代表大会、2002 年党的第十六次全国代表大会把可持续发展战略确定为中国现代化建设中必须实施的战略，提出增强可持续发展能力，改善生态环境，提高资源利用效率，促进人与自然和谐，推动社会走向生产发展、生活富裕、生态良好的文明发展之路。然而，这些可持续发展战略和规划都是以全国的经济发展为基础，并不专门针对工业。

2006 年 3 月 14 日，《中华人民共和国国民经济和社会发展第十一个五年规划纲要》表决通过，"十一五"规划纲要正式提出节能减排概念，并将其作为一项强制性制度安排，成为中国首个专门以工业为对象的可持续发展战略规划。"十一五"规划纲要首次明确了"十一五"期间的节能减排任务："单位国内生产总值能耗降低 20% 左右、主要污染物排放总量减少 10%"。2007 年 6 月 3 日，中国公布《国务院关于印发节能减排综合性工作方案的通知》，从明确目标、优化结构、加大投入、创新模式、依靠科技、强化责任、健全法制、完善政策、加强宣传、政府带头 10 个方面全面阐释了节能减排，成为中国开展节能减排工作最重要的指导性文件之一。随后，中国又陆陆续续公布了其他节能减排规章制度，如《单位 GDP 能耗监测体系实施方案》、《主要污染物总量减排监测办法》等。

2010 年 3 月 14 日，《中华人民共和国国民经济和社会发展第十二个五年规划纲要》正式公布，"十二五"规划纲要再一次提出节能减排任务，进一步确立

了节能减排在中国工业可持续发展中的地位："单位国内生产总值能源消耗降低16%，单位国内生产总值二氧化碳排放降低17%。主要污染物排放总量显著减少，化学需氧量、二氧化硫排放分别减少8%，氨氮、氮氧化物排放减少10%。"

党的十八大进一步明确"坚持节约资源和保护环境的基本国策，坚持节约优先、保护优先、自然恢复为主的方针，着力推进绿色发展、循环发展、低碳发展，形成节约资源和保护环境的空间格局、产业结构、生产方式、生活方式，从源头上扭转生态环境恶化趋势，为人民创造良好生产生活环境，为全球生态安全作出贡献"；"面对资源约束趋紧、环境污染严重、生态系统退化的严峻形势，必须树立尊重自然、顺应自然、保护自然的生态文明理念，把生态文明建设放在突出地位，融入经济建设、政治建设、文化建设、社会建设各方面和全过程，努力建设美丽中国，实现中华民族永续发展"。

十八届三中全会更是强调了"紧紧围绕建设美丽中国深化生态文明体制改革，加快建立生态文明制度，健全国土空间开发、资源节约利用、生态环境保护的体制机制，推动形成人与自然和谐发展现代化建设新格局"。"建设生态文明，必须建立系统完整的生态文明制度体系，实行最严格的源头保护制度、损害赔偿制度、责任追究制度，完善环境治理和生态修复制度，用制度保护生态环境。"

无论是建设生态文明，还是建设美丽中国，或是绿色发展、循环发展、低碳发展，节能减排都成为其实现不可或缺的重要手段与方式之一。随着新时期中国新型工业化可持续发展的要求，如何改变传统工业"三高"粗放式发展模式，进一步推进节能减排工作，完成节能减排任务，成为中国不得不面对的问题。特别是随着多哈、华沙等国际气候大会谈判进展缓慢，国际社会在全球气候变化中的博弈日趋激烈，中国在参与全球气候变化谈判中，如何实现中国工业进一步发展、增强中国工业世界竞争力的同时，将能源消耗和污染物排放控制在国际准则范围之内，实现中国对国际社会的承诺，提高节能减排效率是一条长效可行的路径。

鉴于此，本书借鉴数据包络分析测度生产效率的方法，以非径向、非导向性基于松弛测度的方向距离函数（Slack Based Measure – Directional Distance

Function，SBM - DDF）为基础，构建一种新型的工业节能减排指数（Industry Energy Saving and Emission Reduction Index，IESERI），评估 2006—2011 年中国大陆 30 个省（自治区、直辖市）及 36 个工业行业的节能减排效率。随后，本书将进一步探究影响中国区域和行业工业节能减排效率的因素，并构建面板数据模型进行实证，提出通过改善工业节能减排效率提高中国工业生态文明水平，推进新型工业化，实现工业可持续发展的政策与建议。

本书的理论和现实意义在于：

第一，构建一套更为科学、客观的研究方法，测度、反映 2006—2011 年中国大陆 30 个省（自治区、直辖市）及 36 个工业行业在节能减排工作方面的努力，以进一步深化推进中国的节能减排工作，实现促进激励、共同进步的目的。节能减排工作是中国中央和地方各级政府着力推进的工作之一，其绩效和效率对地方政府的考评有着一票否决的决定性作用。通过更为科学、客观的方法测度与评估区域和行业在节能减排工作方面的努力，可以真实地了解中国目前节能减排工作的基本现状，考核各地政府和各行业在节能减排工作上的经验和不足，鼓励先进、激励后进，在下一个时期内更好地开展节能减排工作。

第二，有利于丰富中国节能减排效率的理论研究，深刻了解影响中国工业节能减排效率的不同因素，采取相关措施，更有针对性地提高节能减排效率。测度节能减排效率的方法及影响节能减排工作的因素很多，方法包括统计分析法、数据计量模型法，因素有人为因素、客观因素，中央因素、地方因素，政府因素、技术因素，区域因素、行业因素等，对此观点百花齐放，众说纷纭，但目前尚缺乏足够的数据和科学的方法进行实践验证。本书的研究丰富了中国在节能减排效率理论方面的研究，为可能的因素是否影响及如何影响节能减排效率提供了实证证据，有利于中央和地方各级政府和各行业结合自身发展的实际情况，制定相关政策，采取相关措施，设计节能减排效率提高机制，更有针对性地推进工业节能减排。

第三，基于工业节能减排，为国家调整产业结构、加快转变经济发展方式，推进新型工业化，提高工业生态文明水平，实现工业可持续发展，建设美丽中国提供相关的理论依据。中国优化调整产业结构、加快转变经济发展方式的一项重要举措就是淘汰落后产能，实施节能减排。本书的研究评估了 36 个工业行业的节能减排效率，为淘汰落后产能等经济政策产业的选择提供了依据。同时，本书的研究可以促进改善能耗强度和减少污染物排放，改变传统工业高能耗、高污染、高排放的粗放式发展模式，提高工业生态文明水平，推进资源节约与环境友好的美丽中国建设。

第四，获取中国经济处于新常态时期的工业节能减排红利。目前中国经济正处于增长速度换挡期、结构调整阵痛期和前期刺激政策消化期"三期叠加"的新常态时期，此时期的主要特点：经济增长速度由高速增长转为中高速增长；经济结构不断优化升级；经济发展从传统的劳动、资本要素驱动转为技术创新与制度创新驱动。工业节能减排效率的提高，一方面有利于国家将更多的资源用于解决经济增长问题，而不是资源、生态、环境问题，另一方面有利于经济结构向绿色、环保、健康、可持续的方向调整，优化产业结构。此外，还有利于在提高节能减排效率过程中以创新催生技术红利与制度红利。

第五，在中国参与全球气候变化的博弈中，保证中国工业持续健康发展的同时，增强中国工业在世界的竞争力，实现中国对世界的节能减排承诺，体现中国在全球可持续发展中的大国责任。产品的能源消耗、碳和污染物排放逐渐成为发达国家制约中国工业产品的绿色壁垒之一，节能减排效率的提高有利于增强中国产品在世界平台的国际竞争力。在当前可持续发展的大背景下，中国作为发展中大国自身节能减排承诺的实现，既为发达国家和发展中国家作了表率，又体现了作为一个大国应尽的责任，有利于推动全球的可持续发展进程。

第二节　本书的主要研究内容、框架与方法

一、主要研究内容及框架

在介绍本书的研究内容及研究框架前，有必要对本书的基本研究时间段和研究对象进行解释和说明。

为何将基本研究时间段确定为2006—2011年？由前文的研究背景知道，虽然中国早在20世纪80年代便开始了对环境保护和可持续发展的相关探索和工作，但明确提出节能减排政策，将节能减排作为中国工业强制性制度安排却始

于 2006 年 3 月 14 日的《中华人民共和国国民经济和社会发展第十一个五年规划纲要》，因此，本书的基本研究时间段从 2006 年开始。同时，在研究过程中需要进行大量数据分析，尤其是技术和污染物排放的相关数据，根据国家统计局、科技部和环保部数据公开情况，目前仅能获得 2011 年的数据。因此，鉴于数据的可获得性及研究期内数据的一致性，本书的基本研究时间段止于 2011 年。

为何将本书的基本研究对象确定为中国大陆的 30 个省（自治区、直辖市）和 36 个工业行业？区域方面，在研究过程中，西藏、香港、澳门和台湾四个地区因部分关键数据缺失或难以统一，如西藏能源数据和污染物排放数据缺失，香港、澳门和台湾地区数据统计口径与大陆不一致，因此本书的研究不包括它们。行业方面，国家统计局对中国工业的分类包括 39 个行业，但在科技方面的数据统计中，2006—2011 年"其他采矿业"和"废弃资源和废旧材料回收加工业"两个行业部分年份关键数据缺失；在环境方面的数据统计中，"橡胶制品业"和"塑料制品业"部分年份是按照一个行业统计。因此，本书的行业研究将不包括"其他采矿业"和"废弃资源和废旧材料回收加工业"两个行业，同时将"橡胶制品业"和"塑料制品业"两个行业的数据加总视为一个行业"橡胶塑料制品业"，最终只包括 36 个行业。

在对宏观经济学、区域经济学、产业经济学、资源环境经济学、计量经济学等相关学科理论梳理的基础上，本书吸收、借鉴已有文献对节能减排效率及其影响因素的研究方法和研究思路，根据数据包络分析测度生产效率的方法，以目前较为前沿的非径向、非导向性基于松弛变量的方向距离函数为基础，构建一种新型的工业节能减排指数，来评估区域和行业的工业节能减排效率。随后，本书进一步探究影响中国区域和行业工业节能减排效率的因素，并构建面板数据模型进行实证，最终得到相关的政策与建议。

基于此，本书试图解决以下几个问题：

问题一：理论上，工业节能减排效率如何测度？有哪些影响因素？

问题二：自节能减排政策实施以来，中国大陆 30 个省（自治区、直辖市）和 36 个工业行业节能减排实施的效率如何？实践中都有哪些因素影响其效率的提高？

问题三：在现有测度节能减排效率的诸多方法中，各方法的优劣如何？本书构建的新型节能减排指数较现有方法有哪些改进？

问题四：根据理论分析和实证分析的结果，为提高中国区域和行业节能减排效率，应该采取哪些应对措施？

针对以上四个问题，本书拟通过十章来进行相关研究：

第一章为导论。本章主要介绍本书的研究背景、研究意义、研究内容、研究创新与不足等，总领全文。通过对当前国际及国内工业发展与资源、环境、生态之间日趋尖锐矛盾的背景说明，交待本研究的必要性和可行性。

第二章和第三章为工业节能减排效率及其影响因素的理论回顾及研究评述。这两章主要介绍经济学界研究节能减排的起源及范畴，以及目前国内外工业节能减排效率的研究方法，并梳理影响工业节能减排效率的主要因素，评述当前的研究，说明本研究较已有文献可能的拓展与贡献，是本书的理论基础。

第四章为中国工业节能减排现状。通过介绍中国工业节能减排的背景与现实意义、中国工业节能减排取得显著成效、中国各地区工业节能减排进展、中国重点工业行业的节能减排等，分析目前中国节能减排的总体情况，了解中国节能减排的现状，是本书的主体内容之一。

第五章为工业节能减排指数构建。本章从效率与生产率理论出发，通过同类研究几个模型的对比，选取非径向、非导向性基于松弛变量的方向距离函数，构建一种新型生产率测度的工业节能减排指数，是后文节能减排效率评估与分析的基础，是本书的核心内容之一。

第六章和第七章为区域视角的工业节能减排效率及影响因素分析。这两章以前文构建的工业节能减排指数计算中国大陆30个省（自治区、直辖市）工业节能减排效率，随后对测算结果进行聚类分析，并以前文的理论研究选取区域影响因素变量及构建面板数据模型，探究各因素对区域视角的工业节能减排效率影响，是本书的核心内容之一。

第八章和第九章为行业视角的工业节能减排效率及影响因素分析。这两章计算中国36个工业行业的节能减排效率，随后进行相关聚类分析、行业影响因素变量选择及面板模型构建，分析各因素对行业视角的工业节能减排效率影响，也是本书的核心内容之一。

第十章为结论与建议。通过前文的分析，提出旨在通过技术创新、环境规制、优化调整行业异质性等提高工业生态文明水平，推进新型工业化，实现工业可持续发展的政策建议。

本书的研究框架及技术路线如图1-1所示。

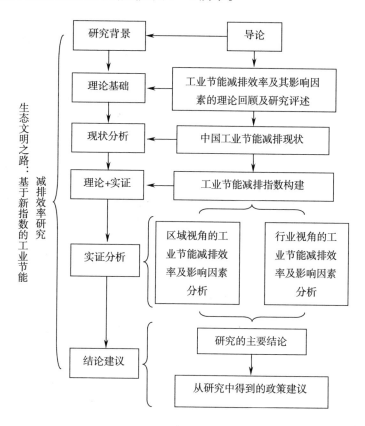

图1-1　本书的研究框架及技术路线

二、主要研究方法

本书采取的主要研究方法有：

（一）规范研究

在对工业节能减排效率测算方法及其与技术创新、环境规制、行业异质性等影响因素关系的相关理论与文献梳理中，需要借鉴宏观经济学、区域经济学、产业经济学、资源环境经济学、计量经济学等相关理论，对它们进行规范研究，为本书提供相关的研究依据。同时，在介绍中国工业节能减排的背景与现实意义、中国工业节能减排取得显著成效、中国各地区工业节能减排进展、中国重点工业行业的节能减排等时，也需要进行规范研究，明确目前中国节能减排的总体情况，了解中国节能减排的现状。

（二）实证研究

本书的核心内容是构建工业节能减排指数衡量工业节能减排效率，用技术创新、环境规制、行业结构等的相关指标数据建立面板数据模型，分析其对节能减排效率的影响，因此，在本书的核心章节对区域和行业节能减排效率作分析时，实证研究必不可少。

（三）应用运筹学的理论与方法

本书依据效率与生产率理论，以非径向、非导向性基于松弛变量的方向距离函数为基础构建节能减排指数，是目前较为前沿的运筹学方法之一。该方法在目前研究效率和生产率的文献中比较成熟，在考虑环境和污染物排放后可测度绿色生产效率，测度的结果较其他方法更加客观、真实。

第三节　本书的创新、难点与不足

一、本书的创新

第一，对非径向、非导向性基于松弛变量的方向距离函数进行了拓展。现有研究中该模型更多地用于测度基于投入产出的整体效率，没有深入剖析各投入产出要素的具体效率表现。刘瑞翔与安同良（2012）[1]、陈诗一（2012）[2] 等少数几位学者对其进行了投入、期望产出和非期望产出的第二层次分解，但这一分解仍然不够彻底。本书进一步对该模型进行拓展，对投入、期望产出和非期望产出进行了第三层次的分解，找到了各要素效率的具体来源。

第二，节能减排效率测度方法的创新。现有对节能减排效率的研究主要以定性分析、统计分析和计量分析为主，如基于传统投入产出方法的节能效率测

---

[1]　刘瑞翔、安同良：《资源环境约束下中国经济增长绩效变化趋势与因素分析——基于一种新型生产率指数构建与分解方法的研究》，载《经济研究》，2012（11）。

[2]　陈诗一：《中国各地区低碳经济转型进程评估》，载《经济研究》，2012（8）。

度等，以数据包络分析进行的研究较少。本书以非径向、非导向性基于松弛变量的方向距离函数这一较为前沿的方法为基础，同时评价中国工业节能与三种主要污染物减排的效率，并系统地提出一种新型的工业节能减排指数（IESERI）构建与分解方法，评估中国大陆 30 个省（自治区、直辖市）和 36 个工业行业的工业节能减排效率。相比较现有节能减排效率研究，该方法既解决了传统方向距离函数因径向性会使效率被高估的问题，又解决了因导向性而无法同时非比例地兼顾投入与产出效率变动的问题，在节能减排效率测度中尚属首次。

第三，本书全面分析了技术创新、环境规制和行业异质性对工业节能减排效率的影响，并进一步将技术创新分解为内生创新努力、本土创新溢出和国外技术引进三种形式，将环境规制分解为市场型环境规制和行政型环境规制两种形式，然后将二者拟合为一个环境规制强度，结合行业异质性，深度剖析它们对基于区域和行业数据工业节能减排效率的影响机制。

二、本书的难点与不足

第一，依据效率与生产率理论，以非径向、非导向性基于松弛变量的方向距离函数为基础，构建工业节能减排指数。目前对这一领域的研究相对较少，可借鉴和参照的文献非常有限，是本书的创新之一，难度较大。

第二，数据收集的难度较大，特别是能源区域方面的数据及 2011 年污染物方面的数据。能源区域方面的数据需要以各地区能源平衡表中工业终端消费量为基础，根据当年各能源实物量及其对应的折算系数折算加总获得标准量。2011 年污染物方面的数据由于国家统计局及环境保护部在 2011 年对其统计口径进行了调整，如工业固体废弃物综合利用率等，部分指标也需要进行折算。

第三，研究的时间跨度相对较短，样本量有限，面板数据模型效果不敢保证。本书以 2006—2011 年作为研究的时间段，仅有 6 年时间，因此无论是最后区域的面板数据模型，还是行业面板数据模型，样本量都显得较少，模型拟合的效果可能存在一定偏差。

第二章 节能减排经济学研究的起源发展、范畴界定及相关概念辨析

本质上来看，节能减排并不是严格意义上的经济学概念，其属于经济发展中的一种制度安排，用于调节经济发展过程。但在节能减排调节经济发展的过程中，其对经济与生态、资源、环境之间的资源配置发挥了重大作用，影响了经济增长、产业政策，因此其被赋予了经济学意义。本章主要进行节能减排经济学研究的起源发展及范畴界定，明确经济学界对节能减排研究的起源及本书节能减排的研究范围。同时辨析节能减排的相关概念，明晰节能减排与低碳经济、循环经济、绿色经济、可持续发展之间的关系。

第一节 节能减排经济学研究的起源发展与范畴界定

对节能减排最早的直接关注源自于 1973 年中东战争引起的石油危机。① 全球性油价飙升导致的石油短缺和第二次世界大战后最严重的经济危机使世界开始思考能源安全和能源效率问题，各国为防止因能源储备不足而引起的经济衰退和社会恐慌，纷纷出台能源节约政策。随后，1978 年因伊朗时局发生剧烈变动和两伊战争引起的第二次石油危机，以及 1990 年因伊拉克受国际经济制裁导致的第三次石油危机，使人们深刻地认识到节约、储备能源，提高能源利用效率的重大战略意义，国际社会开始了人类历史上最大规模的节能运动。

1979 年，第一次世界气候大会在瑞士日内瓦召开，科学家警告大气中二氧化碳浓度增加将导致地球升温，碳排放首次作为国际问题被提上议事日程。随

---

① 1972 年罗马俱乐部发表《增长的极限》（*Limits to Growth*），虽然预言石油等自然资源供给有限，但其并未直接提到要提高能源效率、节约能源等问题。

后成立的政府间气候变化专门委员会（Intergovernmental Panelon Climate Change，IPCC）及其发布的多份气候变化评估报告等进一步加快了全球关注碳排放和气候变化的进程，《联合国气候变化框架公约》、《京都议定书》、哥本哈根世界气候大会等有代表性的纲领性文件和会议先后发布和召开。

国际组织、世界各国的政治响应及科学家对全球能源危机、碳排放的高度关注，直接推动了经济学界对这一问题的重视。Leontief 和 Ford（1972）利用结构分解法，对美国碳排放的动因进行了详细的解析。[①] Schipper（1989）研究指出，大约50%的能源消耗是由人们日常生活造成的，如汽车、家庭用电等，节约能源需从每个居民做起。Common（1992）利用指数分解法，深入分析澳大利亚家庭能源消费与二氧化碳排放的关系。Masih（1996）利用误差修正模型，研究了经济发展和能源消耗之间的相互影响。[②] Dierz 和 Rosa（1997）通过构建模型发现，碳排放与个人收入呈一定的线性反比关系，无节制的经济增长会导致严重的环境破坏。Roberts 和 Grimes（1997）的研究表明，二氧化碳排放强度与经济发展正相关，减少排放便会降低经济增长速度。[③]

但早期对节能减排的研究都是以节能或减排单独进行，并没有明确提出节能减排这一概念，将其进行共同研究。且此时各界对环境问题的关注尚处于萌芽阶段，人们对废水、废气、固体废弃物排放的危害认识不够，减排仅仅关注的是碳排放减少问题，不涉及其他。对这一节能减排概念的理解被认为是狭义的节能减排，即仅减少能耗和碳排放的节能减排。

近年来，随着工业经济的高速发展，工业文明为人类带来的副作用也开始显现，环境被污染、资源被消耗、生态被破坏等随处可见。1991 年，Grossman 和 Krueger 提出环境库兹涅茨曲线（Environmental Kuznets Curve，EKC）开启了经济学界对环境与经济发展之间关系的研究，此后越来越多的学者开始关注经

---

① Leontief W. and D. Ford, "Air Pollution and the Economic Structure: Empirical Results of Input – output Computations", *Input – Output Techniques* [M], Amsterdam: North Holland Publishing Company, 1972.

② Masih A. M. and R. Masih, "Energy Consumption, Real Income and Temporal Causality: Results from a Culti – county Study Based on Co – integration and Error – correction Modeling Techniques", *Energy Economics*, 1996 (18): 165 – 183.

③ Roberts J. T. and P. E. Grimes, "Carbon Intensity and Economic Development 1962 – 91: A Brief Exploration of the Environmental Kuznets Curve", *World Development*, 1997 (2): 191 – 198.

济增长带来的污染排放问题。[①] 如世界银行（1992）用 EKC 曲线研究表示，经济活动将影响环境质量，国家的经济发展水平越高，越应该关注环境问题；Schmalesee（1998）通过分析个人收入与二氧化碳之间的关系，找到了环境库兹涅茨曲线存在的现实证据；Martinez 和 Bengochea（2004）利用 22 个 OECD 国家碳排放和人均收入数据，认为环境库兹涅茨曲线除了是倒 U 形，还有可能是 N 形；洪阳、栾胜基（1999）、余瑞祥（1999）、沈满洪、许云华（2000）、凌亢、王浣尘、刘涛（2001）等进行了中国环境库兹涅茨曲线的相关分析。[②]

这一时期对减排的阐释已经由最初的减少碳排放扩展为减少包括碳、二氧化硫、氮氧化物、化学需要量、氨氮、固体废弃物等温室气体和环境污染物在内的排放，此即为广义的节能减排概念。但学界，尤其是中国经济学界仍然没有将节能减排放在一起研究，二者仍然是相对独立的。

直到 2006 年，《中华人民共和国国民经济和社会发展第十一个五年规划纲要》明确提出节能减排概念，并制定了"十一五"期间中国节能减排的具体任务，中国经济学界才开始对广义节能减排的现状、存在问题、效率等进行研究。如著名经济学家张卓元（2007）提出以节能减排推动经济增长方式转变，认为中国应借节能减排之机提高经济增长的质量和效益，使经济、社会进入科学发展轨道[③]；齐建国（2007）分析了在保持"十一五"期间经济高速增长的前提下，实现节能减排目标的可能性及实现路径[④]；陈好孟（2007）探讨了金融支持节能减排的问题，认为在当前优化调整产业结构，加快转变经济发展方式的前提下，要充分发挥国家金融调控的杠杆作用，促进节能减排目标的实现[⑤]；刘书俊（2007）研究了节能减排与环境库兹涅茨曲线，认为通过节能减排可以避免

① Grossman G. M. and A. B. Krueger, "Environmental Impacts of the North American Free Trade Agreement", *NBER Working Paper* 3914, 1991.

② 洪阳、栾胜基：《环境质量与经济增长的库兹涅茨关系探讨》，载《海环境科学》，1999（3）；余瑞祥：《关于资源环境库兹涅茨曲线的解释》，载《资源·产业》，1999（5）；沈满洪、许云华：《一种新型的环境库兹涅茨曲线——浙江省工业化进程中经济增长与环境变迁的关系研究》，载《浙江社会科学》，2000（4）；凌亢、王浣尘、刘涛：《城市经济发展与环境污染关系的统计研究——以南京市为例》，载《统计研究》，2001（10）。

③ 张卓元：《以节能减排为着力点推动经济增长方式转变》，载《经济纵横》，2007（15）。

④ 齐建国：《中国经济高速增长与节能减排目标分析》，载《财贸经济》，2007（10）。

⑤ 陈好孟：《金融支持节能减排问题探讨》，载《中国金融》，2007（22）。

或降低环境库兹涅茨曲线中体现的物理污染[1]；蔡昉、都阳、王美艳（2008）以环境库兹涅茨曲线预测了能源消耗和污染物排放水平，分析了中国实施节能减排的内在必然性，提出中央和地方各级政府要激励企业进行节能减排，实现经济的可持续增长[2]；林伯强（2007）、潘家华（2009）、陈诗一（2010）、余泳泽（2011）、何小钢、张耀辉（2012）、曹春辉、席酉民、曹瑄玮（2013）等都进行了类似研究[3]。

本书主要进行中国节能减排问题研究，目的是深化推进中国节能减排工作，提高"十二五"及以后中国工业节能减排效率，因此，本书对节能减排的理解必须符合中国国情和中国相关规章制度，具体依据《中华人民共和国国民经济和社会发展第十二个五年规划纲要》中的要求定义为：节约能源和减少对碳、废水、废气、固体废弃物的排放。但目前中国对碳排放总量的评估和测度仍在进行中，迄今为止尚没有较为权威的碳排放数据，基于区域和行业的数据更是没有。因此，本书最终确定节能减排的研究范畴是节约能源和减少对废水、废气、固体废弃物的排放，不包括碳排放。

第二节 节能减排相关概念辨析

推行节能减排的根本目的是解决经济增长与生态、资源、环境之间的矛盾，实现低碳发展、循环发展、绿色发展与可持续发展，因此，有必要明晰节能减排与低碳经济、循环经济、绿色经济、可持续发展之间的关系。

一、低碳经济

2003年，英国发表了题为《我们能源的未来：创建低碳社会》白皮书，目标是在2050年前把英国发展为一个低碳国家，低碳经济模式就此确立。目前被

---

[1] 刘书俊：《环境库兹涅茨曲线与节能减排》，载《环境保护》，2007（24）。
[2] 蔡昉、都阳、王美艳：《经济发展方式转变与节能减排内在动力》，载《经济研究》，2008（6）。
[3] 陈诗一：《节能减排与中国工业的双赢发展：2009—2049》，载《经济研究》，2010（3）；余泳泽：《我国节能减排潜力、治理效率与实施路径研究》，载《中国工业经济》，2011（5）；何小钢、张耀辉：《技术进步、节能减排与发展方式转型：基于中国工业36个行业的实证考察》，载《数量经济技术经济研究》，2012（3）。

广泛引用的低碳经济定义是英国环境学家鲁宾斯德的论述，鲁宾斯德认为低碳经济是指在市场机制的基础上，通过制度与政策的创新，推动节能、可再生能源、减排等技术的发展，实现国民经济社会向高能效、低排放的模式转型。2006 年，英国经济学家古拉斯·斯特恩主编的《斯特恩报告》提出，低碳经济实质是提高能源利用效率和清洁能源结构问题，要尽力减少煤炭、石油等高碳能源消耗，减少温室气体排放。Panayotou（2003）、Barry（2006）等也进行了有关于低碳经济的论述。国内方面，付允（2008）认为低碳经济是以低污染、低排放、低能耗和高效能、高效率、高效益为基础，以低碳发展为方向，以碳中和为技术的可持续发展模式①。王毅（2009）指出，低碳经济是在全球气候变暖大背景下，以碳为代表的温室气体浓度升高而产生的一种减少碳排放的新型经济模式。吴昌华（2009）则认为低碳经济是国家在经济政策、制度安排、生产消费方式等向高能效低排放的转变，由此解决目前经济增长中的不可持续问题。此外，万钢（2007）、潘家华（2010）、廖健（2010）等都对低碳经济进行了阐释。

二、循环经济

循环经济注重于能源、资源的重复再利用，通过"资源—产品—废弃物—资源"的过程，提高资源利用效率，实现经济系统的自然循环。循环经济一词最早于 20 世纪 60 年代由美国经济学家波尔丁提出，波尔丁认为，高效的社会生产应实现资源投入少、产量高，向环境中排放废弃物少的最优生产模式，主张"减量化、再利用、再循环"的"3R"原则。随后，不少学者将"3R"原则进行拓展，将"再思考"、"再制造"、"再修复"等融入循环经济，发展为"4R"、"5R"、"6R"原则。目前国内外对循环经济的理解主要包括以下几个方面的观点：诸大建（1998）认为，循环经济是针对工业经济中的高能耗、高污染、高排放而言，循环经济的目标是实现工业对自然环境的影响最小化②；曲格平（2000）、曹凤中（2002）指出，循环经济即是把清洁生产和废物利用的融合，以物质闭循环为特征，使经济实现生态系统的自我新陈代谢③；谢振华（2003）、

---

① 付允：《低碳经济的发展模式研究》，载《中国人口·资源与环境》，2008（3）。
② 诸大建：《可持续发展呼唤循环经济》，载《科学导报》，1998（9）。
③ 曲格平：《循环经济与环境保护》，载《光明日报》，2000－11－20。

齐建国（2004）等理解循环经济是一种新的生产方式，其不代表传统生产模式的改变，仅是生产技术的革新，要求提高物质资源的利用效率[①]；毛如柏、冯之俊（2003）、冯之俊（2004）、刘学敏（2011）等则认为循环经济本质是一种生态经济，借助对生态系统的认识，实现产业的自我代谢。[②]

三、绿色经济

绿色经济作为学术问题研究的时间并不长，国内外对绿色经济还没有统一的定义。根据不同时期面临的不同问题，学者们对绿色经济的理解和认识大致可分为以下几个阶段和方面。基于西方绿色运动的绿色经济萌芽：20 世纪 60 年代，基于经济发展对生态、环境、资源所带来的污染和破坏，西方学者开始对工业革命进行全面反思，探讨工业经济以来所形成的社会文化价值观、生产生活方式及发展模式。面对这一问题，西方学者开展了大规模的绿色运动，绿色经济的思想由此萌芽。[③] 以生态经济为理论基础的绿色经济：持这一观念的学者认为传统经济与生态环境的协调发展即是绿色经济，其是一种新的发展模式与增长方式，目的是实现经济、生态、环境之间的协调共生，避免经济增长对生态环境造成重大破坏，提高资源利用率，减少排放，实现经济与生态环境的融合。[④] 以资源节约和环境友好为基础的绿色经济模式：部分学者认为，绿色经济是以资源承载能力和生态环境容量为前提，围绕人与社会的全面发展，实现国民经济、自然资源和生态环境持续改善与永续利用的一种经济模式，是以资源节约和环境友好为基础的新经济形态和生产方式。[⑤] 此外，刘国光（1999）、刘思华（2001）、胡鞍钢（2008）、夏光（2010）等都进行了这一方面的研究。[⑥]

[①]　谢振华：《关于循环经济理论与政策的几点思考》，载《光明日报》，2003－11－03；齐建国：《关于循环经济理论与政策的思考》，载《新视野》，2004（4）。

[②]　冯之俊：《论循环经济》，载《中国软科学》，2004（10）；刘学敏：《循环经济与低碳发展——中国可持续发展之路》，北京，现代教育出版社，2011。

[③]　David Pearce, Anil Markandya, Edward Barbier, "Blueprint for a Green Economy", *Earthscan Publications Limited*, 1989.

[④]　揭益寿：《中国绿色经济绿色产业理论与实践》，江苏，中国矿业大学出版社，2002。

[⑤]　张春霞：《绿色经济发展研究》，北京，中国林业出版社，2002。

[⑥]　刘国光：《西部大开发——云南建设绿色经济强省》，云南省政府经研中心等单位编制，1999；刘思华：《绿色经济论》，北京，中国财政经济出版社，2001；夏光：《"绿色经济"新解》，载《环境保护》，2010（7）。

基于这些绿色经济理念，2008 年，联合国环境规划署提出"全球绿色新政"，号召世界各国发展绿色经济，绿色经济成为当前经济可持续发展的重要模式之一。

四、可持续发展

可持续发展概念的起源，最早可追溯到 1962 年雷切尔·卡逊的著作《寂静的春天》。1972 年，《增长的极限》由罗马俱乐部发表阐释，联合国"人类环境与发展"研讨会在斯德哥尔摩举行，可持续发展理念在著名的《人类环境宣言》中被正式提出，并被大会讨论通过。1987 年，世界环境与发展委员会出版《我们共同的未来》，该报告首次系统阐述了可持续发展的核心思想："既能满足当代人的需要，又不对后代人满足其需要的能力构成危害的发展。"1992 年，世界环境与发展大会通过《21 世纪议程》，该报告作为世界范围内可持续发展行动纲领，得到了最高级别的政治承诺，高度凝结了各国、国际组织、社会各界对可持续发展的认识。随后，可持续发展被世界广为接受，并成为当今各国经济社会发展的共识，在多次国际大会上被广泛深入讨论，对人类和地球的永续产生了重大影响。

无论是低碳经济、循环经济，还是绿色经济、可持续发展，这几者既与节能减排息息相关，但又与节能减排有着明显的不同。一方面，节能减排与低碳经济、循环经济、绿色经济、可持续发展等一样，都秉承了处理好经济增长与生态、资源、环境之间的关系的思想，目的都是在保证经济发展的同时保护生态环境，实现人与自然、地球的和谐发展。另一方面，低碳经济、循环经济、绿色经济、可持续发展是实施节能减排的最终目标，节能减排是实现这些经济发展模式的方法与手段，只有通过节能减排这一强制性制度安排与政策措施，才能最终实现经济社会的低碳发展、循环发展、绿色发展与可持续发展。此外，在全球气候变暖的背景下，节能减排对减少能源消耗与降低碳排放有重要意义已经是各国的共识，被世界所接受，但低碳经济、循环经济、绿色经济、可持续发展等经济发展模式在不同的国家具有不同的理解，各国对其的接受度不如节能减排统一。

第三章　工业节能减排效率研究方法与影响因素的梳理、比较与评述

国内外研究节能减排效率的方法主要分为两个大类：一类是基于统计分析的工业节能减排效率指标体系研究；另一类是基于数据计量模型的工业节能减排效率测度与评估。两类研究方法的基础理论、测算技术等不同，在实际运用中各有一定优劣。

第一节　基于统计分析的工业节能减排效率指标体系研究

基于统计分析的工业节能减排效率指标体系研究以统计分析为主，通过选取与节能减排相关的统计指标，如"十二五"规划纲要中的单位 GDP 能耗、单位 GDP 二氧化碳排放、单位 GDP 二氧化硫排放、单位 GDP 氮氧化物排放、单位 GDP 氨氮排放、单位 GDP 化学需氧量排放，或相关统计年鉴中的其他单一指标、复合指标、绝对量指标、强度指标等，以一定的原则构建一套完整的指标体系，用于评价国家、区域、行业等的节能减排效率。此方法通常需要对各基础指标进行一定的处理，包括按照指标反映的内容进行归类分级、为保证不同单位间指标的可比性进行无量纲标准化处理、对同类指标赋予权重进行加权等，最后计算出一个综合指数。此方法由于基础指标数据获取容易，统计分析的技术手段简单，指标体系考评的对象、内容和时间明确，指标体系可根据当前的需求和政策形势改进完善，被国际组织、政府、研究机构等广泛使用。

目前，由于国际上将节能减排同时进行的研究不多，大都单独分析能源节约或降低碳排放，属于狭义的节能减排研究范畴。因此，国外尚没有专门用于

衡量节能减排效率的指标体系，更多的是用此方法研究绿色经济效率、环境绩效、可持续发展效率、生态绩效等，但这些指标体系中都或多或少包含若干个表征节能减排的指标，可以以此间接地评估节能减排效率。而国内对节能减排效率的指标体系研究则相对系统与成熟，且具体研究对象细分明确，直接和间接评估节能减排效率的研究都有，文献较为丰富。

一、国际间接评估节能减排效率的指标体系

国际上直接评估节能减排效率的指标体系较少，但间接的指标体系却较多，比较有代表性的有：耶鲁大学环境法律与政策中心和哥伦比亚大学国际地球科学信息网络中心联合开发的环境绩效指数（Environmental Performance Index，EPI）、联合国环境规划署的绿色经济进展测度体系（Measuring Progress Towards a Green Economy，MPTGE）、世界银行下属国际金融公司和标准普尔公司开发的 S&P and IFC 碳效率指数（S&P and IFCCarbon Efficient Index）、世界经济论坛和埃森哲咨询公司联合开发的全球能源构架绩效指数（The Global Energy Architecture Performance Index，EAPI）等。

环境绩效指数[①]由耶鲁大学和哥伦比亚大学 2000 年开发的环境可持续指标（Environmental Sustainability Index，ESI）发展而来，对不同国家基于环境保护的可持续发展程度进行衡量。2006 年，研究团队首次发布了包括 16 个基础指标的环境绩效指数来替代环境可持续指标，并先后改进、公布了包括两大目标、10 个政策类别和 25 个基础指标的 2008EPI、2010EPI 和 2012EPI。其中，两大目标为环境健康和生态系统生命力；10 个政策类别包括疾病的环境负担、水资源对人类的影响、空气污染对人类的影响、空气污染对生态系统的影响等；25 个基础指标包括饮用水取水、医疗卫生的获取、生物群系保护、森林覆盖率等，具体如表 3 - 1 所示。在 25 个基础指标中，城市空气中的颗粒物、室内空气污染、二氧化硫排放、氧化氮排放、挥发性有机化合物排放、臭氧量过多、温室气体排放、电力碳浓度、工业碳浓度 9 个指标体现了各国节能减排的情况，可间接

---

① Emerson, J. W.; A. Hsu, M. A. Levy, A. de Sherbinin, V. Mara, D. C. Esty, and M. Jaiteh, 2012, "2012 Environmental Performance Index and Pilot TrendEnvironmental Performance Index". *New Haven: Yale Center for EnvironmentalLaw and Policy.*

测度节能减排效率。目前,最新的 2012EPI 评估的 132 个国家中,排名前 10 位的分别是瑞士、拉脱维亚、挪威、卢森堡、哥斯达黎加、法国、澳大利亚、意大利、英国和瑞典,中国排名仅为第 116 位。

表 3 – 1　　　　　　　　　　　2012 年环境绩效指数指标体系

	两大目标	10 个政策类别	25 个基础指标
2012 年环境绩效指数	环境健康	疾病的环境负担	疾病的环境负担
		水资源对人类的影响	饮用水取水、医疗卫生的获取
		空气污染对人类的影响	城市空气中的颗粒物、室内空气污染
	生态系统生命力	空气污染对生态系统的影响	二氧化硫排放、氧化氮排放、挥发性有机化合物排放、臭氧量过多
		水资源对生态系统的影响	水资源量指数、水压、缺水指数
		生物多样性和生物栖息地	生物群系保护、关键生物栖息地保护、海洋保护区
		森林	立木蓄积、森林覆盖率
		渔业	海洋富裕指数、拖拉捕鱼强度
		农业	农药控制、农业用水强度、农业补贴
		气候变化	温室气体排放、电力碳浓度、工业碳浓度

资料来源:Emerson, J. W., A. Hsu, M. A. Levy, A. de Sherbinin, V. Mara, D. C. Esty, and M. Jaiteh, 2012, "2012 Environmental Performance Index and Pilot TrendEnvironmental Performance Index", *New Haven*: *Yale Center for Environmental Law and Policy.*

绿色经济进展测度体系[①]由联合国环境规划署于 2012 年公布,其目的是评估、测度世界各国绿色经济进展情况,重点关注各国政府引导绿色发展的相关政策和制度。绿色经济进展测度体系包括议题设定、政策制定、政策评价 3 个一级指标,气候变化、生态系统管理、资源效率、化学品和废物管理、绿色投资、承包财政改革、绿色定价、绿色采购、绿色工作技能培训、就业、环境商品和服务部门绩效、总财富、资源可获得性、健康 14 个二级指标和 41 个三级指标,具体如表 3 – 2 所示。其中,气候变化中的人均碳排放量和人均能源消费 2 个三级指标,资源效率中的单位 GDP 二氧化碳排放量,化学品和废物管理中的固体废弃物收集、固体废弃物循环与再利用、固体废弃物产生与处理 3 个三级指标,与健

---

① United Nations Environment Programme, "Measuring Progress towards an InclusiveGreen Economy", www. unep. org, 2012.

康中的空气污染致病人数共计 7 个指标反映了各国节能减排效率情况。

表 3 - 2 　　　　　　　　2012 年绿色经济进展测度体系指标框架

	一级指标	二级指标	三级指标
2012 年绿色经济进展测度体系指标框架	议题设定指标	气候变化	人均碳排放量、可再生能源占能源供给份额、人均能源消费
		生态系统管理	林地面积、水资源压力、土地和海洋保护区
		资源效率	能源生产率、物质资源生产率、水资源生产率、单位 GDP 二氧化碳排放量
		化学品和废物管理	固体废弃物收集、固体废弃物循环与再利用、固体废弃物产生与处理
	政策制定指标	绿色投资	R&D 投资、EGSS 投资
		承包财政改革	化石燃料、水和渔业补贴、化石燃料税、可再生能源补贴
		绿色定价	碳价、生态系统服务价值（如供水）
		绿色采购	可持续采购支出、政府运行生产率
		绿色工作技能培训	培训费用、培训人数
	政策评价指标	就业	建筑业、运行和管理、创收、基尼系数
		环境商品和服务部门绩效	增加值、就业、物质生产力
		总财富	自然资源存量价值、年均净值、识字率
		资源可获得性	现代能源、水资源、卫生设施、医疗
		健康	饮用水中有害物质比例、空气污染致病人数、交通伤亡人数

资料来源：United Nations Environment Programme, "Measuring Progress towards an Inclusive Green Economy", www. unep. org, 2012.

全球能源构架绩效指数[①]最早由世界经济论坛和埃森哲咨询公司于 2012 年联合公布，其目的在于利用一系列指标评估各国能源利用效率，促进各国实现能源转型，支持生态、资源、环境的循环。全球能源构架绩效指数包括 3 个分目标：经济增长与发展、环境可持续发展和能源获取与安全，8 个二级指标：能

---

① 世界经济论坛、埃森哲咨询公司：《全球能源架构绩效指数 2014 年报告》，http://nstore. accenture. com/acn_ com/Accenture - Insight - New - Energy - Architecture - 2014 - Report. pdf，2013 年 12 月。

源使用有效性、价格扭曲程度、对于增长的支持、排放影响力、在能源组合中低碳燃料的比例、供给多样性、能源可获得水平和数量、能源自给自足程度，以及16个三级指标。在三级指标中，能源强度、电力和热力生产中二氧化碳人均排放、PM10、能源部门氮氧化物排放、乘用车平均油耗5个指标表征了节能减排效率，是当前为数不多较为直接评估节能减排效率的指标体系之一，但该指标体系仅针对能源行业，对其他行业没有涉及，且对排放的评估只包括了二氧化碳、PM10和氮氧化物三个对象，具有一定的局限性。目前，全球能源构架绩效指数已经发布其2014年最新的指标体系，具体如表3－3所示。

表3－3　　　　　　　　2014年全球能源构架绩效指数指标体系

	一级指标	二级指标	三级指标
2014年全球能源构架绩效指数	经济增长与发展	能源使用有效性	能源强度（单位GDP的能源使用情况，按照每公斤石油当量的美元购买力平价计算）
		价格扭曲程度	汽油价格扭曲程度（指数）、柴油价格扭曲程度（指数）、工业用电价格（美元/每千瓦时）
		对于增长的支持	能源进口成本占GDP的百分比、能源出口价值占GDP的百分比
	环境可持续发展	排放影响力	电力生产能效——发电过程每千瓦时的二氧化碳排放、能源部门的氮氧化物排放（千公吨二氧化碳当量）/总人口、能源部门的甲烷排放（千公吨二氧化碳当量）/总人口、排放强度——PM10（毫克/每立方米）、乘用车平均燃油经济性（升/百公里）
		在能源组合中低碳燃料的比例	替代能源和核能在总能耗中的占比（%）
	能源获取与安全	供给多样性	初级能源总体供应的多样性（赫芬达尔指数）
		能源可获得水平和数量	电气化（人口百分比）、供电质量（调查得分在1～7）、使用固体燃料烹饪的人口比例（%）
		能源自给自足程度	进口依赖度（能源进口量占能源使用量的净比例%）、净能源进口来源的国别多样化程度（赫芬达尔指数）

资料来源：世界经济论坛、埃森哲咨询公司：《全球能源架构绩效指数2014年报告》，http://nstore. accenture. com/acn_ com/Accenture－Insight－New－Energy－Architecture－2014－Report. pdf，2013年12月。

S&P 和 IFC 碳效率指数[①]由国际金融公司和标准普尔公司于 2009 年在哥本哈根气候变化大会上发布，该指数设计的目的是满足投资者对企业承担气候变化责任的要求，激励新兴市场企业提高碳排放效率，进行碳有效性竞争，促进发展中国家更大地进行碳减排。S&P 和 IFC 碳效率指数选取发展中国家单位收入二氧化碳排放量较低的企业，中国工商银行股份有限公司、中国移动通信集团公司、中国人寿保险集团公司等中国大陆和台湾地区的公司占了所选公司的30%，金融、新能源、IT 行业方面的公司比重也比较大。S&P 和 IFC 碳效率指数也是目前国内外为数不多较为直接评估节能减排效率的指标体系之一，但该指数主要以企业为评估对象，且只分析了碳排放效率，不足之处也比较明显。

此外，经济合作与发展组织发布的绿色增长指标（Green Growth Indicators，GGI）、国际能源机构推出的能源发展指标（The IEA Energy Indicators）、联合国环境规划署国际资源小组公布的资源效率指数（Resource Efficiency Indicators，REI）、世界经济论坛研发的环境可持续发展指标（Environment Sustainable Development Index，ESDI）等在一定程度上也可以间接评估考量相关领域的节能减排效率。

二、国内直接评估节能减排效率的指标体系

中国高度重视节能减排工作，因此直接评估节能减排效率的指标体系较多，大致可以分为两个方面：一是评估全行业节能减排效率的指标体系；二是评估具体行业节能减排效率的指标体系。

（一）评估全行业节能减排效率的指标体系

饶清华、邱宇、许丽忠、张江山（2011）根据中国节能减排的实际情况，结合可操作性、科学性、稳定性等原则，从综合利用、资源能源消耗、环保治理等方面，构建了一套完整的节能减排绩效评估体系，并以 2001—2009 年福建的数据进行了测算验证，以期为福建省的节能减排工作提供相关建议。[②] 该指标体系包括节能减排 1 个一级指标、5 个二级指标和 33 个三级指标，具体如表

---

① 郇公弟：《世界首个新兴市场碳效率指数问世》，载《中国证券报》，2009 - 12 - 12。
② 饶清华、邱宇、许丽忠、张江山：《节能减排指标体系与绩效评估》，载《环境科学研究》，2011（9）。

3 - 4 所示。

表 3 - 4 饶清华等（2011）的节能减排绩效评估体系

一级指标	二级指标	三级指标
节能减排	资源、能源消耗	煤炭消费总量、燃料油消费量、天然气消费量、工业用水总量、万元地区生产总值能耗、能源加工转换效率
	污染物排放	COD 排放量、工业废水排放量、工业废气排放总量、氨氮排放量、SO₂ 排放量、工业粉尘排放量、烟尘排放量、工业固体废物排放量、工业固体废物产生量
	综合利用	工业重复用水量、"三废"综合利用产品产值、工业固体废物综合利用率、工业固体废物综合利用量、工业重复用水率
	无害化处理	工业废水排放达标量、工业废水排放达标率、COD 去除量、氨氮去除量、SO₂ 去除量、烟尘去除量、烟尘排放达标量、烟尘达标排放率、工业粉尘排放达标量、工业粉尘达标排放率、工业固体废物处置量
	环保治理	环境污染治理投资总额、工业污染治理投资

资料来源：饶清华、邱宇、许丽忠、张江山：《节能减排指标体系与绩效评估》，载《环境科学研究》，2011（9）。

王彦彭（2009）以代表性和针对性、综合性、可比性、独立性、可行性和可操作性为基本原则，依据"十一五"规划纲要中节能减排的具体要求，构建了一套节能减排效率评价体系。[①] 该指标体系包括节能减排 1 个一级指标，用水节水、污染物排放等 6 个二级指标和 39 个三级指标，并详细介绍了具体的计算方法，具体如表 3 - 5 所示。

表 3 - 5 王彦彭（2009）的节能减排效率评价体系

一级指标	二级指标	三级指标
节能减排	工业及重点领域能源消耗	吨钢可比能耗、万元工业增加值能耗、火电厂供电标准煤耗、万元国内生产总值能耗、发电厂自用电比率、单位原煤耗电量、单位乙烯综合能耗、合成氨综合能耗、铁路货运综合能耗、载货汽车运输能耗、水泥综合能耗油

---

① 王彦彭：《我国节能减排指标体系研究》，载《煤炭经济研究》，2009（2）。

一级指标	二级指标	三级指标
节能减排	能源效率与结构	能源自给率、能源加工转换总效率、农村非商品性能源生活消费比、可再生能源消费比重
	用水节水	万元农业 GDP 用水量、单位工业增加值用水量、城市节约用水量比重、农业灌溉用水有效利用系数
	污染物排放	烟尘排放总量、废水排放总量、工业固体废物产生量、SO_2 排放量、氨氮排放总量、粉尘排放量、COD 排放总量、工业废气排放总量
	污染物治理与利用	城市污水处理率、工业二氧化硫去除率、工业废水排放达标率、城市生活垃圾无害化处理率、工业废水中化学需氧量去除率、工业固体废物综合利用率、工业废水中氨氮去除率
	环境	常用耕地面积保有幅度、城市建成区绿化覆盖率、森林覆盖率、人口自然增长率、城市人均公共绿地面积

资料来源：王彦彭：《我国节能减排指标体系研究》，载《煤炭经济研究》，2009（2）。

杨华峰、姜维军（2008）认为，企业节能减排效率考核是评估企业资源利用效率的重要依据，其根据系统性与层次性、科学性与实用性、完备性与简明性、可测性与可比性四项原则，构建了一套企业节能减排效果综合评价指标体系。[①] 该指标体系包括企业节能减排效果评估 1 个目标层，资源消耗、污染物排放、综合利用、无害化及支撑能力 5 个一级指标、15 个二级指标和 33 个三级指标，对各级指标进行了详细的说明，具体如表 3 - 6 所示。但该研究中并没有用数据对指标体系进行验证，实际工作中的可操作性有待商榷。

表 3 - 6　　杨华峰、姜维军（2008）的节能减排效率评价体系

一级指标		二级指标	三级指标
节能减排	资源消耗	节能	单位产值能耗比、能源循环利用率
		节水	单位产值用水量、生产用水重复利用率
		节材	单位产值原材料使用量、单位面积建材使用量
		节地	土地利用率、综合容积率、单位面积产值

---

① 杨华峰、姜维军：《企业节能减排效果综合评价指标体系研究》，载《工业技术经济》，2008（10）。

续表

	一级指标	二级指标	三级指标
节能减排	污染物排放	废水	单位产值废水排放量
		废气	单位产值废气排放量
		固体废弃物	固体废弃物单位产值固体废弃物排放量
	综合利用	固体废弃物	生产废料回收利用率、生产垃圾回收利用率、生活垃圾资源化率
		废气	生产废气循环利用率、生产余热循环利用率
		废水	生产废液重复利用率、生产废水重复利用率
		可再生资源	废弃有色金属回收利用率、废弃非金属回收利用率
	无害化	达标率	废水排放达标率、废气排放达标率、危险废弃物无害化处理率
		绿色资源使用	可再生能源利用率、绿色建材利用率、绿色材料综合利用率
	支撑能力	制度支撑	节能减排理念员工熟悉度、是否实施有利于节能减排措施、是否建立完善的奖惩制度
		研发支撑	研发产品是否符合国家产业政策、是否采用绿色设计原则、节能减排技术研发资金投入比率

资料来源：杨华峰、姜维军：《企业节能减排效果综合评价指标体系研究》，载《工业技术经济》，2008（10）。

朱启贵（2010）以科学发展观为出发点，以生态规律、经济规律和系统论为指导思想，在现行国民经济核算与统计制度基础上，借鉴能源流核算的理论与方法，构建体现科学性、全面性、系统性原则的节能减排统计指标体系。[①] 该指标体系包括能源生产、能源消费、能源效率、能源安全、能源公平、能源健康、污染排放、节能减排机制8个一级指标，能源产量、能源结构、能源投入、生产性能源消费、生活性能源消费等26个二级指标及111个三级指标，具体如表3-7所示。该指标体系的主要特点是指标数量多，且更多的是进行理论上的节能减排效率研究，实践中部分指标难以获得稳定的数据，可操作性有待进一步提高。

[①] 朱启贵：《能源流核算与节能减排统计指标体系》，载《上海交通大学学报（哲学社会科学版）》，2010（6）。

表 3-7 朱启贵（2010）的节能减排效率评价体系

	一级指标	二级指标	三级指标
节能减排	能源生产	能源产量、能源结构、能源投入	已探明的可开发储量、总能源产量、预计总资源储量、不可再生能源产量等24个三级指标
	能源消费	生产性能源消费、生活性能源消费、能源消费结构、能源消费总量	第一产业能源消费量、第二产业能源消费量、第三产业能源消费量、生产性能源消费增长率等15个三级指标
	能源效率	能源利用效率、能源技术效率、能源环境效率	能源开采效率、中间环节效率、终端利用效率、单位能源投入的污染排放等8个三级指标
	能源安全	能源平衡、能源战略储备	能源出口量、能源进口量、能源赤字、能源进口依存度等7个三级指标
	能源公平	能源可得性、能源费用的支付能力、能源消费的均等化	各类收入群体的户均能源消费量、各类收入群体的户均收入、各类收入群体的燃料构成量、居民用电普及率等8个三级指标
	能源健康	能源事故量、能源事故影响	能源事故发生等级、能源事故发生率、能源事故死亡人数、能源事故经济损失4个三级指标
	污染排放	污染排放量、单位GDP污染排放量、循环利用	烟尘、总悬浮颗粒物、可吸入悬浮颗粒物、二氧化氮、二氧化硫等24个三级指标
	节能减排机制	产业结构优化、节能减排政策、节能减排投入、节能减排技术进步、节能减排基础工作、法律法规执行情况	高技术产业增加值占地区工业增加值比重、制定和实施固定资产投资项目节能评估和审查办法、完成当年淘汰落后生产能力目标、生态补偿制度等21个三级指标

资料来源：朱启贵：《能源流核算与节能减排统计指标体系》，载《上海交通大学学报（哲学社会科学版）》，2010（6）。

此外，宋马林、杨杰、孙欣（2008），吴国华（2009），聂颖，蒋卫东（2010），赵亚香、蒋卫东（2010），强瑞、廖倩、卓晓丹（2011），郭海峰（2011）、王鸣涛（2013）、李霞（2013）等也进行了类似研究。

（二）评估具体行业节能减排效率的指标体系

许凯、张刚刚（2010）研究指出，随着节能减排政策的不断推动，对化工行业节能减排进行评估，提高化工行业节能减排效率应该引起重视。他们的研究结合化工行业的实际情况，提出了包括 5 个衡量角度和 28 个基础指标的化工行业节能减排指标，并对化工企业的具体运用进行了指导和建议，具体指标体系如表 3 - 8 所示。

表 3 - 8　　　　　许凯、张刚刚（2010）的化工行业节能减排指标

	衡量角度	评价指标
化工行业节能减排指标	资源与能源消耗	新鲜水的消耗量、原料消耗量、综合能耗
	产品特征和生产技术特征	产品质量损失率、工业产品销售率、产品质量等级品率、新产品产值率
	资源的综合利用	生产废气重复利用率、废弃非有色金属回收利用率、生产用水重复利用率、废弃有色金属回收利用率、余热重复利用率、生产废渣重复利用率
	污染物的排放	单位产值废水达标排放量率、行业废气污染排放密集度、单位产值废水排放量、二氧化硫排放量、单位产值废渣排放量
	环保制度的落实情况	工伤事故率、职业病发生率、开展清洁生产审核、污染物排放总量控制、环保奖金投入额、建设项目环保"三同时"、节能减排知识员工熟悉度、建设项目环境影响评价制度、建立环境管理体系并通过认证、老污染源限期治理项目

资料来源：许凯、张刚刚：《面向行业的节能减排评价体系研究》，载《武汉理工大学学报》，2010（2）。

刘元明、单绍磊、高朋钊（2011）研究认为，煤炭行业是中国经济增长的基础和保障，要实现经济的可持续发展，做好煤炭行业的节能减排工作意义重大。以整体性和层次性、科学性、简明性和可操作性、稳定性和动态性为基本原则，煤炭企业节能减排评价指标体系从 6 个二级指标和 27 个三级指标进行了创新，并确定了各指标层的权重，以层次分析法和模糊综合评价法进行了试算。煤炭企业节能减排评价指标体系如表 3 - 9 所示。

表3-9 刘元明、单绍磊、高朋钊（2011）的煤炭企业节能减排评价指标体系

一级指标	准则层	指标层
煤炭企业节能减排评价指标体系	节能降耗指标	原煤生产电耗、原煤生产水耗、节能量完成率、原煤入选率
	污染物减排指标	COD排放量、二氧化硫排放量、矿井水回用率、固体废弃物排放量、SO_2排放达标率、烟尘排放达标率、固体废弃物排放达标率、COD排放达标率
	生态保护指标	露天煤矿排土场复垦率、塌陷土地复垦率、排矸场覆土绿化率
	节能减排综合指标	节能减排目标分解和完成情况、节能减排宣传教育、执行节能减排法规制度情况、节能减排机构设置和完善、节能减排绩效考核奖惩机制
	节能减排人员管理	节能减排人员技术培训、节能减排人员工作协调度、员工节能减排计划的制订和实施
	节能减排技术推广和创新研究应用	新技术新产品资金投入比例、新技术新产品项数、节能减排技术创新和改造管理、工程技术人员比例

资料来源：刘元明、单绍磊、高朋钊：《煤炭企业节能减排评价指标体系及模型构建》，载《经济研究导刊》，2011（25）。

张雷、徐静珍（2010）提出了建立水泥行业节能减排综合测评指标体系的公平与效率原则、综合性原则、环境与经济原则、引导性原则，认为应该从企业污染物排放、资源综合利用、能源消耗、节能减排支撑能力四个方面评价水泥行业的节能减排效率。[①] 该指标体系详细地分析了指标的性质和指标的类别，依据国家政策和行业特点明确了各指标的权重，并介绍了二级指标和一级指标的测算方法。该指标体系对评价水泥行业节能减排效率有重要意义，为水泥行业节能减排工作的推进提供了政策依据。水泥行业节能减排综合测评指标体系如表3-10所示。

---

① 张雷、徐静珍：《水泥行业节能减排综合测评指标体系的构建》，载《河北理工大学学报（自然科学版）》，2010（2）。

表 3 – 10 张雷、徐静珍（2010）的水泥行业节能减排综合测评指标体系

目标层	类指标	操作指标
水泥行业节能减排综合测评指标体系	污染物排放	水泥窑等颗粒物排放限值
		破碎机等颗粒物排放限值
		水泥窑等二氧化硫排放限值
		水泥窑氮氧化物排放限值
		粉尘无组织排放
		生产线物料粉尘防治
		水污染物排放
	能源消耗	吨水泥熟料烧成煤耗
		吨水泥综合电耗
		窑系统废气余热综合利用率
	资源综合利用	采用 <48% CaO 石灰石
		采用硅铝质替代原料
		低品位燃料利用率
		使用可燃废弃物燃料替代率
		固体废物替代率
		吨熟料合材新鲜水用量
		循环水利用率
		出厂水泥散装率
	节能减排支撑能力	节能减排理念员工熟悉度
		节能减排管理制度
		节能减排技术研发资金投入比率

资料来源：张雷、徐静珍：《水泥行业节能减排综合测评指标体系的构建》，载《河北理工大学学报（自然科学版）》，2010（2）。

　　王林、杨新秀（2009）利用系统工程的观点对道路运输企业节能减排进行了综合的、动态的分析，在具体分析道路运输企业节能减排主要影响因素的基础上，依据国家和地方交通运输主管部门最近颁发的相关法规和文件精神，构建了节能减排评价指标体系。[①] 该指标体系遵循科学性原则、系统性原则、前瞻

---

① 王林、杨新秀：《道路运输企业节能减排评价指标体系的构建》，载《河北理工大学学报（信息与管理工程版）》，2009（4）。

性原则、可操作性原则、导向性原则、全员参与原则、过程监控原则和基于事实决策原则，共包括6个一级指标和18个二级指标，部分二级指标被分解为若干三级指标，对道路运输企业的节能减排工作具有较强的指导意义。道路运输企业节能减排评价指标体系如表3-11所示。

表3-11 王林、杨新秀（2009）的道路运输企业节能减排评价指标体系

	一级指标	二级指标	三级指标
道路运输企业节能减排评价指标体系	机构与制度	节能减排专项规划	—
		节能减排组织机构	—
		节能减排相关制度	节能减排统计制度、节能减排考核激励制度、车辆技术管理制度、驾驶员节能减排培训制度
	车辆技术管理	车辆新度系数	—
		车辆技术等级	—
		车辆二级维护计划执行率	—
		车辆技术档案建档率	—
		推荐车型比例	—
	驾驶员管理	驾驶员节能减排培训计划	—
		驾驶员节能减排计划执行	—
	组织调度	企业运输平均载荷利用率	客运实载率、货运里程利用率、出租车空驶率
		运输组织手段	—
	节能减排指标	车辆平均油耗水平	百人公里油耗（百吨公里耗油）、百元产值油耗（升/百元）、油耗降低水平
		车辆排放控制	车辆排放抽检合格率、车辆年检排放首检合格率、排放降低水平
	节能减排技术推广应用	燃油添加剂	—
		GPS技术	—
		替代燃油	—
		其他技术	—

注："—"表示该二级指标没有进一步分解的三级指标。

资料来源：王林、杨新秀：《道路运输企业节能减排评价指标体系的构建》，载《河北理工大学学报（信息与管理工程版）》，2009（4）。

为解决高校节能减排综合评判的决策问题，李明（2011）建立了高校节能

减排综合评价指标体系，提出了一种层次分析法和模糊综合评价法相结合的高校节能减排综合评判方法。[①] 该指标体系基于层次分析法构造模糊判断矩阵，选用一致性充要条件来检验判断矩阵的一致性，进而推导出评价指标体系中各评价指标的综合权重。通过归一化处理，得到各定性指标的模糊隶属度，采用梯形模糊数得到各定量指标的模糊隶属度，从而构造出评价指标模糊关系矩阵，最后根据主因素决定模型运算公式，得到各高校节能减排综合评判结果。该指标体系包括4个一级指标和13个二级指标，具体如表3-12所示。

表3-12　　　　李明（2011）的高校节能减排综合评价指标体系

目标层	一级指标	二级指标
高校节能减排综合评价指标体系	能源消耗	新鲜水的消耗量
		人均用水量
		用电总量
		人均用电量
	污染物排放	废水排放量
		废气排放量
		固体废弃物排放量
	资源综合利用	生产用水重复利用率
		生活垃圾资源化率
	结构建设与制度管理	专项制度建设与完善
		专项制度制定与完善
		节能减排制度执行
		节能减排意识宣传

资料来源：李明：《高校节能减排评价指标体系及综合评判方法》，载《西安工业大学学报》，2011（4）。

樊耀东（2008）认为，作为国民经济基础行业的电信运营业虽然不是污染排放的主要部门，但其每年的能源消耗和污染物排放却不容小觑。[②] 为此，在电信运营业节能减排因素分析、电信运营业节能减排主要环节剖析的基础上，基于现状指标和成果指标，樊耀东构建了电信运营业节能减排指标体系。该指标体系没有进行严格意义上的层级分类，共包括19个基础指标，对推进中国电信

---

① 李明：《高校节能减排评价指标体系及综合评判方法》，载《西安工业大学学报》，2011（4）。
② 樊耀东：《电信运营业节能减排指标体系研究》，载《电信科学》，2008（5）。

运营行业的节能减排工作有一定的指导作用。电信运营业节能减排指标体系如表3-13所示。

表3-13 樊耀东（2008）的电信运营业节能减排指标体系

指标名称	能源指标	排放指标
现状指标	直接总能源消耗	直接总二氧化碳排放量
		氟利昂排放量
		直接总二氧化硫排放量
	单位增加值能源消耗	蓄电池平均使用寿命
	单位话务量能源消耗	废旧蓄电池数
	单位用户能源消耗	电子废物数
	能耗费用总额	废旧蓄电池成功回收率
	能耗费用占成本比	电子废物成功回收率
成果指标	直接总能源消耗增幅	直接总二氧化碳降幅
	单位增加值能耗降幅	直接总二氧化硫降幅
		氟利昂排放量降幅

资料来源：樊耀东：《电信运营业节能减排指标体系研究》，载《电信科学》，2008（5）。

此外，李红杰、陆秀琴、张新民（2011）构建了纺织化纤业节能减排标准体系，李秀邦（2012）研究了交通行业节能减排指标体系，顾英伟、李彩虹（2013）进行了电力行业节能减排评价指标体系研究，王玮、丁建乐、何雅萍、王君（2011），陈素琴、李益娟、李献刚、陆萍（2012），李扬、褚春超、陈建营（2013），胡书林（2014）等还分别构建了渔业、高校研究机构、港口等的节能减排效率指标体系。

三、国内间接评估节能减排效率的指标体系

与国际评估节能减排效率的指标体系类似，国内也有较多的指数通过测度绿色经济效率、环境效率等间接评估节能减排效率，比较有代表性的包括由北京师范大学、西南财经大学、国家统计局中国经济景气监测中心三家单位联合推出的中国绿色发展指数（2010、2011、2012、2013）、中国科学院可持续发展战略研究组推出的资源环境综合绩效指数（2012、2013）、全国经济综合竞争力研究中心福建师范大学分中心推出的环境竞争力评价指标体系（2010、2011）等。

为促进中国绿色发展、循环发展、低碳发展，助力形成资源节约与环境友好的空间格局、产业结构、生产方式和生活方式，建设生态文明，构建美丽中国，北京师范大学等三家单位于 2010 年开始，在不断完善与修正下，连续四年推出中国绿色发展指数[①]，测度中国省际和城市的绿色发展情况，为中国的可持续发展提供了可量化、可考评的指标体系。中国绿色发展指数由经济增长绿化度、资源环境承载潜力和政府政策支持度 3 个一级指标构成，共包括绿色增长效率指标、第一产业指标、第二产业指标、第三产业指标、资源丰裕与生态保护指标、环境压力与气候变化指标、绿色投资指标、基础设施指标和环境治理指标 9 个二级指标和 60 个三级指标[②]，评价了中国 30 个省（自治区、直辖市）和 100 个重点城市的绿色发展。[③] 该指标体系以评价绿色发展为主，不直接评价节能减排。但在其 60 个三级指标中，共有 26 个指标直接表征节能减排效率，如规模以上工业增加值能耗、人均公路交通氮氧化物排放量、工业废水化学需氧量去除率、工业废水氨氮去除率等，对其他节能减排指标体系的建立有较好的借鉴意义，具体如表 3 - 14 所示。

表 3 - 14　2013 年中国绿色发展指数中与节能减排相关的指标（部分）

	一级指标	二级指标	三级指标
2013 年中国绿色发展指数	经济增长绿化度	经济增长效率指标	单位地区生产总值二氧化碳排放量、单位地区生产总值能耗、单位地区生产总值化学需氧量排放量、单位地区生产总值二氧化硫排放量、单位地区生产总值氮氧化物排放量、人均城镇生活消费用电、单位地区生产总值氨氮排放量
		第二产业指标	工业固体废物综合利用率、规模以上工业增加值能耗

---

① 北京师范大学科学发展观与经济可持续发展研究基地、西南财经大学绿色经济与经济可持续发展研究基地、国家统计局中国经济景气监测中心：《中国绿色发展指数报告：区域比较》，北京，北京师范大学出版社，2013。

② 中国绿色发展指数包括省际和城市两套指标体系，二者一级和二级指标相同，但三级指标不同，且在不同的年份，二者三级指标的数目也有所差异。本书所列的 60 个三级指标为 2013 年省际中国绿色发展指数的指标数。

③ 中国绿色发展指数对城市的评价从 2011 年开始，最初只包括 34 个城市，随后扩展为 38 个城市，2013 年最新的研究报告对 100 个城市的绿色发展进行了测度与评估。

续表

	一级指标	二级指标	三级指标
2013 年中国 绿色发展指数	资源环境承载 潜力	环境压力与气 候变化指标	人均公路交通氮氧化物排放量、人均二氧化碳排放量、单位土地面积二氧化碳排放量、人均二氧化硫排放量、单位土地面积二氧化硫排放量、人均化学需氧量排放量、单位土地面积化学需氧量排放量、人均氮氧化物排放量、单位土地面积氮氧化物排放量、人均氨氮排放量、单位土地面积氨氮排放量
	政府政策支持 度	基础设施指标	城市生活垃圾无害化处理率、城市污水处理率
		环境治理指标	工业废水氨氮去除率、工业二氧化硫去除率、工业氮氧化物去除率、工业废水化学需氧量去除率

注：表中仅列示了与节能减排效率相关的若干指标，其余指标没有列示。

资料来源：北京师范大学科学发展观与经济可持续发展研究基地、西南财经大学绿色经济与经济可持续发展研究基地、国家统计局中国经济景气监测中心：《中国绿色发展指数报告：区域比较》，北京，北京师范大学出版社，2013。

　　资源环境综合绩效指数[①]由中国科学院可持续发展战略研究组研发推出，目前最新的报告以生态文明为主题，同时评估中国省区的资源环境综合绩效。资源环境综合绩效指数包括中国可持续发展总体能力 1 个总体层，下属环境支持系统、生存支持系统、发展支持系统、社会支持系统和智力支持系统 5 个系统层，资源转化效率、区域发展质量、区域生态水平等 16 个状态层、45 个变量层和若干基础指标。资源环境综合绩效指数主要通过环境支持系统中区域环境水平、区域生态水平、区域抗逆水平 3 个状态层中的基础指标，如人均废气排放量、废气排放强度、人均废水排放量、废水排放强度等，来衡量一个国家或地区的资源消耗强度和污染物排放强度，即节能减排效率，具体如表 3 – 15 所示。

---

　　① 中国科学院可持续发展战略研究组：《2013 中国可持续发展战略报告：未来 10 年的生态文明之路》，北京，科学出版社，2013。

表 3 – 15　　　2013 年资源环境综合绩效指数中与节能减排相关的指标

	系统层	状态层	变量层	基础指标
2013 年资源环境综合绩效指数	生存支持系统	……	……	……
	发展支持系统	……	……	……
	环境支持系统	区域环境水平	排放强度指数	人均废气排放量、废气排放强度、人均废水排放量、废水排放强度
			大气污染指数	人均二氧化硫排放量、二氧化硫排放强度、人均烟尘排放量、烟尘排放强度、人均粉尘排放量、粉尘排放强度、人均氮氧化物排放量、氮氧化物排放强度
			水污染指数	人均化学需氧量排放量、单位径流学需氧量排放量、人均氨氮排放量、单位径流氨氮排放量、单位耕地化肥施用量、单位耕地农药使用量
		区域生态水平	地理脆弱指数	地形起伏度、地震灾害频率
			气候变异指数	干燥度、受灾率
			土地退化指数	水土流失率、荒漠化率、盐碱化耕地占耕地面积的比例
		区域抗逆水平	环境治理指数	污染治理投资占 GDP 比例、工业废水排放达标率、工业锅炉烟尘排放达标率、工业固体废弃物综合利用率、城市生活垃圾无害化处理率、工业用水重复利用率、环保产业产值占 GDP 比例
			生态保护指数	森林覆盖率、自然保护区面积占国土面积的比例、水土流失治理率、造林面积占国土面积的比例、湿地面积占国土面积的比例
	社会支持系统	……	……	……
	智力支持系统	……	……	……

　　注："……"表示生存支持系统、发展支持系统、社会支持系统和智力支持系统 4 个系统层其他层级的指标与节能减排效率无关，故没有列出。

　　资料来源：中国科学院可持续发展战略研究组：《2013 中国可持续发展战略报告：未来 10 年的生态文明之路》，北京，科学出版社，2013。

环境竞争力评价指标体系[①]由全国经济综合竞争力研究中心福建师范大学分中心研究开发，李建平、李闽榕、王金南等主持研究了该指标体系。环境竞争力评价指标体系涉及社会、经济、环境等方面庞杂的综合性系统，通过测度对生态环境和经济发展所体现出的协调力、承载力、影响力、执行力和贡献力，评估中国各省份的环境竞争力。环境竞争力由资源环境竞争力、生态环境竞争力、环境影响竞争力、环境管理竞争力和环境协调竞争力5个二级指标组成，具体包括水环境竞争力、生态效益竞争力、环境治理竞争力等14个三级指标和135个四级指标，指标层级多、基础指标全面是该评价体系的一大特点。2005—2009年，该指标体系以国家统计局等公布的权威数据评估了中国31个省份的环境竞争力，并对各省份的得分情况进行了均衡分析，为中国环境的可持续发展提出了有价值的建议。该指标体系包括单位地区生产总值电耗、工业二氧化硫削减率、工业二氧化硫排放达标率、工业废水排放达标率、工业固体废物处置量等多个节能减排指标，可间接评估中国区域的节能减排效率和绩效，具体如表3－16所示。

表3－16　　2010年环境竞争力评价指标体系中与节能减排相关的指标

	二级指标	三级指标	四级指标
2010年环境竞争力评价指标体系	资源环境竞争力	环境质量竞争力	人均工业废气排放量、人均二氧化硫排放量、人均烟尘排放量、人均工业粉尘排放量、人均工业废水排放量、人均生活污水排放量、人均化学需氧量排放量、人均工业固体废弃物排放量、人均化肥施用量、人均农药施用量
	环境影响竞争力	大气环境竞争力	工业废气排放总量、工业烟尘排放总量、工业粉尘排放总量、工业二氧化硫排放总量、工业烟尘排放达标量、工业粉尘排放达标量、工业二氧化硫排放达标量
		能源环境竞争力	能源生产总量、能源消费总量、单位地区生产总值能耗、单位地区生产总值电耗、单位规模以上工业增加值能耗、能源生产弹性系数、能源消费弹性系数
	生态环境竞争力	生态效益竞争力	工业废气排放强度、工业二氧化硫排放强度、工业烟尘排放强度

　　注：表中仅列示了与节能减排效率相关的若干指标，其余指标没有列示。

　　资料来源：李建平、李闽榕、王金南：《中国省域环境竞争力发展报告2009—2010》，北京，社会科学文献出版社，2011。

---

　　① 李建平、李闽榕、王金南：《中国省域环境竞争力发展报告2009—2010》，北京，社会科学文献出版社，2011。

苏利阳、郑红霞、王毅（2013）从绿色生产、绿色产品、绿色产业三个方面界定了工业绿色发展内涵，认为工业绿色发展可以理解为在促进工业经济持续较快增长及提供更多、更好工业产品和服务以满足人们日益增长需求的同时，通过绿化工艺系统和生产过程、生产绿色低碳产品、发展绿色新兴产业，最终协调工业发展与资源环境容量有限之间的矛盾。[1] 由于数据可得性等原因，他们围绕绿色生产构建了基于综合指数法的工业绿色发展绩效指数。该指数中的主题指标即节能与减排的分类指标，次级主题指标中的能源、废水、废气和固体废弃物指标间接反映了工业节能减排效率，具体如表 3 - 17 所示。

表 3 - 17　　　　　苏利阳、郑红霞、王毅（2013）工业绿色发展
绩效指数中与节能减排相关的指标

	主题指标	次级主题指标	基础指标
苏利阳、郑红霞、王毅（2013）工业绿色发展绩效指数	资源消耗	能源	单位工业增加值能耗
		水资源	单位工业增加值用水量
		土地资源	单位工业增加值用地量
	污染物排放	废水	单位工业增加值化学需氧量排放
			单位工业增加值氨氮排放
			单位工业增加值二氧化硫排放
		废气	单位工业增加值氮氧化物排放
			单位工业增加值烟粉尘排放量
		固体废弃物	单位工业增加值固体废弃物待利用量

资料来源：苏利阳、郑红霞、王毅：《中国省际工业绿色发展评估》，载《中国人口·资源与环境》，2013（8）。

肖宏伟、李佐军、王海芹（2013）在国内外绿色指数、低碳经济等相关理论和评价指标体系研究的基础上，构建了以环境保护、资源利用、竞争力提升为维度的绿色转型发展指标体系，同时对我国 30 个省（自治区、直辖市）进行了绿色转型发展综合评价。[2] 该指标体系包括 3 个一级指标、9 个二级指标及若干个三级指标，其中减排能力、资源集约能力、能源结构优化能力 3 个二级指

---

　　[1]　苏利阳、郑红霞、王毅：《中国省际工业绿色发展评估》，载《中国人口·资源与环境》，2013（8）。

　　[2]　肖宏伟、李佐军、王海芹：《中国绿色转型发展评价指标体系研究》，载《当代经济管理》，2013（8）。

标体现了节能减排效率，具体如表 3 – 18 所示。

表 3 – 18　肖宏伟、李佐军、王海芹（2013）绿色转型发展指标体系中
与节能减排相关的指标

	主题指标	次级主题指标	基础指标
肖宏伟、李佐军、王海芹（2013）绿色转型发展指标体系	环境保护	减排能力	单位 GDP 二氧化碳排放量
			单位 GDP 二氧化硫排放量
			单位 GDP 化学需氧量排放量
			单位 GDP 氮氧化物排放量
			单位 GDP 氨氮排放量
			单位 GDP 工业固体废物排放量
			单位土地面积二氧化碳排放量
			单位土地面积二氧化硫排放量
			单位土地面积化学需氧量排放量
			单位土地面积氮氧化物排放量
			单位土地面积氨氮排放量
			单位土地面积工业固体废物排放量
			人均二氧化碳排放量
			人均二氧化硫排放量
			人均化学需氧量排放量
			人均氮氧化物排放量
			人均氨氮排放量
			人均工业固体废物排放量
			城市污水处理率
			城市生活垃圾无害化处理率
			工业二氧化硫去除率
			工业氮氧化物去除率
			工业氨氮去除率
			空气质量二级或二级以上天数占全年的比重
	资源利用	资源集约能力	单位 GDP 能耗
			人均能耗
			规模以上工业增加值能耗
			火电供电煤耗
			单位工业增加值水耗
			工业用水重复利用率
			工业固体废物综合利用率

续表

	主题指标	次级主题指标	基础指标
肖宏伟、李佐军、王海芹（2013）绿色转型发展指标体系	资源利用	能源结构优化能力	非化石能源占能源消费量比重
			天然气消费占化石能源消费的比重
			高载能工业产值占工业总产值比重
			地区火电发电量占比重

注：表中仅列示了与节能减排效率相关的若干指标，其余指标没有列示。

资料来源：肖宏伟、李佐军、王海芹：《中国绿色转型发展评价指标体系研究》，载《当代经济管理》，2013（8）。

除此以外，北京工商大学世界经济研究中心、遂宁绿色经济研究院、联合国工业经济发展组织国际环境资源监督管理机构（2010）、叶依常和黄明凤（2011）、肖翠仙和唐善茂（2011）、石敏俊（2012）、陈劭锋和刘扬（2013）、张焕波（2013）、吴翌琳和谷彬（2013），以及李晓西、刘一萌和宋涛（2014）等多家研究机构、学者也进行了这一领域的研究。

无论是国际间接评估节能减排效率的指标体系，还是国内直接评估节能减排效率的指标体系，或是国内间接评估节能减排效率的指标体系，基于统计分析的工业节能减排效率指标体系对节能减排效率进行评估时，通常涵盖能源消耗、废水排放、废气排放和固体废弃物排放4大类二级指标，具体涉及的三级指标包括能耗指标、电耗指标、水耗指标、氮氧化物指标、化学需氧量指标、二氧化碳指标、二氧化硫指标、氮氧化物指标、粉尘指标、烟尘指标、固体废弃物指标11类。这一研究发现为本书测度工业节能减排效率选择指标时提供了理论依据与理论基础，有助于本书效率测度结果的准确、客观与公正。

第二节　基于数据计量模型的工业节能减排效率测度与评估

基于数据计量模型的工业节能减排效率测度与评估方面，现有文献在考虑环境、能源、生态等约束下，通过计算投入产出生产率或全要素生产率，从而评估节能减排效率。研究方法上，大致可分为三类：增长会计法（Growth Accounting Approach，GAA）、随机前沿分析法（Stochastic Frontier Analysis，SFA）

和数据包络分析法（Data Envelopment Analysis，DEA）。

一、增长会计法

增长会计法以新古典经济增长理论为基础，通过排除劳动、资本等传统要素对经济增长的贡献，得到的余值即为全要素生产率，其本质是一种指数方法。按照计算方法的不同，增长会计法可分为代数指数法（Arithmetic Index Number Approach，AINA）和索洛残值法（SolowResidual）两类。

代数指数法[①]由艾布拉姆威兹（Abramvitz）于1956年提出，通过计算产出效益和基于技术进步的投入成本之比，得到的比率即为全要素生产率。

假设生产者的资本投入为 K_t，劳动投入为 L_t，利率为 r_t，工资率为 w_t，则总成本为：$K_t \times r_t + L_t \times w_t$。商品价格为 P_t，产量为 Q_t，则总产出为 $P_t \times Q_t$。在完全竞争和规模收益不变的假设下，存在总成本等于总产出，即

$$K_t \times r_t + L_t \times w_t = P_t \times Q_t \qquad (3.1)$$

但由于技术进步的影响，式（3.1）往往存在偏差，可将式（3.1）改写为

$$TFP_t (K_t \times r_0 + L_t \times w_0) = P_0 \times Q_t \qquad (3.2)$$

式中，r_0、w_0、P_0 分别表示基年的利率、工资和价格，TFP_t 为技术进步对产出的影响，即全要素生产率：

$$TFP_t = P_0 \times Q_t / (K_t \times r_0 + L_t \times w_0) \qquad (3.3)$$

代数指数法主要以 Tornqvist 指数和 Fischer 指数为代表，不要求明确的生产函数形式，但其因假设中要求资本劳动的完全替代及边际生产率不变，与实际生产中有一定差距，且无法将测算出的全要素生产率进行再分解，在研究中的应用已经较少。

冯海发（1993）以代数指数法为基本方法，测度了1949—1990年中国农业生产效率及农业全要素生产率。[②] 孙学科、范金、胡汉辉（2008）采用 Tornqvist 指数法，计算了中国农业全要素生产率的增长率，并以南京市为例，基于南京市1991—2005年的数据，为南京农业的现代化发展提供了建议。[③] 徐杰、杨建

---

① 郭庆旺、贾俊雪：《中国全要素生产率的估算：1979—2004》，载《经济研究》，2005（6）。

② 冯海发：《总要素生产率与农村发展》，载《当代经济科学》，1993（2）。

③ 孙学科、范金、胡汉辉：《中国地区农业 TFP 测算与分解：以南京市为例》，载《技术经济》，2008（1）。

龙（2010）运用 Tornqvist 指数编制了反映劳动质量变化的劳动投入指数，并结合劳动者报酬矩阵，计算了中国劳动投入对经济增长的贡献。[①] 陈书章、宋春晓、宋宁、马恒运（2013）借助 Tornqvist 指数模型，测度了中国及山东、河南小麦生产的全要素生产率，为全国小麦业的发展提出了建议。[②] 此外，Wiens（1982）、Wong（1986）、孙琳琳、任若恩（2005）等均进行了类似的研究。

索洛残值法[③]又叫生产函数法，由索洛（Solow）于 1957 年提出，是实践中测度全要素生产率最早的方法之一。索洛残值法通过确定明确的生产函数计算产出增长效率，随后分别测度劳动、资本等投入因素的贡献，产出增长率与各因素贡献之差值，即为全要素生产率，也称索洛残值或索洛余值。

假设总生产函数为

$$Y_t = M(t) \times F(X_t) \qquad (3.4)$$

式中，Y_t 为产出，X_t 为要素投入，$M(t)$ 为希克斯中性技术系数，则技术进步不影响投入要素的边际替代率。如果总生产函数规模收益不变，即 $F(X_t)$ 为一次齐次函数，则对式（3.4）求导并同时除以式（3.4），有

$$\widehat{Y_t}/Y_t = \widehat{M_t}/M_t + \sum_{n=1}^{N} (\partial Y_t/\partial X_{nt}) \times (X_{nt}/Y_t) \times (\widehat{X_{nt}}/X_{nt}) \qquad (3.5)$$

进一步有

$$\widehat{M_t}/M_t = \widehat{Y_t}/Y_t - \sum_{n=1}^{N} (\partial Y_t/\partial X_{nt}) \times (X_{nt}/Y_t) \times (\widehat{X_{nt}}/X_{nt}) \qquad (3.6)$$

此即为全要素生产率的索洛残差公式，可据此测算全要素生产率。

索洛残值法由 C－D 生产函数发展而来，该方法没有考虑技术与生产前沿的效率差距，要求完全竞争、规模收益不变和利润最大化的强假设，且对资本存量等的测度难以实现，无法区分模型测算中存在的误差与残值，在理论研究上可行，实证分析中的局限性较为明显。

刘敏、尚新玲（2008）利用索洛残值法，测度了西安 1992—2005 年科技进步的贡献率，并对西安以科技创新推动经济发展进行了深入分析，提供了相关

[①]　徐杰、杨建龙：《中国劳动投入及其对经济增长的贡献》，载《经济问题探索》，2010（10）。

[②]　陈书章、宋春晓、宋宁、马恒运：《小麦生产 TFP 的区域比较分析》，载《河北农业大学学报》，2013（3）。

[③]　郭庆旺、贾俊雪：《中国全要素生产率的估算：1979—2004》，载《经济研究》，2005（6）。

的政策建议。① 苗敬毅、刘应宗（2008）对传统索洛残值法进行了改进，将半参数回归和多项式滞后引入生产函数，避免了模型理论中对完全竞争的强假设，并用山西的数据进行了验证。② 廖先玲、姜秀娟、赵峰、何静（2010）引入多项式分布滞后索洛改进模型，对1991—2009年山东经济增长中的技术贡献进行了估算，研究结果更符合经济运行的实际情况。③ 夏晶、李佳妮（2011）引入C-D生产函数和索洛残值法，计算了湖北省全要素生产率对经济增长的作用，并提出以综合要素生产率跨过中等收入陷阱的意见和建议。④ 此外，张军扩（1991）、赵洪斌（2004）、郭庆旺等（2005）、赵芝俊等（2006）也进行了这一方法的研究。

二、随机前沿分析法

随机前沿分析法⑤最早由 Schmidt（1976）和 Aigner、Amemiya、Poirier（1976）各自同时提出，Pitt（1981），Cornwell、Schmidt 和 Sickes（1990），Battese 和 Coelli（1992）等对其进行了发展。随机前沿分析法通过研究对象的生产关系确定生产函数，以一定的数学方法估计生产函数中的参数，从而计算全要素生产率。目前，随机前沿分析法是当前研究生产效率具有代表性的参数化方法之一，在考虑随机因素对产出影响的基础之上，根据多个周期的数据构造生产前沿评估生产效率。该方法要求模型设定和随机干扰项正态分布，且必须明确生产函数，在多投入单产出研究中优势明显，但对包含期望产出和非期望产出的多产出分析则存在较大误差。

刘玲利、李建华（2007）以随机前沿分析法建立知识生产函数，进行了中国区域研发资源配置效率的实证研究。通过对1998—2005年中国30个省（自治

---

① 刘敏、尚新玲：《基于索洛余值法的西安科技进步贡献率测算研究》，载《科技广场》，2008（9）。

② 苗敬毅、刘应宗：《对技术进步贡献率"索洛余值法"估计的一种改进》，载《数学的实践与认识》，2008（2）。

③ 廖先玲、姜秀娟、赵峰、何静：《基于"索洛余值"改进模型的山东省技术进步贡献率测算研究》，载《科技进步与对策》，2010（11）。

④ 夏晶、李佳妮：《基于"索洛余值法"测算湖北 TFP 贡献率的实证分析》，载《经济研究导刊》，2011（19）。

⑤ 李双杰、范超：《随机前沿分析与数据包络分析方法的评析与比较》，载《统计与决策》，2009（7）。

区、直辖市）研发资源配置效率的测度，得出了中国区域研发资源配置效率整体水平较低的结论，并对此提出了相关的政策建议。[1] 魏下海、佘玲铮（2011）以随机前沿分析法对中国29个省（自治区、直辖市）1990—2007年的全要素生产率变动进行了测算，研究指出，技术创新效率抑制了中国经济全要素生产率的提高，而技术进步则是中国经济发展的主要动力。[2] 陈青青、龙志和、林光平（2011）基于人力资本、技术、物质资本、地区生产总值等几个指标，采用SFA方法研究了1996—2006年中国省（市）十年间的技术效率，分析认为，中国东部、中部和西部地区的技术效率逐年提高，且收敛趋势明显；区域技术效率差异明显，依次呈现中部最高、东部次之、西部再次的局面。[3] 全炯振（2009）将随机前沿分析法与非参数的Malmquist生产率指数相结合，拓展出一种新型全要素生产率指数，测度了中国改革开放以来的农业增长效率，并进行了分区域和分年度的比较。研究表明，中国农业增长主要来自技术进步，且不同地区和不同年份之间差异明显，要重视中国农业发展的区域不平衡，着力提高能源的全要素生产率。王德祥、李建军（2009）基于随机前沿分析法和中国省际面板数据，测度了中国税收征管效率及其影响因素。研究发现，中国区域税收征管效率逐年递增，这解释了税收增长幅度高于经济发展速度的原因；性别、年龄、经济发展水平、工作人员数量等都是影响税收征管效率的重要因素。[4] 李春梅、杨蕙馨（2012）以随机前沿分析法研究了中国信息产业的技术效率及影响因素，通过测度中国28个省份2007—2010年信息产业的技术效率，认为中国信息技术水平较低，技术效率有待提高，且区域差异明显。中国信息产业存在非中性的技术进步，教育水平、经济发展水平与效率的提高正相关，居民信息产业消费和出口与技术效率负相关，而FDI、政府的支持等与技术效率的改善关系不明显。[5]

---

[1] 刘玲利、李建华：《基于随机前沿分析的我国区域研发资源配置效率实证研究》，载《科学学与科学技术管理》，2007（12）。

[2] 魏下海、佘玲铮：《中国全要素生产率变动的再测算与适用性研究——基于数据包络分析与随机前沿分析方法的比较》，载《华中农业大学学报（社会科学版）》，2011（3）。

[3] 陈青青、龙志和、林光平：《中国区域技术效率的随机前沿分析》，载《数理统计与管理》，2011（2）。

[4] 王德祥、李建军：《我国税收征管效率及其影响因素——基于随机前沿分析（SFA）技术的实证研究》，载《数量经济技术经济研究》，2009（4）。

[5] 李春梅、杨蕙馨：《中国信息产业技术效率及影响因素分析——基于随机前沿分析方法的省际实证研究》，载《产业经济评论》，2012（4）。

此外，黄薇（2008）以随机前沿分析法进行了风险视角下中国保险公司效率的实证研究[1]；李清彬、武鹏、赵晶晶（2010）以随机前沿分析测度了2001—2007 年私营工业的全要素生产率[2]；董洁、黄付杰（2012）以随机前沿分析研究了中国科技成果转化效率[3]；赵金楼、李根、苏屹、刘家国（2013）以SFA 方法进行了中国能源大陆地区差异及收敛性分析[4]；Xu（1998）、Tongetal（2009）、苏屹和李柏洲（2009）、乔岳和陈佳易（2012）、李国平和周晨（2012）、宋罡和徐勇（2013）等也进行了类似的研究。

三、数据包络分析法

数据包络分析法[5]是生产效率测度中具有代表性的非参数方法之一，因生产前沿面确定方法的不同，其与参数方法代表之一的随机前沿分析有着本质的区别。数据包络分析思想最早源于 1957 年 Farrell 提出的通过构造非参数线性凸面估计生产前沿的观点。1978 年，美国运筹学家 Charnes A.、Cooper W. W.、Rhodes E. 三人基于 Farrell 的方法，在确定性无参数前沿概念上，以相对效率为理论基础，通过对多部门间投入产出数据的分析，以线性规划确定决策单元的相对有效性及各决策单元的技术效率和管理效率，提出了第一个数据包络分析模型——CCR 模型。随后学者们又先后发展出 BOC 模型、BCC 模型、CCW 模型等。如果在投入中包含劳动、资本等生产要素，而产出的是生产总值，那么DEA 的测度结果即为全要素生产率。[6] 近年来，学者们在投入中考虑了能源、资源等环境要素，绿色全要素生产率受到关注。随后，学者们将污染物排放等作为非期望产出，结合方向距离函数，一种新型的绿色经济效率测度方法被广泛

---

[1]　黄薇：《风险视角下中国保险公司效率的实证研究》，载《数量经济技术经济研究》，2008（12）。

[2]　李清彬、武鹏、赵晶晶：《新时期私营工业全要素生产率的增长与分解——基于 2001—2007 年省级面板数据的随机前沿分析》，载《财贸经济》，2010（3）。

[3]　董洁、黄付杰：《中国科技成果转化效率及其影响因素研究——基于随机前沿函数的实证分析》，载《软科学》，2012（10）。

[4]　赵金楼、李根、苏屹、刘家国：《我国能源效率地区差异及收敛性分析——基于随机前沿分析和面板单位根的实证研究》，载《中国管理科学》，2013（2）。

[5]　王群伟、周德群、周鹏：《效率视角下的中国节能减排问题研究》，上海，复旦大学出版社，2013。

[6]　Fare R.，Grosskopf S.，Lovell C. A. K. and Yaisawarng S.，"Derivation of Shadow Prices for Undesirable Outputs：A Distance Function Approach"，*The Review of Economics and Statistics*，1993，75（2），375–380.

运用。但早期的 DEA 方法与索洛残值法一样无法消除随机误差在测度中的负面作用，学者们逐步开发出二阶段 DEA 模型和结合随机前沿分析参数方法的三阶段 DEA 模型，外部环境和随机因素对模型的影响被剥离。[①] 随着 DEA 理论及方法的逐步完善，学者们又发现传统 DEA 存在径向性和导向性问题，可能会使测度的结果产生偏误，此时非径向、非导向性基于松弛变量的方向距离函数被开发出来，这一最新的效率测度方法很好地解决了这些问题，成为目前测度结果最为客观、真实的 DEA 模型。[②]

　　针对数据包络分析方法的使用：张健华（2003）利用数据包络分析的基本模型和改进模型，首次对中国商业银行的效率进行了测度。通过 1997—2001 年的数据，测度结果对中国各商业银行效率进行了排序，解释了中国银行规模经济问题，为中国商业银行的发展提供了有价值的建议。[③] 黄薇（2009）利用资源型两阶段 DEA 模型，以中国保险企业 1999—2006 年的数据测算了保险机构使用资金的效率。研究发现，中国保险业在筹资、资金使用等阶段的效率都较为低下，提升中国保险业资金利用水平刻不容缓。[④] 杨斌（2009）将数据包络分析方法运用到生态效率的测度与研究中，对 2000—2006 年中国区域的生态效率进行了测度和评价。结果显示，中国整体生态效率保持在中等水平，东部、中部、西部各区域间差异明显，水资源的消耗、烟尘、固体废弃物等的排放是降低生态效率的主要原因。[⑤] 吴琦、武春友（2009）在全要素能源效率框架下，以数据包络分析建立了包括技术效率、综合效率和产出效率的能源效率评价模型，通过选取能源消费总量、固定资产折旧等指标，测度了中国 30 个地区的能源效

---

①　Fried H. O., Schmidt S. S., Yaisawarng S., "Incorporating the Operating Environment into a Nonparametric Measure of Technical Efficiency", *Journal of Productivity Analysis*, 1999 (12), 249–267; Ruggiero J., "Nonparametric Estimation of Returns to Scale in the Public Sector with an Application to the Provision of Educational Services", *The Journal of the Operational Research Society*, 2000 (51), 906–912.

②　Tone K., "A Slacks Based Measure of Efficiency in Data Envelopment Analysis", *European Journal of Operational Research*, 2001, 130, 498–509; Fukuyama, H., and W. L. Weber, "A Directional Slacks–based Measure of Technical Inefficiency", *Socio–Economic Planning Sciences*, 2009, 43 (4), 274–287.

③　张健华：《我国商业银行效率研究的 DEA 方法及 1997—2001 年效率的实证分析》，载《金融研究》，2003（3）。

④　黄薇：《中国保险机构资金运用效率研究：基于资源型两阶段 DEA 模型》，载《经济研究》，2009（8）。

⑤　杨斌：《2000—2006 年中国区域生态效率研究——基于 DEA 方法的实证分析》，载《经济地理》，2009（7）。

率。结果显示，新型能源效率模型评估结果较好，真实地评价了中国区域能源效率情况，为中国进行节能减排等工作提供了决策支持。[①] 郭军华、倪明、李帮义（2010）运用三阶段 DEA 模型对 2008 年中国农业生产效率进行了研究，结果显示，中国农村人口的受教育水平有利于提高农业生产效率，自然灾害发生、农民人均收入过低严重影响了中国农业生产水平。[②] 王俊能、许振成、胡习邦、彭晓春、周杨（2010）以 DEA 模型对中国 31 个省份的环境效率进行了分析，并利用 Tobit 方法判断其影响因素。研究发现，以环境效率为标准，中国可划分为优化发展区、生态平衡区、环境破坏区三类区域，产业结构、经济发展水平、技术水平等是影响中国区域环境效率的重要因素。[③] 刘瑞翔、安同良（2012）结合 SBM 方向距离函数和 Luenberger 指数特点，建立了一种新型生产率指数构建与分解方法，并对 1995—2010 年资源环境约束下的中国经济增长绩效年间变化趋势与因素进行了分析。研究表明，中国经济增长绩效下降主要与近年来要素投入和污染排放有关，效率改善趋缓是导致其下降的主要原因。[④] 陈诗一（2012）以 SBM - DDF - AAM 模型为基础，结合低碳经济分析理论机制构建了评估中国低碳转型进程的动态指数，并对 1978 年以来中国区域的低碳经济转型进程进行评估和预测。该评估指数考虑了经济增长的质量、经济增长速度、环境污染情况等，能够较好地拟合中国的可持续发展。研究结果显示，中国低碳发展经历了两个低谷阶段，2010 年后迎来了高速发展的时期，未来中国低碳经济发展的高效率可以预期。[⑤]

此外，庞瑞芝（2006）利用 DEA 模型研究了中国城市医院的经营效率；迟国泰、杨德、吴珊珊（2006）基于 DEA 方法分析了中国商业银行综合效率；马庆国、王凯（2008）评估了基于 DEA 的钢铁行业上司公司效率；武春友、吴琦（2009）构建了超效率 DEA 的能源效率评价模型；林坦、宁俊飞（2011）进行

---

① 吴琦、武春友：《基于 DEA 的能源效率评价模型研究》，载《管理科学》，2009（1）。

② 郭军华、倪明、李帮义：《基于三阶段 DEA 模型的农业生产效率研究》，载《数量经济技术经济研究》，2010（12）。

③ 王俊能、许振成、胡习邦、彭晓春、周杨：《基于 DEA 理论的中国区域环境效率分析》，载《中国环境科学》，2010（4）。

④ 刘瑞翔、安同良：《资源环境约束下中国经济增长绩效变化趋势与因素分析——基于一种新型生产率指数构建与分解方法的研究》，载《经济研究》，2012（11）。

⑤ 陈诗一：《中国各地区低碳经济转型进程评估》，载《经济研究》，2012（8）。

了基于零和 DEA 模型的欧盟国家碳排放权分配效率研究；Mao（1998）、Mahony 等（2007）、Satoshi 等（2008）、Zhou 等（2010）、柯健和李超（2011）、赵前、焦捷和王以华（2011）、王赫一和张屹山（2012）、丁晶晶、毕功兵和梁樑（2013）、魏新强和张宝生（2013）等也以这一方法进行了研究。

针对节能减排效率的测度有：于鹏飞、李悦、高义学、郜敏、孔范龙（2010）运用数据包络分析，从宏观角度将国内各地区作为开展节能减排成效评价的基本单位，建立了节能减排效率评价指标体系模型。在此基础上，他们综合分析了 2007 年全国 31 个省（自治区、直辖市）的能源、水资源利用效率以及废水、SO_2 综合治理绩效和效率，并提出了相关政策建议。[①] 汪中华、梁慧婷（2012）运用数据包络分析方法，将黑龙江省各工业行业作为评价节能减排效率的基本单位，从能源、经济、环境角度对节能减排指标进行分类，建立黑龙江省工业节能减排效率评价模型。在此基础上，他们综合分析了黑龙江省 20 个工业行业的节能减排纯技术效率、综合技术效率、规模效率，并提出了相关提高节能减排效率的建议。[②] 李科（2013）运用超效率数据包络分析法测算了 30 个省份的节能减排效率，并分析了其动态变化特征。研究发现，我国各省间节能减排的效率值具有明显差异，节能减排效率的增长主要是受技术进步的推动，结构调整的作用有限。政府应加大节能减排技术创新的扶持投入和鼓励省际间的技术溢出，以更有效地促进全国节能减排效率的提高。[③]

余泳泽、杜晓芬（2013）将非合意性产出纳入投入和产出导向的 DEA 模型，计算了我国 29 个省（自治区、直辖市）的节能减排潜力和效率，并考察了节能减排潜力的地区特征。结果显示，我国年均节能潜力约 8 亿吨标准煤，节能效率接近 0.7；年均化学需氧量减排潜力约为 300 万吨，减排效率为接近 0.4；年均二氧化硫减排潜力约为 1 300 万吨，减排效率为接近 0.5。[④] 金桂荣、张丽（2014）运用数据包络分析方法，对我国 30 个省（自治区、直辖市）的中小企

---

① 于鹏飞、李悦、高义学、郜敏、孔范龙：《基于 DEA 模型的国内各地区节能减排效率研究》，载《中国人口·资源与环境》，2010（S1）。

② 汪中华、梁慧婷：《基于 DEA 模型的黑龙江省工业节能减排效率研究》，载《中国林业经济》，2012（2）。

③ 李科：《我国省际节能减排效率及其动态特征分析》，载《中国软科学》，2013（5）。

④ 余泳泽、杜晓芬：《经济发展、政府激励约束与节能减排效率的门槛效应研究》，载《中国人口·资源与环境》，2013（7）。

业节能减排效率进行了评价，计算并分析了非 DEA 有效省份中小企业节能减排的潜力空间。研究表明，中小企业发展的管理水平、技术水平、产业结构、发展规模是对节能减排效率具有显著影响的因素，应加大政府对中小企业环保研发、环保技术引进的支持，加强中小企业节能减排制度建设。① 孙欣、韩伟伟、宋马林（2014）采用 DEA‒Malmquist 指数，通过构建节能减排指标体系，对中国省域节能减排效率进行评价，分析省域的节能减排效率表现特征。结果表明，我国节能减排效率在处于波动状态，略有提升态势，这主要得益于技术进步，但节能管理缺乏效率。技术进步、产业结构、对外开放度三因素促进了中国省域节能减排效率的提高，而能源价格对节能减排效率的进步有所阻碍。② 李静、彭翡翠、黄丹丹（2014）在考虑非期望产出属性约束框架下，将各省、自治区、直辖市作为主单元，其所辖地市作为子单元，运用并行数据包络分析模型测算中国 30 个省、自治区、直辖市工业节能减排效率。研究显示，中国工业节能减排效率总体上呈上升趋势，但效率水平偏低，且各区域间存在差距，节能减排潜力巨大。③

此外，王犁、孙欣和陈磊（2009）、孙欣（2010）、郭彬和逯雨波（2012）、徐盈之和魏莎（2014）等也以这一方法进行了研究。

第三节　影响工业节能减排效率的主要因素

当节能减排已经成为全球可持续发展的共识之一，对如何提高节能减排效率的动因分析开始受到学者的关注。没有任何一个国家否认节能减排的巨大作用，但基于研究目的和研究角度的差异，人们对影响节能减排效率的主要因素理解有所不同。总的来说，目前国内外学者普遍采用环境库兹涅茨曲线作为理论依据。

环境库兹涅茨曲线认为，环境绩效与经济水平、技术、产业结构等高度相

---

① 金桂荣、张丽：《中小企业节能减排效率及影响因素研究》，载《中国软科学》，2014（1）。

② 孙欣、韩伟伟、宋马林：《中国省域节能减排效率评价及其影响因素》，载《西北农林科技大学学报（社会科学版）》，2014（4）。

③ 李静、彭翡翠、黄丹丹：《基于并行 DEA 模型的中国工业节能减排效率研究》，载《工业技术经济》，2014（5）。

关：首先，经济增长的规模效应需要消耗更多的资源、产生更多的污染物，从而使环境质量不断恶化。其次，随着经济的稳步发展，大量清洁、高效的技术被使用，经济结构由高污染、高排放、高能耗的工业经济向绿色可持续的服务型经济和技术经济转变，产业结构被优化，技术效应与结构效应超过经济增长的规模效应，环境质量得以提高。再次，经济水平的提高使经济体有更充裕的条件改善原有技术的资源利用效率与污染物产生、排放效率，降低单位产出对要素的投入和对环境的污染，削弱其对自然的影响。最后，经济水平的进一步提高使社会对环境质量的需求不断增长，大量的环境产品被消费者接受，且政府对环境的管制不断加强，环境规制的经济与法律体系不断严格与完善，环境质量也得到优化与改善。①

基于环境库兹涅茨曲线，目前的研究主要把节能减排效率的提高分解为技术创新、环境规制、行业异质性、外商投资、资本劳动结构、市场化程度等的影响，分析不同因素对节能减排效率提高的作用方向及影响程度，识别影响节能减排效率的相关因素与无关因素、促进因素与抑制因素、核心因素与边缘因素等，从而提出相关的政策措施，寻求最优的节能减排路径，深入推进节能减排工作。

一、技术创新与工业节能减排效率

技术创新是实现全要素生产率提高的主要因素之一，这已经毋庸置疑。通过技术创新，企业可以改善全要素生产率，从而在以下几个方面提高节能减排效率：一是技术创新提高全要素生产率，企业减少生产过程中的能源、资源投入；二是技术创新产生新的资源节约与环境友好技术，企业降低产出过程中的污染物排放；三是以更先进的技术进行废弃能源资源回收再利用和污染物排放治理，企业可以更有效地循环利用资源、保护环境；四是通过技术创新实现的额外经济收益，企业可以持续用于节能减排工作的推进，比如进行节能减排技

① Grossman, G. M, Krueger, A. B., "Environ – mental Impacts of a North American Free Trade Agreement", *National Bureau of Economic Research Working Paper*, No. 3914 . 1991; Panayotou, T., "Empirical Tests and Policy Analysis of Environmental Degradation at Different Stages of Economic Development", *ILO, Technology and Employment Programme*, Geneva, 1993; 陆旸：《从开放宏观的视角看环境污染问题：一个综述》, 载《经济研究》, 2012 (2)。

术的再研发，实现节资环保的良性循环。

国内外学者主要从以下几个方面探讨技术创新与节能减排效率的关系。

一是技术创新对节能的影响。Fisher（2006）将技术创新细分为国内技术创新与国外技术溢出两类，利用企业微观数据证明了技术进步是降低中国能源消耗的重要因素。张颂心、龚建立、王飞绒（2006）在"十一五"节能减排任务的背景下，探索了浙江省利用技术创新优化调整产业结构，实现节能降耗目标的可行性。通过建立多元线性回归模型，研究认为技术创新和产品创新有利于推动能耗强度的下降，且技术创新的作用低于产品创新，这符合浙江省的现实情况。[①] Ma 和 Stern（2008）指出技术创新对能耗强度的影响与行业特征高度相关，其对化工行业的积极作用最明显。王祥（2012）研究了中国经济发展过程中能耗强度的变化轨迹，借助面板数据模型实证分析价格、技术、体制、结构等多种因素对能耗强度变化的影响机制和作用强度，研究发现，技术创新主导了中国能耗强度的波动，技术进步可以稳定地降低企业的能源消耗。[②] 刘建刚（2012）针对能源和碳排放问题，通过建立能源效率和碳排放的前沿分析与决策模型，实证探讨了中国工业部门的能源效率和碳排放。研究认为，以能源技术进步调整能源结构、改进能源消耗强度的可能性是存在的，能源企业清洁煤技术、热电联产等技术的创新、使用可以有效提高节能效率。[③]

二是技术创新对减排的影响。Bosetti（2006）将技术影响内生化，认为工业污染物排放与企业技术研发相关，企业自主创新可推动绿色环保技术的实施，进而降低污染物排放。周明、李宗植（2011）研究了技术创新对中国碳减排的作用途径、技术进步对碳减排的作用效果等，结果显示，技术进步在一定程度上缓解了碳排放。[④] 李国志、李宗植（2011）以 1993—2006 年 70 个国家的面板数据为基础，分析了人口、经济、技术等对二氧化碳排放的影响，研究证明了经济增长是二氧化碳排放的主要驱动因素，技术创新对减少碳排放有积极的作

① 张颂心、龚建立、王飞绒：《产业创新影响能耗强度的实证分析——以浙江省为例》，载《技术经济与管理研究》，2006（6）。
② 王祥：《中国能耗强度影响因素分析与节能目标实现》，东北财经大学博士论文，2012。
③ 刘建刚：《基于能源效率视角的碳排放实证研究》，上海社会科学院博士论文，2012。
④ 周明、李宗植：《基于产业集聚的高技术产业创新能力研究》，载《科研管理》，2011（1）。

用。[①] 蔡宏波、石嘉骐、王伟尧、宋小宁（2013）基于两国减排博弈拓展了 Weber 和 Neuhoff（2010）的一国环境经济模型，研究表明技术创新有利于推动国际碳减排合作，但两国间技术差距越大，合作的意愿和可能性就越小。[②]

三是技术创新对节能减排效率的影响。王丽民、宋炳宏、么海亮（2011）分析了技术创新对河北省节能减排的作用，在河北工业化尚未完成、产业结构重化特征明显的情况下，技术创新在节能减排中发挥基础性作用。[③] 沙之杰（2011）在技术创新、产业经济、环境规制等相关理论的指导下，利用博弈论、计量模型等方法对节能减排的发展进行了定量和定性的分析，研究认为，中国总体技术水平落后不利于节能减排的发展，国家要从行政办法保护环境转变为运用经济、法律、技术等手段综合解决环境问题，加快节能减排技术创新，推动节能减排的深入开展。[④] 韩一杰、刘秀丽（2011）等研究了技术创新对节能减排的影响路径，研究表明，技术创新是节能减排的内生机制之一，要提高节能减排绩效，企业进行技术创新必不可少。[⑤] 杨福霞（2012）运用数学规划方法估算了中国各省区节能减排技术变动率，运用空间面板数据模型对导致节能减排技术进步的原因进行了理论探析与探讨。研究结果显示，技术进步是推动中国节能减排工作的主要动因，企业应该加强科技研发，改善目前节能减排现状。[⑥]

此外，何建坤（2009），陈诗一（2010），王群伟、周德群、周鹏（2010），石敏俊、周晟吕（2010），王锋正（2010），徐匡迪（2011），赵昕、郭晶（2011）、查建平、唐方方（2012），程云鹤、齐晓安、汪克亮、杨力（2013），王兵、杜敏哲（2013）等也进行了这一领域的研究。

---

① 李国志、李宗植：《二氧化碳排放决定因素的实证分析——基于 70 个国家（地区）面板数据》，载《数理统计与管理》，2011（4）。

② 蔡宏波、石嘉骐、王伟尧、宋小宁：《技术创新、最优碳税与国际减排合作》，载《国际贸易问题》，2013（2）。

③ 王丽民、宋炳宏、么海亮：《技术创新对河北省节能减排作用的实证研究》，载《河北大学学报（哲学社会科学版）》，2011（4）。

④ 沙之杰：《低碳经济背景下的中国节能减排发展研究》，西南财经大学博士论文，2011。

⑤ 韩一杰、刘秀丽：《基于超效率 DEA 模型的中国各地区钢铁行业能源效率及节能减排潜力分析》，载《系统科学与数学》，2011（3）。

⑥ 杨福霞：《中国省际节能减排政策的技术进步效应分析》，兰州大学博士论文，2012。

二、环境规制与工业节能减排效率

传统经济学观点认为，环境保护会使企业消耗一定的人力、物力、财力等资源，增加企业运营成本，挤占企业发展所需的资金，从而对经济增长带来不利的影响。但 Porter（1991）的研究指出，政府因比企业拥有更加丰富而全面的信息，能够有效地了解市场的真实需求，因此在动态经济市场中，严格而适当的环境规制可以促进、引导企业进行市场所需的有效创新活动，在短期内虽然可能会导致企业成本增加，但长期内却为企业改进生产效率、生产满足市场需要的产品提供了可能，这便是波特环境规制假说。[①] 波特假说认为环境规制通过提高全要素生产率，从而实现技术进步和技术创新，提升资源利用效率和减少污染物排放，改善节能减排效率。

环境规制与节能减排效率的关系也是近年来学者研究的重点，但其尚属于较新的研究课题，相关的研究文献有限。陈诗一（2010）设计了一个基于方向性距离函数的动态行为分析模型来对中国工业从 2010 年到新中国成立 100 周年之际节能减排的损失和收益进行模拟分析，找到了通向中国未来双赢发展的最优节能减排路径，并支持了环境规制可导致环境和经济双赢发展的环境波特假说。[②] 李伟娜、杨永福、王珍珍（2010）通过中国 30 个制造业的面板数据，实证分析了大气污染与制造业集聚之间的关系。研究表明，大气污染与制造业集聚之间呈 N 形曲线关系，制造业大气污染的缓解主要来自外商直接投资、环境规制等外部因素，内在节能减排动力不足，政府应在适当的环境规制等外部因素的影响下，激励产业进行自主创新以实现节能减排。[③] 陈德敏、张瑞（2012）以中国 29 个省份近 10 年的面板数据为样本，测算对比了有无环境规制两种背景下中国能源全要素效率值，并利用 Tobit 模型计算了环境规制对全要素能源效率指数的影响。研究表明，环境规制对能源全要素效率影响存在较大差异，根据不同条件可以分为四种情形；适当的环境规制可以提高能源全要素效率，有利

---

① Porter M E, "America's Green Strategy", *Scientific American*, 1991, 264（4）: 168.
② 陈诗一：《节能减排与中国工业的双赢发展：2009—2049》，载《经济研究》，2010（3）。
③ 李伟娜、杨永福、王珍珍：《制造业集聚、大气污染与节能减排》，2010（9）。

于推进中国的节能减排工作。[1]

赵定涛（2012）通过分析环境规制对两型社会建设的影响，建立了国际清洁机制对能耗强度、二氧化硫排放强度、二氧化碳排放强度、工业粉尘排放强度的计量模型，认为市场激励型、命令控制型、自愿性规制型、信息披露型、公众参与型等各种环境规制工具有利于深入推进节能减排，对中国建设资源节约与环境友好型社会有积极的作用。[2] 谭娟（2012）从理论上探讨了环境规制对低碳经济发展的影响机理，并从总量、区域、产业结构等视角分析了环境规制对低碳经济发展的实践证据。通过构建环境规制与低碳经济的固定参数模型和动态模型，研究认为环境规制是引起第二产业和第三产业碳排放强度变动的格兰杰原因，但环境规制与第一产业的碳排放强度没有显著的格兰杰因果关系。研究还表明环境规制对低碳型产业结构的形成具有积极影响，为基于环境规制的低碳经济发展提供了政策建议。[3] 韩慧健、辛况、陶续云（2012）以山东为例进行了节能减排政府长效规制机制的设计与构建，认为若要实现经济的可持续发展，对节能减排进行有效的环境规制是必需的。研究深入借鉴了国外节能减排规制的实践经验，分析了山东省节能减排规制取得的成绩及存在的问题，提出了相关的政策建议。[4]

此外，何小钢、张耀辉（2011），陈晓春（2012），王怡（2012），孙海婧（2012），周建、张德远、顾柳柳（2010），于同申、张成（2010），黄溶冰、王丽艳（2011），代迪尔（2013）等也进行了类似的研究。

三、行业异质性与工业节能减排效率

行业间因行业特质、行业结构、行业规模、行业集中度、行业出口贸易程度、行业资本深化度、行业产权性质等的不同，在生产中对资源、劳动、资本的投入也就有差异，因此其产业绩效和环境绩效也会不一致，对节能减排工作

---

① 陈德敏、张瑞：《环境规制对中国全要素能源效率的影响——基于省际面板数据的实证检验》，载《经济科学》，2012（4）。

② 赵定涛：《基于环境规制视角的两型社会建设实证研究》，中国科学技术大学博士论文，2012。

③ 谭娟：《政府环境规制对低碳经济发展的影响及其实证研究》，湖南大学博士论文，2012。

④ 韩慧健、辛况、陶续云：《山东省节能减排政府规制长效机制的构建策略》，载《科学与管理》，2012（10）。

实施推进的效率便有高有低。比如钢铁行业、石油和化工行业、有色金属行业、建材行业、电力行业等是典型的高能耗、高污染、高排放行业，而通信设备、计算机及其他电子设备制造业、专用设备制造业、通用设备制造业、仪器仪表及文化、办公用机械制造业等是具有代表性的高科技行业，二者之间的节能减排效率具有明显差异。目前，现有文献已从不同角度探索行业异质性与工业节能减排效率的关系，主要包括以下几个方面。

一是行业结构与工业节能减排效率。牛海燕、牛言跃、徐婷（2008）定性分析了中国节能减排取得的成就及存在的问题，认为行业结构不合理是制约当前节能减排工作深入推进的重要原因，并以电力行业为例，提出了调整电源结构、改进发电调度方式等建议。[①] 魏巍贤（2009），陈明生、康琪雪、张京京（2012）等人的研究表明，高能耗、高污染、高排放的重工业是制约我国工业可持续发展的主要原因，相较于其他产业，降低重工业比重能够较大程度地推进中国节能减排进程。[②] 赵欣、龙如银（2010）以江苏省为例分析了1997—2007年江苏省碳排放强度、碳排放总量、人均碳排放三者的变化情况，并用对数平均迪氏指数法对影响三者的产业结构、经济规模、能耗结构、技术进步四个因素进行了分解。研究发现，产业结构调整对江苏省碳排放增量的影响较弱，经济规模是正向决定因素，能耗结构与技术进步是负向决定性因素。[③] 朱聆、张真（2011）以LMDI法对上海市碳排放强度进行分解分析，结果显示，1995—2008年，上海碳排放强度下降的主要原因是产业部门能源强度的下降，产业结构和能源结构是碳排放强度下降的次要原因，且二者未来的调整空间较大，有望对上海碳排放强度的下降作出持久贡献。[④] 中国社会科学院工业经济研究所课题组、李平（2011）指出，工业绿色发展需要建立涵盖环境规制、节能减排、绿色技术研发等综合性、开放式的创新体系，而这些工作顺利进行的前提是优化

---

① 牛海燕、牛言跃、徐婷：《节能减排视角下我国电力行业面临的问题及对策》，载《科技与管理》，2008（1）。

② 魏巍贤：《基于CGE模型的中国能源环境政策分析》，载《统计研究》，2009（7）；陈明生、康琪雪、张京京：《节能环保与经济增长双重目标下我国重工业结构的调整研究》，载《工业技术经济》，2012（2）。

③ 赵欣、龙如银：《江苏省碳排放现状及因素分解实证分析》，载《中国人口·资源与环境》，2010（7）。

④ 朱聆、张真：《上海市碳排放强度的影响因素解析》，载《环境科学研究》，2011（1）。

调整产业结构，加快转变经济发展方式。[①]

二是行业规模与工业节能减排效率。徐国泉、刘则渊、姜照华（2006）以碳排放基本等式，借鉴对数平均权重分解法建立中国人均碳排放的因素分解模型，定量探讨了1995—2004年能源结构、能源效率、产业异质性、经济规模等因素对人均碳排放强度的影响。研究显示，经济规模与中国人均碳排放强度呈指数增长，而能源结构和能源效率却呈倒U形，适当降低经济规模有利于中国实施推进节能减排。[②] 宋德勇、卢忠宝（2009）采用两阶段LMDI方法，将1990—2005年中国能源消费产生的二氧化碳排放时间序列数据分解为能源结构、行业规模、能源强度和排放强度四个方面，认为行业规模和能源结构是影响碳排放的主要因素，而能源强度和排放强度的作用相对较弱。[③] 郭彩霞、邵超峰、鞠美庭（2012）建立了基于时间序列的能源消费碳排放核算方法，对天津市工业能源消费碳排放量进行了测算分析，并用对数平均迪氏指数法对其影响因素进行分解。研究发现，行业结构整体上对碳排放的影响较小，而能源利用效率、工业经济规模是提高工业节能减排效率的主要因素。[④]

此外，Streets 等（2001），Wu、Kaneko 和 Matsuoka（2005），Ma 和 Stern（2007），汪克亮、杨宝臣、杨力（2010），国涓、刘长信、孙平（2011），李鹤（2011），唐要家、袁巧（2012），张京京（2012），周五七、聂鸣（2013）等也进行了类似研究。

四、其他因素与工业节能减排效率

除了技术创新、环境规制、行业异质性等几个主要因素以外，还有部分学者研究了外商直接投资、市场化程度等其他影响工业节能减排效率的因素。

外商直接投资对工业节能减排效率的影响，其本质是资本由发达国家向发

---

① 中国社会科学院工业经济研究所课题组、李平：《中国工业绿色转型研究》，载《中国工业经济》，2011（4）。

② 徐国泉、刘则渊、姜照华：《中国碳排放的因素分解模型及实证分析：1995—2004》，载《中国人口·资源与环境》，2006（6）。

③ 宋德勇、卢忠宝：《中国碳排放影响因素分解及其周期性波动研究》，载《中国人口·资源与环境》，2009（3）。

④ 郭彩霞、邵超峰、鞠美庭：《天津市工业能源消费碳排放量核算及影响因素分解》，载《环境科学研究》，2012（2）。

展中国家流动时因国际贸易引起的环境问题，比较流行的解释是"污染避难所假说"（Pollution Haven Hypothesis）。1994 年，Copeland 和 Taylor 研究北南贸易与环境的关系时提出，发达国家因本国环境成本的提高，在开放经济条件下，会在对外贸易中将高污染产业转移到急需发展经济而忽略环境问题的发展中国家，使发展中国家的环境受到污染、生态遭到破坏，进而影响该国经济的可持续发展[1]。Copeland（1996），Quiroga（2007），陈刚（2009），汪晓文、刘欢欢（2009），傅京燕（2009），彭可茂、席利卿、彭开丽（2012）等人的研究支持这一观点，但 Eskeland 和 Harrison（2003）、Cole 和 Elliott（2005）、陈红蕾和陈秋锋（2006）、赵哲和罗永明（2008）等人的研究却指出"污染避难所"在实践中难以观测。

具体到节能减排，李子豪、刘辉煌（2011）利用 1999—2008 年中国 35 个工业行业的面板数据，检验了外商直接投资对中国工业行业碳排放的影响。全行业结果显示，外商直接投资的技术效应对工业行业碳排放具有积极的影响，但分行业的研究却表明，其对高排放行业影响并不显著，对低排放行业仍有显著的影响[2]。夏洁瑾（2013）研究了外商直接投资对节能减排的影响作用机制，定量分析了其对中国碳排放的影响。研究指出，外商直接投资对二氧化碳排放产生正的技术效应和负的规模效应，"污染避难所假说"没有得到证实，要鼓励引进外资推动中国的节能减排。[3] 白菊红（2013）运用时间序列模型实证了 1997—2011 年中国来源于不同国家和地区外资对碳排放的影响，研究显示，不同来源地的外商直接投资对碳排放的影响存在显著差异：来自欧美的外资对碳排放产生积极的影响，可能的原因是他们输出的技术水平较高，自身比较重视环境问题，不存在"污染避转移"问题；来自日本、韩国、新加坡和中国港澳台地区的外资对碳排放产生消极的影响，可能的原因是他们的输出主要以劳动密集型产业为主，技术水平不高，因此存在将中国作为"污染避难所"的可能。研究指出，中国在可持续发展的背景下不能盲目地招商引资，而应该择资选资，引进真正的高新技术产业。曾贤刚（2010）、魏玮和毕超（2011）、王席席

---

[1] Copeland B, Taylor S., "North – South Trade and Environment", *Quarterly Journal*, 1994.

[2] 李子豪、刘辉煌：《FDI 的技术效应对碳排放的影响》，载《中国人口·资源与环境》，2011（12）。

[3] 夏洁瑾：《FDI 对我国节能减排的影响作用分析》，载《中外企业家》，2013（11）。

（2011）、王月（2012）等也进行了这方面的研究。

市场化程度对工业节能减排效率的影响方面，中国工业的高速发展得益于改革开放以来社会主义市场经济地位的确立，经济的市场化为工业企业带来了活力，同时也影响着企业生产的环境效率。理论上，市场化程度越高，包括环境经济制度在内的市场经济体制便会越完善，市场对经济主体的环境行为规制越严格，经济主体面临的环境产权越清晰，环境绩效便会越高。反之，市场化程度越低，环境经济制度相对缺失，经济主体面对的环境产权也越模糊，经济主体以牺牲环境换取经济增长的现象便越来越严重，环境绩效便会越低。

方军雄（2006）认为改革开放以后中国经济的市场化程度已显著提高，但是否提高了资源配置效率却不得而知。研究以 Wurgler（2000）的资源配置效率模型估算了中国市场化进程对资源的配置效率，认为改革开放以后中国资本、人力、环境等资源的配置效率都有所改善，对中国经济的增长起到了重要作用。[①] 张兆国、靳小翠、李庚秦（2013）以中国高能耗行业上市公司为例，进行了低碳经济与制度环境的实证研究。通过建立计量模型，研究认为市场化程度对低碳经济有正向但不显著的影响，一定程度上解释了中国坚定不移地推行市场经济的原因[②]。逯雨波、郭彬（2013）将因子分析与超效率 DEA 模型相结合研究节能减排效率，以山西省 2003—2010 年的面板数据对影响节能减排效率的因素进行了具体分析，研究表明，市场化程度和经济规模与节能减排效率存在明显正相关关系，而隔夜比重和排污收入却呈现负相关，应该提高中国工业的市场程度，推进节能减排。[③] 此外，Labatt 和 white（2002）、安树民和张世秋（2004）、Cole 和 Fredriksson（2009）、苏志兵（2010）、蔡海静和许慧（2011），以及张鹏、陈卫民和李雅楠（2013）等也进行了类似的研究。

① 方军雄：《市场化进程与资本配置效率的改善》，载《经济研究》，2006（5）；Jeffrey Wurgler, "Financial Markets and the Allocation of Capital", *Journal of Financial Economics*, 2000；58.

② 张兆国、靳小翠、李庚秦：《低碳经济与制度环境实证研究——来自我国高能耗行业上市公司的经验证据》，载《中国软科学》，2013（3）。

③ 逯雨波、郭彬：《基于 DRF 与 SE－DEA 模型的节能减排效率评价》，载《财会通讯》，2013（27）。

第四节　工业节能减排效率及其影响因素
研究成果比较与评述

本书第二章和第三章以工业节能减排及其相关研究为核心，重点回顾了节能减排经济学研究的起源发展及范畴界定、节能减排相关概念辨析、基于统计分析和数据计量模型分析的工业节能减排效率研究、影响工业节能减排的主要因素等，从已有的文献中可以看到：

研究内容方面，国际上没有明确的节能减排概念和定义，现有文献多以狭义的节能减排为主，单独研究基于能耗强度的节能和基于碳排放的减排，将二者作为一个整体进行的研究较少。而国内对节能减排的研究较多，且研究的范畴、领域和侧重点等各有不同。本书从"十二五"规划纲要中对节能减排的定义出发，将节能减排确定为：节约能源和减少对废水、废气、固体废弃物的排放，因数据原因不研究碳排放，属于广义的节能减排研究范畴。

研究方法方面，基于统计分析的工业节能减排效率指标体系由于基础指标数据获取容易，指标体系考评的对象、内容和时间明确，统计分析的技术手段简单，指标体系可根据当前的需求和政策形势完善改进，被国际组织、政府、研究机构等广泛使用，但该方法在指标选取、权重确定、无量纲化处理等方面主观性较强，测度结果的可靠性有待商榷，容易遭到质疑。而基于数据计量模型的方法中，代数指数法和索洛残值法因实践应用的理论假设过于苛刻，多用于测度时间序列数据，评估出的效率不甚准确，而随机前沿分析法则需要明确生产函数的具体形式，对包含期望产出和非期望产出的多产出分析存在较大误差，本书选取测度结果相对准确、客观的数据包络分析法来测度工业节能减排效率。

影响因素选取方面，现有研究大都重点分析技术创新、环境规制、行业异质性等因素中的一个或两个，较少有文献对三个影响因素进行全面分析，且在确定的技术创新、环境规制、行业异质性等指标中，几乎没有文献再进一步将其分解，深度探究它们对工业节能减排效率的影响机制。

基于以上比较与评述，已有的研究在研究方法、研究内容、影响因素选取上都存在一定的不足，本书将从以下三个方面对现有文献进行拓展：第一，本书以非径向、非导向性基于松弛测度的方向距离函数这一最新的效率研究方法为基础，避免了传统数据包络分析中因径向行和导向性可能产生的结果偏误，系统地提出一种新型的工业节能减排指数（IESERI）构建与分解方法；第二，本书将全面评估中国大陆30个省份和36个工业行业的工业节能减排效率，深刻了解中国目前节能减排现状；第三，本书将深入分析技术创新、环境规制和产业结构对区域和行业工业节能减排效率的影响，并进一步将技术创新分解为内生创新努力、本土创新溢出和国外技术引进三种形式，将环境规制分解为市场型环境规制和行政型环境规制两种形式，然后将二者拟合为一个环境规制强度，结合行业异质性，深度剖析它们对基于区域和行业数据工业节能减排效率的影响机制。

第四章 中国工业节能减排现状

本章开启了全书的实证分析，通过对中国工业节能减排现状的了解，明确目前中国工业节能减排的总体进展情况。本章包括四个方面的内容：第一节为中国工业节能减排总体成效，主要介绍中国工业结构逐步优化升级、工业能源利用效率不断提高、工业污染排放得到有效控制、节能减排政策法规逐渐完善等；第二节为中国各省份工业节能减排进展，主要分析各地区淘汰落后产能情况及降低能耗、控制污染物排放等；第三节为中国重点工业行业的节能减排，重点介绍钢铁、石油化工、有色金属、建材、电力五个行业近年的节能减排工作；第四节为中国工业节能减排存在的问题，总结工业节能减排的整体情况，学习先进、完善不足，为进一步深入推进中国工业的节能减排作准备。

第一节 中国工业节能减排总体成效

自 2006 年中国实施节能减排政策以来，中国超额完成淘汰落后产能任务，工业结构逐步优化升级，工业能源消耗、污染物排放有所改善，节能减排保障政策法规逐渐健全，工业节能减排成效显著。

一、工业结构逐步优化升级

"十一五"以来，中国工业经济高速发展，在经历国际金融危机的冲击以后，"十二五"时期战略性新兴产业稳步发展，高科技产业快速增长，六大高耗能行业比重有所下降，优化调整产业结构效果明显。

（一）战略性新兴产业稳步发展

在国家政策的大力支持下，中国战略性新兴产业呈现良好发展态势。2011

年初，战略性新兴产业增加值已高达 18 915 亿元，占全国工业增加值比重的
10.04%，支柱产业地位日益凸显，对经济增长的拉动作用不断增强。

具体到七个战略性新兴产业方面[①]：

节能环保产业领域不断扩展，由传统的"废水、废气、固体废弃物"治理
发展为包括环保评估、环境基础设施建设、废弃资源循环利用等上下游完整的
产业链。2011 年年初，节能环保产业从业人员超过 250 万人，节能环保产业经
营单位接近 40 000 家，产业收入总额超过 1 万亿元。2013 年 8 月，《国务院关于
加快发展节能环保产业的意见》出台，明确节能环保产业发展的基本原则是：
创新引领、服务提升，需求牵引、工程带动，法规驱动、政策激励，市场主导、
政府引导；发展的主要目标是：产业技术水平显著提升，国产设备和产品基本
满足市场需求，辐射带动作用得到充分发挥。一方面，围绕重点领域，促进节
能环保产业发展水平全面提升；发挥政府带动作用，引领社会资金投入节能环
保工程建设；另一方面，推广节能环保产品，扩大市场消费需求；加强技术创
新，提高节能环保产业市场竞争力；此外，还要求强化约束激励，营造有利的
市场环境和政策环境。[②]

新一代信息技术产业成长迅速，发展基础良好，市场空间较大。2013 年，
我国电子信息产业销售收入总规模达到 12.4 万亿元，同比增长 12.7%；规模以
上电子信息制造业实现主营业务收入 9.3 万亿元，同比增长 10.4%；软件和信
息技术服务业实现软件业务收入 3.1 万亿元，同比增长 24.6%。规模以上电子
信息制造业增加值增长 11.3%，高于同期工业平均水平 1.6%；行业收入、利润
总额和税金占工业总体比重分别达到 9.1%、6.6% 和 4.0%，其中利润总额和税
金增速分别达到 21.1% 和 19.1%，明显高于工业 12.2% 和 11.0% 的平均水平，
电子信息制造业在工业经济中保持领先地位，支撑作用不断增强。[③]

生物产业发展粗具规模，未来发展市场广阔。生物产业包括生物医药、生

---

① 朱敏：《我国主要战略性新兴产业发展现状分析》，载《中国经济时报》，2012 – 05 – 23；相关数
据由国家统计局《2013 中国统计年鉴》计算而来。

② 中央政府门户网站，《国务院关于加快发展节能环保产业的意见》，http://www.gov.cn/zwgk/
2013 – 08/11/content_ 2464241. htm。

③ 工业和信息化部门户网站，《2013 年电子信息产业统计公报》，http：//www. miit. gov. cn/
n11293472/n11293832/n11294132/n12858462/15909429. html。

物能源、生物农业、生物服务等具体产业。一方面，中国正面临人口老龄化、高龄化的社会现状，人们生活方式的改变、疾病结构的变化等，给生物产业提供了巨大的市场。另一方面，中国医改政策正在逐步落地，政策红利驱动生物经济正在以每五年翻一番的速度发展，这是世界平均经济增长率的 10 倍，生物经济时代的来临，使中国医药产业面临前所未有的机遇与挑战。[①] 2012 年，仅生物医药制造业资产总值便高达 15 768.51 亿元，企业数超过 4 000 个，主营业务收入达到 12 161.58 亿元，预计到 2020 年可达到 60 000 亿元。

高端装备制造业稳步发展，国内外市场潜力较大。干线飞机制造方面，由中国商用飞机有限责任公司生产的 ARJ21 已经进入试航取证阶段，并在 2013 年 12 月 30 日首批两架生产型 ARJ‑21‑700 飞机下线，结束了中国无喷气式客机的历史，是中国航空航天制造业的又一重大突破；城市轨道交通装备方面，2012 年中国运营中的轨道交通车辆数达到 12 611 台，运营线路总长度 2 058 公里，客运总量高达 872 925 万人次，中国自主研发的动车组核心技术等已经开始输出泰国等国际市场，逐步成为中国的比较优势产业；卫星及其应用产业方面，中国在卫星制造、卫星导航、卫星发射等方面已经逐步步入世界强国行列，商业市场逐步拓展。一批与高端装备产业相关的新型工业基地正稳步发展，并逐步形成了以环渤海和长江三角洲地区为核心圈，东北和珠江三角洲地区为两翼支撑，中部和西部地区为重要补充的大装备发展格局。2014 年上半年，全国规模以上装备制造企业工业增加值同比增长 11.2%，增速较 2013 年同期提高 2 个百分点；完成主营业务收入同比增长 11.77%，增速较 2013 年同期降低 0.11 个百分点；利润总额同比增长 20.32%，增速较 2013 年同期提高 8.91 个百分点；主营业务收入利润率为 6.85%，较 2013 年同期提高 0.56 个百分点。[②]

新能源产业已居于世界领先水平，水电和风电装机规模已超过美国，位列世界首位。2012 年，中国水电、风能和核能生产占全国能源生产总量的 10.3%，较 2011 年增长 1.5 个百分点，首次突破 10%。2012 年对水电、风能和核能的消费比重也达到 9.4%，较 2011 年增长 1.4 个百分点。2012 年年底中国水电装机

---

① 网易新闻，《生物医药行业迎"黄金时代"》，http://news.163.com/14/1027/08/A9I5UVDP00014Q4P.html。

② 中研网，《2014 年上半年中国高端装备制造业报告》，http://www.chinairn.com/news/20141120/164141175.shtml。

总量和发电量达到2.5亿千瓦和8 640亿千瓦，高居世界第一。中国光伏电池年产量达210万千瓦，占全球总产量的70%。[①] 2014年11月，国务院办公厅印发《能源发展战略行动计划（2014—2020年)》，其中明确表示大力推动新能源产业发展：积极开发水电，到2020年，力争常规水电装机达到3.5亿千瓦左右；大力发展风电，到2020年，风电装机达到2亿千瓦，风电与煤电上网电价相当；加快发展太阳能发电，到2020年，光伏装机达到1亿千瓦左右，光伏发电与电网销售电价相当；积极发展地热能、生物质能和海洋能，到2020年，地热能利用规模达到5 000万吨标准煤；安全发展核电，到2020年，核电装机容量达到5 800万千瓦，在建容量达到3 000万千瓦以上；提高可再生能源利用水平。加强电源与电网统筹规划，科学安排调峰、调频、储能配套能力，切实解决弃风、弃水、弃光问题。[②]

新材料产业快速增长，在全球产业链中逐步显现优势。虽然中国新材料产业起步晚、起点低，但中国高速发展的高端装备制造业、信息技术产业等都需要新材料产业的支撑，为中国新材料的快速增长提供了可能。预计到"十二五"结束，中国新材料产业的年均增长率将超过25%，预计总产值将超过20 000亿元。到2015年，力争建立起具备一定自主创新能力、规模较大、产业配套齐全的新材料产业体系，突破一批国家建设急需、引领未来发展的关键材料和技术，培育一批创新能力强、具有核心竞争力的骨干企业，形成一批布局合理、特色鲜明、产业集聚的新材料产业基地，为新材料产业持续快速发展奠定坚实的基础。

新能源汽车产业市场逐步成熟，未来十年将实现质的提升。随着国家扶持政策的密集出台，新能源汽车在未来一段时间内将出现井喷式增长。自2009年全国新能源汽车确定13个试点城市后，2010年又将试点城市扩大到25个。截至2012年，国内已有超过50个汽车生产企业200个车型符合相关政策支持要求，新能源汽车年产量已经超过8 000辆。2014年，随着市场、技术等逐渐趋于成熟，国家补贴政策如《免征车辆购置税的新能源汽车车型目录》等的逐步

---

① 王骏：《我国2015年风电装机总量将达到1亿千瓦》，北极星电力网新闻中心，http://news.bjx.com.cn/html/20131024/467843.shtml。

② 工业和信息化部网站《国务院办公厅关于印发能源发展战略行动计划（2014—2020年）的通知》，http://www.miit.gov.cn/n11293472/n11293832/n13095885/16267836.html。

明朗，新能源汽车销量猛增数倍，企业加速推出新车型抢占市场，新能源汽车产业迎来暴发式增长。

（二）高技术产业快速增长

高技术产业带来的高附加值、低污染、低能耗、低排放，使其对工业经济的可持续发展拉动作用极强。2006 年至今，中国的高技术产业经历了一个高速发展时期，企业总产值、主营业务收入、企业利润、出口交货值、投资额、企业从业人员数等再创新高，对中国工业优化调整产业结构，实现工业的可持续发展作出巨大贡献。具体如表 4 - 1 所示。

表 4 - 1　　　　　　　　2006—2011 年中国高技术产业发展情况

指标	2006 年	2007 年	2008 年	2009 年	2010 年	2011 年
总产值（亿元）	41 996.0	50 461.2	57 087.4	60 430.5	74 708.9	88 433.9
占工业总产值比重（%）	13.27	12.45	11.25	11.02	10.69	10.47
主营业务收入（亿元）	41 584.6	49 714.1	55 728.9	59 566.7	74 482.8	87 527.2
利润（亿元）	1 777.3	2 395.8	2 725.1	3 278.5	4 879.7	5 244.9
出口交货值（亿元）	23 476.5	28 422.8	31 503.9	29 435.3	37 001.6	40 600.3
R&D 人员全时当量（万人/年）	18.9	24.8	28.5	32.0	39.9	42.7
R&D 经费（亿元）	456.4	545.3	655.2	774.0	967.8	1 237.8
投资额（亿元）	2 761.0	3 388.4	4 169.2	4 882.2	6 944.7	9 468.5
新增固定资产（亿元）	1 898.3	2 071.3	2 574.2	3 160.5	4 450.4	6 355.2
企业数（个）	19 161	21 517	25 817	27 218	28 189	21 682
从业人员年平均人数（万人）	744.5	843.0	944.8	957.5	1 092.2	1 146.9

资料来源：国家统计局、科学技术部：《2012 中国科技统计年鉴》，北京，中国统计出版社，2012。

2011 年，全国近 100 个国家高新技术产业开发区入园企业达到 57 033 个，从业人员 10 736 442 人，全年总收入 133 425.13 亿元，总产值 105 679.63 亿元，实现净利润 8 484.17 亿元，年出口额 3 180.60 亿美元，较 2010 年显著增长。同时，国家实施"国家重点新产品计划"，以促进高技术产业创新发展，2011 年共受理项目 2 053 项，其中包括航空航天及交通、电子与信息、新型材料、环境与资源利用、生物技术、新能源与高效节能等，进一步推动了高技术产业的增长。[1]

---

① 相关数据来源于国家统计局、科学技术部《2012 中国科技统计年鉴》和科技部《国家科技计划年度报告 2012》。

（三）六大高耗能行业比重有所下降

黑色金属冶炼及压延加工业、电力、热力的生产和供应业、化学原料及化学制品制造业、非金属矿物制品业、有色金属冶炼及压延加工业、石油加工炼焦及核燃料加工业六大高耗能行业在生产过程中需要消耗中国工业总能耗70%左右的能源，是中国主要的耗能行业，具体如表4-2所示。

表4-2　　　　2006—2011年六大高耗能行业能耗占工业总能耗的比重　　　　单位:%

指标	2006 年	2007 年	2008 年	2009 年	2010 年	2011 年
黑色金属冶炼及压延加工业	25.63	25.05	24.81	25.77	24.83	23.93
电力、热力的生产和供应业	10.02	9.43	8.93	8.94	9.75	9.90
化学原料及化学制品制造业	14.32	14.29	13.85	13.22	13.53	14.11
石油加工、炼焦及核燃料加工业	6.79	6.71	6.58	7.00	6.92	6.93
非金属矿物制品业	12.04	11.54	12.18	12.28	11.86	12.20
有色金属冶炼及压延加工业	5.56	5.42	5.40	5.21	5.54	5.69
合计	74.36	72.44	71.75	72.42	72.43	72.76

资料来源：中华人民共和国国家统计局：中国统计年鉴（2007—2012），北京，中国统计出版社，2007—2012。

"十一五"以来，国务院、国家发展和改革委员会等先后公布《国家发展改革委关于防止高耗能行业重新盲目扩张的通知》（以下简称《通知》）等规章制度，积极控制高耗能行业的发展。《通知》实施至今，中国六大高耗能行业增加值占工业增加值的比重有所下降，总比重从2006年年初的33.20%降低为2011年年底的29.28%，降幅近4个百分点，高耗能行业扩张得到有效抑制，较好地优化了中国工业结构，具体如图4-1所示。

二、工业能源利用效率不断提高

2006年节能减排工作实施以来，中国便开始进行淘汰落后产能工作，关停小火电机组、关闭小煤矿、小电炉等，优化中国工业产能结构，为提高中国工业能源利用效率奠定了坚实的基础。2010年，国家发布《国务院关于进一步加大工作力度确保实现"十一五"节能减排目标的通知》，每年向社会公布"工业行业淘汰落后产能企业名单"，将淘汰落后产能工作落到实处。随后，各地方、

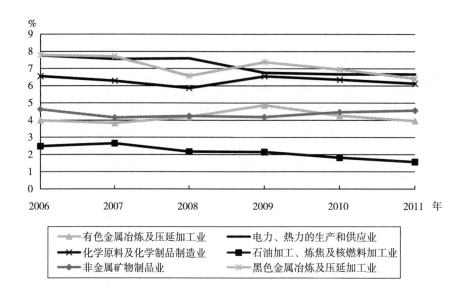

资料来源：根据国家统计局网站"月度统计数据库"和《2013 中国统计年鉴》相关数据计算。

图 4 - 1 2006—2011 年中国六大高耗能行业增加值比重变动趋势

行业和企业每年均以当年"工业行业淘汰落后产能企业名单"为指导，深入开展淘汰落后产能工作。"十一五"初期至今，全国已淘汰超过 60% 的工业落后产能，其中：关闭小煤矿 19 088 处[①]，关停小火电机组 8 433 万千瓦，淘汰落后炼钢产能 10 697 多万吨，炼铁产能 15 967 万吨，焦炭产能 15 336 万吨，水泥产能 73 445 万吨，电解铝产能 159 万吨，电石产能 645 万吨，铁合金产能 1 230 万吨，具体如表 4 - 3 所示。

表 4 - 3　　　　　　　2006—2012 年中国工业淘汰落后产能具体情况

行业	单位	"十一五"期间	2011 年	2012 年	2006—2012 年合计
煤炭	处	19 088	—	—	19 088
电力	万千瓦	7 098	784	551	8 433
炼钢	万吨	6 914	2 846	937	10 697
炼铁	万吨	11 697	3 192	1 078	15 967
焦炭	万吨	10 837	2 006	2 493	15 336

---

① 由于 2011 年和 2012 年关闭小煤矿的数据尚不可得，此处为 2006—2010 年的总数。

续表

行业	单位	"十一五"期间	2011年	2012年	2006—2012年合计
水泥	万吨	32 119	15 497	25 829	73 445
电解铝	万吨	68	64	27	159
电石	万吨	361	152	132	645
铁合金	万吨	691	213	326	1 230

注：由于2011年和2012年关闭小煤矿的数据尚不可得，此处为2006—2010年的总数。

资料来源：张平：《国务院关于转变发展方式调整经济结构情况的报告》，2009 - 08 - 25，http://news. xinhuanet. com/politics/2009 - 08/25/content_11943047. htm；工业和信息化部、国家能源局：《2011年全国各地区淘汰落后产能目标任务完成情况》，2012 - 12 - 17，http://www. miit. gov. cn/n11293472/n11293832/n11293907/n11368223/15080715. html；工业和信息化部、国家能源局：《2012年全国各地区淘汰落后产能目标任务完成情况》，2013 - 11 - 21，http://www. miit. gov. cn/n11293472/n11293832/n12845605/n13916898/n15753792. files/n15753431. pdf。

2010年全国工业行业淘汰落后产能企业多达2 087家，2011年和2012年进一步增加至2 255家和2 761家，2013年回落到1 558家，中国工业行业淘汰落后产能企业总体呈逐年上升趋势，具体如图4 - 2所示。

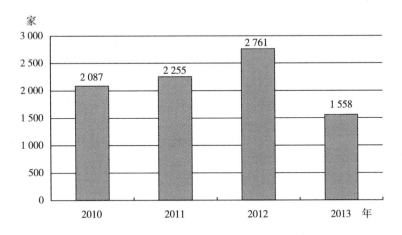

资料来源：根据工业和信息化部每年公布的"工业行业淘汰落后产能企业名单"整理。

图4 - 2 2010—2013年中国工业行业淘汰落后产能企业数

在淘汰落后产能工作的基础之上，随着中国工业技术水平的改进，中国各领域能耗强度逐渐降低，能源利用效率不断提高。2006年，中国单位工业增加值能耗为1.94吨标准煤/亿元，到2011年下降为1.43吨标准煤/亿元，6年累计下降 26.29%[①]，具体如图 4 - 3 所示。

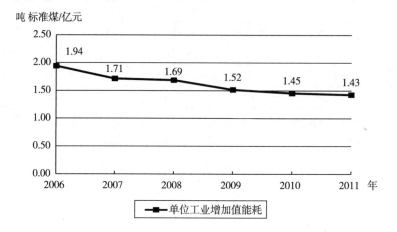

资料来源：根据《2012 中国能源统计年鉴》、《2013 中国统计年鉴》、国家统计局"月度统计数据库"相关数据计算。

图 4 - 3 2006—2011 年中国单位工业增加值能耗

主要高耗能产品单位能耗方面，2006—2011 年，中国火电厂发电煤耗、火电厂供电煤耗、钢可比能耗、电解铝交流电耗、水泥综合能耗、乙烯综合能耗、合成氨综合能耗、纸和纸板综合能耗等指标都显著降低（见表 4 - 4），累计下降率分别达到 9.94%、10.35%、7.41%、2.86%、19.77%、11.65%、5.60% 和 16.28%，其中有 4 项产品单位能耗下降率超过 10%，为提高中国能源利用效率作出巨大贡献。

表 4 - 4   2006—2011 年中国主要高耗能产品单位能耗

指标	2006 年	2007 年	2008 年	2009 年	2010 年	2011 年	累计下降率（%）
火电厂发电煤耗（克标煤/千瓦时）	342	332	322	320	312	308	9.94
火电厂供电煤耗（克标煤/千瓦时）	367	356	345	340	333	329	10.35

---

① 根据《2012 中国能源统计年鉴》、《2013 中国统计年鉴》、国家统计局"月度统计数据库"相关数据计算。

续表

指标	2006 年	2007 年	2008 年	2009 年	2010 年	2011 年	累计下降率（%）
钢可比能耗（千克标煤/吨）	729	718	709	697	681	675	7.41
电解铝交流电耗（千瓦时/吨）	—	—	14 323	14 171	13 979	13 913	2.86
水泥综合能耗（千克标煤/吨）	172	168	161	148	143	138	19.77
乙烯综合能耗（千克标煤/吨）	1 013	1 026	1 010	976	950	895	11.65
合成氨综合能耗（千克标煤/吨）	—	—	1 661	1 591	1 587	1 568	5.60
纸和纸板综合能耗（千克标煤/吨）	1 290	1 255	1 153	1 090	1 080	—	16.28

注：电解铝交流电耗和合成氨综合能耗 2006 年和 2007 年数据尚不可得，此处累计下降率为 2008—2011 年累计下降率；纸和纸板综合能耗 2011 年数据尚不可得，此处累计下降率为 2006—2010 年累计下降率。

资料来源：国家统计局能源统计司：《2012 中国能源统计年鉴》，北京，中国统计出版社，2012。

三、工业污染排放得到有效控制

"十一五"和"十二五"规划纲要明确提出了对污染物排放控制的具体要求，尤其是要加强对工业污染物排放的控制。近年来，随着中国节能减排政策的推动实施，中国在工业减排方面的措施和体系逐步完善，工业废水、废气、固体废物等污染物排放得到有效控制。

（一）工业废水及主要污染物排放总量减少

工业废水是工业污染的主要污染物之一，多年来对工业企业周边环境造成巨大危害。随着国家对工业废水排放的重视，全国人民代表大会先后讨论通过《中华人民共和国水污染防治法》、各工业行业废水排放及治理标准等，有效降低了工业废水的污染。2006—2012 年，中国工业废水排放总量、工业氨氮排放量和工业化学需氧量排放量等显著减少，分别由"十一五"初期的 240.2 亿吨、42.5 万吨、541.5 万吨下降为"十二五"中期的 221.6 亿吨、26.4 万吨和 338.5 万吨，降幅分别达到 7.74%、37.88% 和 37.49%。工业废水排放达标率从 2006 年的 90.7% 提升到 2012 年的 96.1%，超额完成工业废水减排任务。2006—2012 年中国工业废水及主要污染物排放变化趋势具体如图 4 - 4 所示。

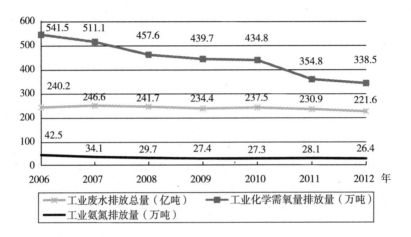

注：据国家统计局、环境保护部统计资料显示，中国工业废水中主要污染物是指化学需氧量和氨氮两种物质。

资料来源：国家统计局、环境保护部：《2012 中国环境统计年鉴》，北京，中国统计出版社，2012；环境保护部数据库，http://zls.mep.gov.cn/。

图 4 - 4　2006—2012 年中国工业废水及主要污染物排放变化趋势

（二）工业废气及主要污染物排放治理成效显著

早在 1987 年，中国便制定了《中华人民共和国大气污染防治法》，用于规范控制中国废气的排放。1995 年和 2000 年，国家两次对该法进行了修改，以求更好地做好中国大气污染防治工作。2014 年，国家进一步颁布实施《大气污染防治行动计划实施情况考核办法（试行）》，以加强防治中国严重的大气污染。近年来，中国大气污染形势严峻，特别是 2011 年年底以来，雾霾笼罩全国，对人民的健康造成极大危害。然而，即使在如此恶劣的条件下，中国工业废气污染物排放及治理仍然取得明显成效，主要污染物排放总量减少，工业二氧化硫排放总量和工业烟（粉）尘排放总量分别由"十一五"初期的 2 234.8 万吨、1 672.9 万吨降为"十二五"中期的 1 911.7 万吨和 1 029.3 万吨，降幅分别达到

14.46%、38.47%；排放达标率稳步提高，工业二氧化硫排放达标率和工业烟（粉）尘排放达标率分别由81.9%、85.0%增长至97.9%、91.0%，涨幅分别达16个百分点和6个百分点，有效地推动了节能减排工作。2006—2012年中国工业废气及主要污染物排放治理情况具体如表4－5所示。

表4－5　　　2006—2012年中国工业废气及主要污染物排放治理情况

单位：万吨、%

指标	2006 年	2007 年	2008 年	2009 年	2010 年	2011 年	2012 年
工业二氧化硫排放总量	2 234.8	2 140.0	1 991.4	1 865.9	1 864.4	2 017.2	1 911.7
工业二氧化硫排放达标率	81.9	86.3	88.8	91.0	97.9	—	—
工业烟（粉）尘排放总量	1 672.9	1 469.8	1 255.6	1 128.0	1 051.9	1 100.9	1 029.3
工业烟（粉）尘排放达标率	85.0	88.2	89.5	90.1	91.0	—	—

注：（1）根据国家统计局、环境保护部统计资料显示，中国工业废气中主要污染物是指二氧化硫、氮氧化物和烟（粉）尘三种物质，但氮氧化物因部分数据不可得，因此在本表中暂未列示；（2）二氧化碳为温室气体，本身并无污染，因此不是工业废气的主要污染物；（3）因数据可获得性原因，2011年和2012年工业二氧化硫排放达标率和工业烟（粉）尘排放达标率在本表中暂未列示。

资料来源：国家统计局、环境保护部：《2012中国环境统计年鉴》，北京，中国统计出版社，2012；环境保护部数据库，http://zls.mep.gov.cn/。

（三）工业固体废物综合利用水平稳步提高

工业固体废物的综合利用，是减少工业固体废物污染、提高资源利用效率的双赢手段之一，对中国工业节能减排，实现工业的可持续发展有积极作用。改革开放以来，随着中国工业的高速发展，对工业固体废物的综合利用显得尤为重要。特别是近年来工业固体废物的产生量逐年增多，由2006年的151 541万吨激增为329 044万吨，总量翻倍，提高工业固体废物综合利用水平变得更加迫切。"十一五"初期至"十二五"中期，中国致力于工业固体废物的综合利用工作，在系统回收、循环利用等方面制定了严格的规定，极大地提高了综合利用水平。2006年，中国工业固体废物综合利用量、利用率和"三废"综合利用产品产值分别只有92 601万吨、60.2%和1 026.8亿元，到2012年其已经达到202 462万吨、61.3%和1 778.5亿元，涨幅分别高达118.64%、1.83%和73.21%，中国工业固体废物综合利用水平稳步提高。2006—2012年中国工业固体废物综合利用水平具体如表4－6所示。

表 4 - 6 　　　　　　　　　2006—2012 年中国工业固体废物综合利用水平

指标	2006 年	2007 年	2008 年	2009 年	2010 年	2011 年	2012 年
工业固体废物综合利用量（万吨）	92 601	110 311	123 482	138 186	161 772	195 215	202 462
工业固体废物综合利用率（%）	60.2	62.1	64.3	67	66.7	65.4	61.3
"三废"综合利用产品产值（亿元）	1 026.8	1 351.3	1 621.4	1 608.2	1 778.5	—	—

注：因数据可获得性原因，2011 年和 2012 年"三废"综合利用产品产值在本表中暂未列示。

资料来源：国家统计局、环境保护部：《2012 中国环境统计年鉴》，北京，中国统计出版社，2012；环境保护部数据库，http：//zls. mep. gov. cn/。

四、节能减排政策法规逐步完善

政策法规是节能减排工作得以顺利开展的前提和保障，是深入推进节能减排工作的准绳和依据。改革开放以来，中国就陆续制定了多领域的节能减排规章制度，特别是 2006 年国家正式将节能减排写入国民经济和社会发展的纲领性文件后，节能减排及其相关政策法规的制定机构、政策法规数量、政策法规涉及的领域等得到极大丰富，中国逐渐形成了一套完整、科学、高效的节能减排政策法规体系。

中国的节能减排政策法规主要包括行政手段和法律手段两个方面，行政手段主要推动各省份和各行业开展节能减排工作，法律手段则为节能减排工作的开展提供了法律依据。1978 年以来，中国最早可查的全国性节能减排行政法规是 1980 年 2 月 22 日发布的《国家经济委员会、国家计划委员会关于加强节约能源工作的报告》（以下简称《报告》），《报告》提出"能源问题，已成为目前国民经济发展中的一个突出矛盾"，"近几年工业生产增长所需要的能源，必须主要靠合理利用和节约来解决，以节能求增产"。《报告》为解决好四个现代化所需的能源问题，从"坚决压缩不合理的烧油"、"努力减少成品油的消耗"、"节约煤炭、燃料油、焦炭"、"节约用电"、"降低能源生产部门的自用量和损耗"五个方面开展节能减排工作。

随后，中国几乎每年都会制定全国性节能减排行政法规，如 1986 年国务院公布的《节约能源管理暂行条例》、1996 年国家计委、国家经贸委、国家科委印发的《中国节能技术政策大纲》、2006 年国家发展和改革委员会推出的《"十一五"资源综合利用指导意见》、2007 年国务院制定的《国务院关于印发节能减排综合性工作方案的通知》、2008 年国家发展和改革委员会制定的《公共机构节能条例》、2011 年环境保护部等部委联合下发的《关于 2011 年深入开展整治违法排污企业保障群众健康环保专项行动的通知》、2011 年财政部、交通运输部印发的《交通运输节能减排专项资金管理暂行办法》,2012 年工业和信息化部、发展和改革委员会、科技部、财政部联合印发的《工业领域应对气候变化行动方案(2012—2020 年)》等,以保障节能减排工作的顺利实施。1978 年以来中国颁布制定的主要全国性节能减排专项行政法规具体情况请见本书附录一。

法律手段方面,全国人大常委会根据中国节能减排的具体形势和需要,制定并通过了与节能减排工作直接相关的多项法律,从法律层面保障节能减排工作的开展与推进。最早的节能减排法律可追溯到 1984 年颁布的《中华人民共和国水污染防治法》,该法对水污染的监督管理、防治措施、事故处置、法律责任等进行了全面规定,是中国废水减排的指导性法律之一。随后,国家又陆续颁布了《中华人民共和国大气污染防治法》、《中华人民共和国环境保护法》、《中华人民共和国节约能源法》等,为节能减排工作提供全面的法律依据。改革开放以来中国与节能减排工作直接相关的法律如表 4 - 7 所示。

表 4 - 7 　　　　　 1978—2012 年中国与节能减排工作直接相关的法律

法律名称	颁布时间	修订时间	涉及领域
《中华人民共和国水污染防治法》	1984 年	2008 年	水
《中华人民共和国大气污染防治法》	1987 年	1995 年、2000 年	大气
《中华人民共和国环境保护法》	1989 年	2014 年	节能减排综合
《中华人民共和国固体废物污染环境防治法》	1995 年	2004 年	固体废物
《中华人民共和国节约能源法》	1997 年	2007 年	节能减排综合
《中华人民共和国清洁生产促进法》	2002 年	2012 年	节能减排综合
《中华人民共和国循环经济促进法》	2009 年	尚未修订	节能减排综合

在以上行政和法律节能减排政策法规制定机构中,除了全国人大常委会、国务院、国家发展和改革委员会、工业和信息化部、环境保护部等几个直接相关的部门,财政部、科技部、商务部、外交部、国家工商总局、交通部、农业

部、住房城乡建设部、国家林业局、国家统计局、海关总署、国家质量监督检验检疫总局等几乎所有部委均联合或单独发布了保障节能减排工作的相关政策，涉及的领域包括制度建设、资金管理、科技研发、宣传教育、价格调控、项目评估等国民经济和社会发展的方方面面，节能减排已成为关乎中国经济可持续发展的全国性与关键性工作，对中国经济的科学、健康、和谐增长起着举足轻重的作用。

第二节　中国各省（自治区、直辖市）工业节能减排进展

中国工业节能减排政策的战略制定与总体规划由中央政府及各部委负责，但节能减排的具体实施工作则需要分解到各省份，由各省份执行完成。自 2006 年节能减排工作开展以来，各省份在全国性节能减排规章制度的保障与指导下，有条不紊地开展节能减排工作，工业经济的区域可持续发展进展顺利。

一、中国各省（自治区、直辖市）积极优化产能结构，降低工业能源消耗

淘汰落后产能、降低六大高耗能产业结构是各省份节能减排的重点工作之一。自 2010 年开始，工业和信息化部每年都会向社会公布"工业行业淘汰落后产能企业名单"，督促各省份进行节能减排工作。2011 年，工业和信息化部公布的 18 个工业行业中，淘汰落后产能企业共涉及 2 255 家，其中，涉及企业超过 100 家的省份：河北 291 家、湖南 226 家、山西 173 家、河南 151 家、四川 131 家、广东 114 家、江西 112 家、山东 102 家。河北、山西、山东、河南等省炼铁、炼钢、焦炭、造纸行业淘汰落后产能任务较重，湖南、内蒙古、贵州等省（区）铁合金行业淘汰落后产能任务较重，河北、辽宁、四川、山西等省主要以淘汰水泥行业工业企业为主，湖北、山东、河南、浙江等省则主要以淘汰印染行业工业企业为主。①

---

① 工业和信息化部网站，《工业和信息化部公告 2011 年工业行业淘汰落后产能企业名单》，http://www. miit. gov. cn/n11293472/n11293832/n11293907/n11368223/13928592. html，2011 - 07 - 11。

2011 年年底，在中央政府及各部委的指导下，在地方各级政府的大力支持下，中国各省份均完成或超额完成淘汰落后产能工作，六大高耗能产业结构得到改善，工业产能结构得到优化，具体如图 4-5 所示①。

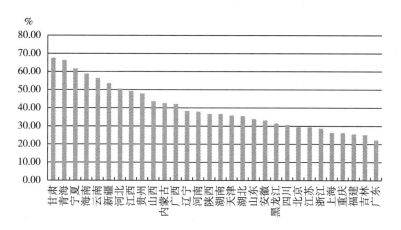

资料来源：国家统计局工业统计司：《2012 中国工业经济统计年鉴》，北京，中国统计出版社，2012。

图 4-5　2011 年中国 30 个省（自治区、直辖市）六大高耗能行业产值占工业总产值比重

由图 4-5 易知，2011 年六大高耗能行业产值占工业总产值比重排名前 3 位的省份是甘肃、青海和宁夏，全部位于西部地区，可能的原因是西部地区经济发展水平相对落后，第三产业和轻工业发展缓慢，仍然以能耗较高的重工业为主，且西部地区在不断承接由东部沿海转移的"高污染、高能耗、高排放"企业，因此六大高耗能行业产值比重仍然较高，节能减排工作有待加强。排名后 3 位的省份是广东、吉林和福建，两个位于沿海地区，一个属于东北老工业地区。一方面，这三个省份经济发展水平较高，第三产业相对发达，产业产能结构比较合理；另一方面，这三个省份在淘汰落后产能方面比较彻底，部分产业实现了向其他区域的转移，节能减排工作完成得比较好。

淘汰落后产能、优化产能结构直接降低了各地区工业能源消耗。2006—2011 年中国各省份单位工业增加值能耗及变动情况如表 4-8 所示。

---

　①　如第一章所述，由于西藏的部分核心数据不可得，本章的研究将不包括西藏。书中其余各章均如此。

表 4 - 8　　　　2006—2011 年中国各省（自治区、直辖市）单位工业
增加值能耗及变动情况

指标	单位工业增加值能耗（吨标准煤/万元）				单位工业增加值能耗变动（上升 + %，下降 - %）				
年份	2006	2007	2008	2009	2006	2007	2008	2009	2011
北京	1.33	1.19	1.04	0.91	-10.06	-10.81	-12.68	-12.30	-18.50
天津	1.33	1.22	1.05	0.91	-7.99	-8.33	-13.85	-13.54	-7.48
河北	4.19	3.87	3.32	3.00	-5.59	-7.10	-14.33	-9.54	-6.68
山西	5.89	5.42	4.89	4.55	-3.36	-7.69	-9.33	-8.81	-5.82
内蒙古	5.37	4.88	4.19	3.56	-5.20	-9.22	-14.12	-15.10	-4.39
辽宁	2.92	2.65	2.43	2.26	-6.10	-9.28	-8.42	-6.95	-5.02
吉林	2.80	2.37	1.98	1.62	-4.41	-6.13	-6.96	-8.19	-4.19
黑龙江	2.23	2.09	1.90	1.38	-5.91	-5.90	-6.63	-9.64	-5.17
上海	1.20	1.01	0.96	0.96	-6.00	-8.49	-5.05	-5.00	-7.33
江苏	1.57	1.41	1.27	1.11	-7.32	-7.65	-10.35	-10.17	-5.41
浙江	1.43	1.30	1.18	1.12	-1.90	-5.36	-9.19	-4.96	-2.40
安徽	2.86	2.63	2.34	2.10	-6.96	-8.61	-9.92	-11.13	-9.54
福建	1.37	1.32	1.18	1.15	-5.30	-3.83	-10.05	-2.70	-1.16
江西	2.72	2.30	1.94	1.67	-5.84	-6.64	-14.12	-10.13	-6.87
山东	2.02	1.89	1.70	1.54	-5.70	-6.48	-10.24	-9.20	-7.67
河南	3.78	3.45	3.08	2.71	-5.93	-7.08	-10.83	-11.56	-8.60
湖北	3.33	3.02	2.68	2.35	-4.99	-9.17	-12.72	-12.27	-6.88
湖南	2.74	2.51	1.98	1.57	-4.38	-7.99	-11.84	-13.68	-8.61
广东	1.04	0.98	0.87	0.81	-2.96	-5.28	-11.32	-6.94	-5.13
广西	2.88	2.61	2.34	2.24	-7.36	-7.82	-10.35	-6.68	-6.13
海南	3.15	2.71	2.61	2.61	-5.56	-2.63	-1.91	-4.53	12.53
重庆	2.63	2.41	2.11	1.85	-6.34	-7.19	-10.41	-11.95	-5.31
四川	2.82	2.62	2.48	2.25	-3.98	-7.10	-5.46	-9.18	-7.78
贵州	5.21	4.89	4.32	4.32	-3.15	-4.61	-11.59	-0.03	-8.02
云南	3.40	3.16	2.85	2.74	-4.31	-7.11	-9.78	-3.78	-9.92
陕西	2.46	2.27	2.01	1.37	-7.09	-7.81	-11.48	-5.82	-5.60
甘肃	4.59	4.29	4.05	3.53	-3.03	-6.53	-5.66	-12.84	-1.96
青海	3.64	3.47	3.24	2.94	5.96	-4.76	-6.53	-9.46	9.62
宁夏	8.68	8.12	7.13	6.51	-3.19	-6.40	-12.23	-8.71	14.72
新疆	2.91	2.78	3.00	3.10	-2.13	-5.18	-4.26	-1.72	9.28

　　注：（1）2009 年以后国家统计局不再公布单位工业增加值能耗数据，因此本表只反映 2006—2009 年各省份的单位工业增加值能耗情况；（2）国家统计局没有公布 2010 年单位工业增加值能耗变动情况，因此本表没有将其列入。

　　资料来源：中华人民共和国国家统计局：中国统计年鉴（2007—2012），北京，中国统计出版社，2007—2012。

由表 4 - 8 可知,2006—2011 年,除了 2006 年青海省,2011 年海南、青海、宁夏和新疆的单位工业增加值能耗为上升以外,其余各省份的单位工业增加值能耗都在逐年下降。且 6 年来,累计下降率最高的 3 个省份分别是北京、天津和内蒙古,下降率分别高达 64.35%、51.19% 和 48.03%;累计下降率最低的 3 个省份分别是青海、新疆和海南,下降率分别仅有 5.17%、4.01% 和 2.10%,各省份节能工作的进展情况差异较大,部分省份的节能减排效率有待提高。

二、中国各省(自治区、直辖市)大力减少工业污染物排放

减少污染物排放是节能减排工作中另一项重要的要求,"十二五"规划纲要中明确提出"主要污染物排放总量显著减少,化学需氧量、二氧化硫排放分别减少 8%,氨氮、氮氧化物排放分别减少 10%"的减排任务。2011 年以来,在"十二五"规划节能减排任务的指导下,各省份积极进行污染物减排工作,具体情况如表 4 - 9 所示。

表 4 - 9　　2011 年中国各省(自治区、直辖市)污染物排放较 2010 年

变动情况(上升,+ %;下降,- %)

指标	工业化学需氧量排放量变动	工业氨氮排放量变动	工业二氧化硫排放量变动	工业氮氧化物排放量变动
北京	45.79	10.69	7.84	- 17.04
天津	9.35	1.76	1.97	27.25
河北	- 10.99	- 2.68	32.48	27.41
山西	- 33.82	- 25.38	12.83	26.28
内蒙古	1.08	63.05	4.79	1.17
辽宁	- 45.30	0.22	22.05	8.69
吉林	- 39.96	55.41	20.89	- 20.36
黑龙江	- 8.99	18.51	- 0.44	25.93
上海	26.80	- 18.21	- 5.14	25.01
江苏	- 6.62	11.49	2.25	24.29
浙江	- 21.69	- 10.19	- 1.05	- 1.65
安徽	- 18.06	- 25.63	0.69	40.82
福建	15.64	16.43	- 5.36	22.12
江西	- 0.55	39.89	20.62	78.12

续表

指标	工业化学需氧量排放量变动	工业氨氮排放量变动	工业二氧化硫排放量变动	工业氮氧化物排放量变动
山东	−52.30	−23.71	17.77	9.12
河南	−34.50	−39.78	5.70	14.31
湖北	−12.40	14.45	15.30	11.79
湖南	−9.02	59.72	1.40	55.63
广东	4.07	46.59	−16.49	7.93
广西	−58.41	−41.53	−42.36	47.65
海南	35.38	58.41	10.26	107.92
重庆	−32.95	−41.09	−7.23	27.01
四川	−48.52	−65.45	−11.59	−21.89
贵州	308.41	389.58	41.61	133.06
云南	96.32	33.68	46.18	5.75
陕西	−12.28	18.59	17.58	34.98
甘肃	113.21	85.47	16.63	58.91
青海	−9.23	−16.03	0.88	12.79
宁夏	20.20	3.86	38.34	19.65
新疆	15.21	93.90	29.05	12.78

资料来源：根据《中国统计年鉴（2011—2012）》和《中国统计年报（2010—2011）》数据计算。

由表4-9可知，2011年中国各地区的主要减排工作中，仅浙江和四川两个省份4项主要污染物的排放量都在减少，广西和重庆有3项主要污染物排放量在减少，这4个省份的节能减排工作进展比较顺利。其余省份至少有一半的主要污染物排放在增加，特别是天津、内蒙古、海南、贵州、云南、甘肃、宁夏、新疆8个省份，其4项主要污染物的排放都呈增长态势，且增长率较高，如贵州的工业化学需氧量排放量增长308.41%，新疆的工业氨氮排放量增长93.90%，云南的工业二氧化硫排放量增长46.18%，海南的工业氮氧化物排放量增长107.92%，值得中央和地方各级政府高度重视。在"十二五"余下的几年中，各省份要着力降低污染排放总量，合理调整产业结构，加快转变经济发展方式，在保证经济增长速度的同时提高经济发展质量，完成国家下达的节能减排任务。

第三节　中国重点工业行业的节能减排

提高工业行业节能减排效率，推进工业行业节能减排工作，是完成中国节能减排任务的重要举措。本书研究的36个工业行业中，属于钢铁、石化、有色金属、建材和电力5个国家淘汰落后产能重点关注的行业便有11个，分别为黑色金属矿采选业，黑色金属冶炼及压延加工业，石油和天然气开采业，石油加工、炼焦及核燃料加工业，化学原料及化学制品制造业，有色金属矿采选业，有色金属冶炼及压延加工业，非金属矿采选业，非金属矿物制品业，电力、热力的生产和供应业，金属制品业。这11个行业2011年能源消耗占工业能源总消耗量的77.52%，废水、废气和固体废物的排放分别占2011年工业废水、废气和固体废物总排放量的38.88%、89.85%、62.85%（见图4-6），降低这5个重点工业行业的能耗和污染物排放对深化中国节能减排工作有重要意义。

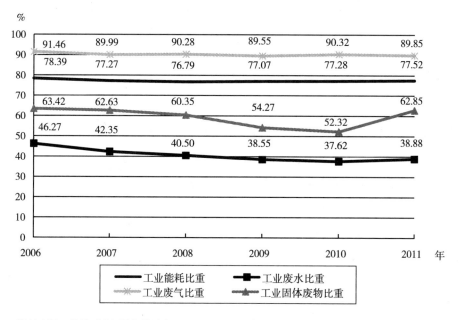

资料来源：根据《中国能源统计年鉴（2007—2012）》、《中国环境统计年鉴（2007—2012）》相关数据计算。

图4-6　2006—2011年钢铁、石化、有色金属、建材和电力5行业
能耗和污染物排放占工业总能耗和污染物排放的变化趋势

一、钢铁行业的节能减排

中国是全球钢铁生产大国，钢铁产量连续多年位居世界前列。钢铁生产是传统的高能耗、高污染、高排放行业，2011 年中国钢铁行业消耗的能源和排出的废水、废气、固体废物分别占工业总能耗和总污染物排放的 24.72%、6.77%、26.16%、17.42%。[①] 据国家统计局统计数据显示，2011 年中国粗钢产能为 8.63 亿吨，但 2011 年中国粗钢实际的消费量为 6.7 亿吨，中国钢铁行业有 2 亿吨左右过剩产能，是每年淘汰落后产能和污染物控制的重点行业。

2012 年，中国钢铁行业通过进一步的淘汰落后产能、技术改造等，在能源节约方面成效显著：钢铁行业全年淘汰落后炼钢能力 937 万吨、落后炼铁能力 1 078万吨、落后焦炭能力 2 493 万吨、落后铁合金能力 326 万吨，全部超额完成任务[②]；全年总共消耗能源 26 569.14 万吨标准煤，比 2011 年节能 276.51 万吨标准煤，同比下降 1.04%；钢加工、球团、烧结、焦化等工序能耗全面下降，吨钢综合能耗由 2011 年的 603.68 千克标煤/吨下降为 602.71 千克标煤/吨，降幅达 0.16%；全行业新水消耗量比 2011 年低 6 688 万立方米，吨钢新水量下降为 3.75 立方米/吨，较往年有较大改进。[③] 2008—2012 年中国钢铁行业吨钢综合能耗情况如图 4 - 7 所示。

中国钢铁行业在节能方面取得较好成绩，但在污染物排放方面的表现则有待提高。2012 年中国钢铁业所属的黑色金属矿采选业和黑色金属冶炼及压延加工业在工业废水、工业废气和工业固体废物方面的排放均有所增加，特别是工业废气的排放较 2011 年显著增长，增幅高达 9.32%，需引起我们的重视。2008—2012 年中国钢铁行业的减排情况如表 4 - 10 所示。

---

① 根据《2012 中国能源统计年鉴》和《2012 中国环境统计年鉴》相关数据计算。

② 工业和信息化部、国家能源局：《2012 年全国各地区淘汰落后产能目标任务完成情况》，http://www.miit.gov.cn/n11293472/n11293877/n13138101/n13138133/15753478.html，2013 - 11 - 21。

③ 中国钢铁工业协会：《中国钢铁工业节能减排月度简报（2012 年 12 月）》，http://www.chinaisa.org.cn/gxportal/DispatchAction.do? efFormEname = ECTM40&key = VDdeYQxnB2 YEZQUyXzhX-NgdjUDAFYQE2UWdSZ1A7BjNRQg9ADhVUZAEQVxBWQVEz。

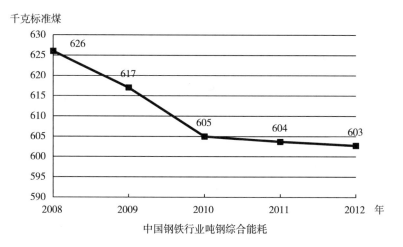

中国钢铁行业吨钢综合能耗

资料来源：中国钢铁工业协会，http：//www.chinaisa.org.cn/gxportal/login.jsp。

图 4 - 7 2008—2012 年中国钢铁行业吨钢综合能耗

表 4 - 10   2008—2012 年中国钢铁行业的减排情况

指标	2008 年	2009 年	2010 年	2011 年	2012 年
工业废水排放量（万吨）	160 963	141 524	132 301	143 680	148 709
工业废气排放量（亿标立方米）	112 818	105 072	125 400	176 080	192 491
工业固体废物排放量（万吨）	118	75	32	75	77

资料来源：国家统计局、环境保护部：中国环境统计年鉴（2009—2012），北京，中国统计出版社，2009—2012；中国钢铁工业协会，http：//www.chinaisa.org.cn/gxportal/login.jsp。

　　钢铁行业节能减排取得的成效，离不开相关规章制度的促进和保障。2011年颁布的《钢铁工业"十二五"发展规划》，结合钢铁工业节能减排现状，明确了"十二五"期间钢铁工业在淘汰落后产能、降低能耗和污染物排放方面的具体任务。2012 年先后修订了《钢铁行业生产经营规范条件（2012 年修订）》、《钢铁工业水污染物排放标准》、《钢铁工业大气污染物排放标准》等，提高了钢铁行业能耗、资源利用、水污染物排放、大气污染物排放等标准，深入推动了钢铁工业的节能减排。

二、石油和化工行业的节能减排

　　石油和化学工业是中国国民经济和社会发展的基础性行业，是中国能源消耗高、污染物排放量大的主要监控行业，也是中国节能减排工作淘汰落后产能、减少污染物排放的重点行业。2006年以来，石油化工行业在国家总体规划下开展节能减排工作，但由于石油化工行业整体技术水平相对落后，行业市场化程度较低，主要以垄断的大型国企为主，全行业节能减排工作有待进一步改善。

节能方面，2012年全行业淘汰落后产能取得显著成效，全年共淘汰落后酒精能力73.5万吨、落后味精能力14.3万吨、落后柠檬酸能力7万吨、落后制革能力1 185万标张、落后印染能力325 809万米、落后化纤能力25.7万吨[①]；综合能源消费量为4.7亿吨标准煤，约占当年中国工业能源消耗总量的18%，且自2006年以来这一比重一直保持相对稳定，没有上升趋势。减排方面，2011年全行业化学需氧量排放量、工业氨氮排放量、工业二氧化硫排放量、工业氮氧化物排放量分别高达58.1万吨、11.5万吨、231.1万吨和98.3万吨，这几个主要污染物排放指标都位居中国工业各行业前列。[②] 2007—2011年石油和化学工业中三个主要行业石油和天然气开采业、化学原料及化学制品制造业和石油加工、炼焦及核燃料加工业的污染物排放情况如表4-11所示。

表4-11　2007—2011年石油和化学工业中三个主要行业污染物排放情况

单位：万吨、亿标立方米

行业	指标	2007年	2008年	2009年	2010年	2011年
石油和天然气开采业	工业废水排放量	9 988	11 209	10 197	11 555	8 172
	工业废气排放量	981	894	1 092	1 026	1 342
	工业固体废物排放量	0.08	0.06	0.03	0.04	0.01
化学原料及化学制品制造业	工业废水排放量	324 026	301 935	297 062	309 006	288 331
	工业废气排放量	30 592	21 800	23 174	25 741	31 205
	工业固体废物排放量	34.32	21.00	15.13	12.10	19.92
石油加工、炼焦及核燃料加工业	工业废水排放量	73 126	70 496	66 406	70 024	79 587
	工业废气排放量	12 188	14 231	15 804	18 712	21 762
	工业固体废物排放量	53.37	51.00	2.89	2.36	8.38

资料来源：国家统计局、环境保护部编：中国环境统计年鉴（2008—2012），北京，中国统计出版社，2008—2012。

---

　　① 工业和信息化部、国家能源局：《2012年全国各地区淘汰落后产能目标任务完成情况》，http://www.miit.gov.cn/n11293472/n11293877/n13138101/n13138133/15753478.html，2013-11-21。

　　② 工业和信息化部：《关于石化和化学工业节能减排的指导意见》，2013-12-23。

　　石油和化工行业严峻的可持续发展形势使国家加强了对其节能减排工作的重视。一方面，先后出台了更多专门要求石化行业节能减排的规章制度，如2011年发布的《石化和化学工业"十二五"发展规划》、《化肥工业"十二五"发展规划》、《烯烃工业"十二五"发展规划》、《农药工业"十二五"发展规划》、《危险化学品"十二五"发展布局规划》等。另一方面，较大地提高了对石油和化工行业节能减排的相关标准，如2013年1月发布的《工业领域应对气候变化行动方案（2012—2020年)》要求到2015年，石油和化工行业单位工业增加值二氧化碳排放量比2010年分别下降18%和17%，比此前制定的目标高出2%左右；2013年5月对草甘膦等领域展开最严厉的环保核查[①]；2013年12月公布的《工业和信息化部关于石化和化学工业节能减排的指导意见》提出2013—2017年石化和化学工业重点耗能产品最新单位综合能耗下降目标（见表4-12）等，进一步指导石油和化工行业的节能减排工作。

表4-12　2013—2017年石化和化学工业重点耗能产品单位综合能耗下降目标

指标	单位	2012年	2017年	下降率（%）
乙烯综合能耗	千克标准煤/吨	849	835	1.6
烧碱生产综合能耗	千克标准煤/吨	336	325	3.3
电石生产综合能耗	千克标准煤/吨	1 024	1 000	2.3
原油加工综合能耗	千克标准煤/吨	92	83	9.8
合成氨生产综合能耗	千克标准煤/吨	1 402	1 340	4.4

资料来源：《工业和信息化部，关于石化和化学工业节能减排的指导意见》，2013-12-23。

三、有色金属行业的节能减排

　　有色金属主要包括铜、铝、铅、锌、镍、锡、锑等，是中国工业发展的支柱行业之一。有色金属行业工业能源消耗和废水、废气、固体废物的排放分别占工业总能耗和污染物排放比重的6.15%、3.99%、4.77%和21.92%[②]，对其的节能减排工作对实现中国工业可持续发展有重要意义。2010年以来，国家便对有色金属行业进行淘汰落后产能，2011年和2012年对电解铝、铜（含再生

---

　　①　参考资料：石油和化工节能网：《2013年石油和化工行业十大新闻》，http://www.syhgjn.cn/news_info.asp? nid=6630。

　　②　根据《2012中国能源统计年鉴》和《2012中国环境统计年鉴》相关数据计算。

铜）冶炼、铅（含再生铅）冶炼、锌（含再生铅）冶炼的淘汰工作都超额完成任务，成效显著（见表4-13）。

表4-13　　　　　2011—2012年对有色金属行业的淘汰落后产能工作　　单位：万吨

指标	2011年	2012年	合计
电解铝	64	27	91
铜（含再生铜）冶炼	43	76	119
铅（含再生铅）冶炼	66	134	200
锌（含再生铅）冶炼	34	33	67

资料来源：工业和信息化部、国家能源局：《2011年全国各地区淘汰落后产能目标任务完成情况》，2012-12-17；工业和信息化部、国家能源局：《2012年全国各地区淘汰落后产能目标任务完成情况》，2013-11-21。

通过淘汰落后产能，有色金属行业单位产品综合能耗得到较大改善，铝冶炼氧化铝综合能耗由2006年的802.7千克标煤/吨降低到2010年的590.6千克标煤/吨，5年间累计下降率为26.42%；铜冶炼综合能耗由2006年的594.8千克标煤/吨下降到2010年的404.1千克标煤/吨，5年间累计下降率为32.06%；铅冶炼综合能耗由2006年的542.3千克标煤/吨下降到2010年的421.1千克标煤/吨，5年间累计下降率为22.35%；锌冶炼精锌综合能耗由2006年的2 397.1千克标煤/吨下降到2010年的1 811.0千克标煤/吨，5年间累计下降率为24.45%。[1] 2006—2010年中国有色金属行业单位产品综合能耗变化情况如图4-8所示。

与钢铁行业类似，有色金属行业在节能方面的表现较为出色，但在污染物减排方面的工作则有待进一步改进。2007年以来，除工业固体废物排放总体呈递减趋势以外，有色金属矿采选业和有色金属冶炼及压延加工业在工业废水和工业废气方面的排放几乎都呈增长趋势：有色金属矿采选业的工业废水排放量由43 374万吨增长为51 181万吨，四年间增加了7 807万吨，涨幅高达18.00个百分点；有色金属冶炼及压延加工业的工业废气排放量由18 626亿标立方米增长为31 892亿标立方米，四年间增加了13 266亿标立方米，涨幅更达71.22

---

① 中国有色金属工业协会，中国有色金属工业年鉴（2007—2011），北京，中国有色金属工业协会，2008—2012。

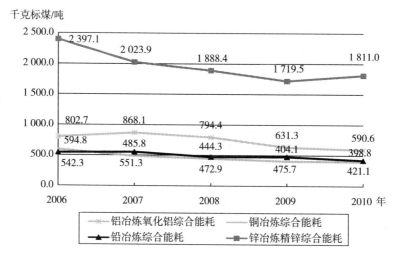

千克标煤/吨

资料来源：中国有色金属工业协会：中国有色金属工业年鉴（2007—2011），北京，中国有色金属工业协会，2008—2012。

图4-8　2006—2010年中国有色金属行业单位产品综合能耗变化情况

个百分点，有色金属行业减排效果总体不甚明显。2007—2011年有色金属矿采选业和有色金属冶炼及压延加工业的减排情况如表4-14所示。

表4-14　2007—2011年有色金属行业中两个主要行业污染物排放情况

单位：万吨、亿标立方米

行业	指标	2007年	2008年	2009年	2010年	2011年
有色金属矿采选业	工业废水排放量	43 374	42 764	37 307	38 852	51 181
	工业废气排放量	659	622	359	469	243
	工业固体废物排放量	115.44	66.00	121.57	77.84	90.11
有色金属冶炼及压延加工业	工业废水排放量	31 807	30 175	28 976	31 118	33 545
	工业废气排放量	18 626	20 563	19 456	24 299	31 892
	工业固体废物排放量	32.66	25.00	40.09	26.68	4.10

资料来源：国家统计局、环境保护部：中国环境统计年鉴（2008—2012），北京，中国统计出版社，2008—2012。

四、建材行业的节能减排

建材行业主要是指水泥、玻璃、陶瓷、墙体材料等的生产。本书研究的36

个行业中，与建材行业直接相关的主要是非金属矿采选业和非金属矿物制品业等。"十一五"期间，建材行业积极淘汰落后产能，优化调整产业结构，加快转变经济发展方式，节能减排工作成效显著：2006—2010 年，建材行业累计淘汰水泥落后产能 34 000 万吨，淘汰平板玻璃落后产能 6 000 万重量箱；累计减少二氧化碳排放 80 000 万吨；累计节约能源 15 000 万吨标准煤，单位万元工业增加值综合能耗降低为 3.07 吨标准煤，较 2005 年下降 52.6 个百分点。[①]

"十二五"以来，建材行业在《工业转型升级规划（2011—2015 年)》、《建材工业"十二五"发展规划》、《水泥工业"十二五"发展规划》、《建筑卫生陶瓷工业"十二五"发展规划》、《平板玻璃工业"十二五"发展规划》等的指导下，进一步开展节能减排工作，取得较好进展。

淘汰落后产能方面，2011—2012 年建材行业继续淘汰水泥和平板玻璃落后产能，坚持减量置换，加强技术改造，累计淘汰产品质量不稳定的水泥落后产能 41 326 万吨，生产线较差的平板玻璃落后产能 8 897 万重量箱，两年均超额完成任务，具体如表 4 – 15 所示。

表 4 – 15　　　　　　2011—2012 年建材行业淘汰落后产能工作

指标	2011 年	2012 年	"十二五"期间累计
水泥（熟料及粉磨能力）（万吨）	15 497	25 829	41 326
平板玻璃（万重量箱）	3 041	5 856	8 897

资料来源：工业和信息化部、国家能源局：《2011 年全国各地区淘汰落后产能目标任务完成情况》，2012 – 12 – 17；工业和信息化部、国家能源局：《2012 年全国各地区淘汰落后产能目标任务完成情况》，2013 – 11 – 21。

减少污染物排放方面，建材行业推广引进先进技术，加大工业污染治理投资，严密监控部分重点排污企业，效果明显。2011—2012 年，非金属矿采选业的工业废水排放量减排率、工业废气排放量减排率和工业固体废弃物排放量减排率累计分别达到 19.89%、25.56%、23.45%，均接近或超过 20%。非金属矿物制品业的工业废气排放量减排率表现较差，两年均成递增趋势，且累计增幅高达 59.44%，但工业废水排放量减排率和工业固体废物排放量减排率表现却较

---

① 中国建材报：《建材工业节能降耗取得显著进展》，2011 – 01 – 05，http：//cbmf.org/hyxx/39450 _2.htm。

为优秀，两年累计减排率分别达到 20.72% 和 42.56%，超额完成减排任务。非金属矿采选业和非金属矿物制品业的工业废水、工业废气和工业固体废物减排具体情况如表 4-16 所示。

表 4-16 2011—2012 年非金属矿采选业和非金属矿物制品业减排的

具体情况（上升，+%；下降，-%）

行业	指标	2011 年	2012 年	累计
非金属矿采选业	工业废水排放量减排率	-0.47	-19.42	-19.89
	工业废气排放量减排率	3.24	-28.80	-25.56
	工业固体废物排放量减排率	-18.98	-4.47	-23.45
非金属矿物制品业	工业废水排放量减排率	-1.42	-19.30	-20.72
	工业废气排放量减排率	10.64	48.80	59.44
	工业固体废物排放量减排率	-23.04	-19.52	-42.56

资料来源：国家统计局、环境保护部：《中国环境统计年鉴》（2011—2012），北京，中国统计出版社，2011—2012；《2012 年数据根据环境保护部数据库测算》，http: //zls. mep. gov. cn/。

同时，建材行业还明确了"十二五"时期新的节能减排目标，标准较"十一五"时期有较大提高：2010—2015 年，建材行业单位工业增加值能耗降低 18% ~20%，单位工业增加值二氧化碳排放量降低 18%，氮氧化物排放总量减少 10%，二氧化硫排放总量减少 8%，综合利用废弃物总量增加 20%。①

五、电力行业的节能减排

电力作为高能耗、高污染、高排放行业，对其的节能减排工作有助于提高工业的可持续发展能力。近年来，电力行业的能耗和污染物排放在工业各行业中一直居高不下，2011 年工业能源消耗和废水、废气、固体废物的排放占工业总能耗和污染物排放的比重分别为 9.90%、7.48%、30.15%、10.49%（见图 4-9）②，加强电力行业的节能减排工作有重要意义。

2006 年以来，电力行业大力开展节能减排工作，能源消耗较低、污染物排放减少，成效颇为显著。一方面，着力关停小火电机组，淘汰落后产能。"十一五"至今共淘汰落后电能 8 433 万千瓦，淘汰落后电石生产 645 万吨，优化了电

① 工业和信息化部：《建材工业"十二五"发展规划》，2011-11-18。
② 根据《2012 中国能源统计年鉴》和《2012 中国环境统计年鉴》相关数据计算。

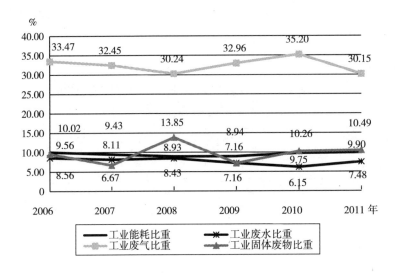

资料来源：根据《中国能源统计年鉴》（2007—2012）、《中国环境统计年鉴》（2007—2012）相关数据计算。

图 4 - 9 2006—2011 年电力行业能耗和污染物排放占工业总能耗和污染物排放的变化趋势

能的生产结构。另一方面，改进发电输电技术，提高能源利用效率。2006 年，中国火电厂发电煤耗为 342 克标煤/千瓦时，到 2011 年降为 308 克标煤/千瓦时，降幅达 34 克标煤/千瓦时，累计下降率为 9.94%，发电煤耗超过美国、澳大利亚等同期水平，迈入世界先进行列；火电厂供电煤耗为 367 克标煤/千瓦时，到 2011 年降为 329 克标煤/千瓦时，降幅为 38 克标煤/千瓦时，累计下降率达 10.35%，也步入世界先进水平。2011 年全国线损率为 6.37%，比 2006 年下降超过 10 个百分点，在世界同等供电负荷密度条件国家中位居前列。[1]

此外，电力行业还着力增强企业环境保护防治和治理力度，减少污染物排放。2007 年，电力行业每亿元工业增加值排放的工业废水为 19.80 万吨，到 2011 年降低为 13.81 万吨，降幅达到每亿元 5.99 万吨，累计下降率达到 30.25%；每亿元工业增加值排放的固体废物为 81.16 吨，到 2011 年降为 39.20 吨，降幅高达每亿元 41.96 吨，累计下降率为 51.70%；每亿元工业增加值排放的工业废气则有一定程度的增加。2007—2011 年中国电力行业每亿元工业增加

---

① 中国工业节能与清洁生产协会、中国节能环保集团公司：《2012 中国节能减排发展报告——结构调整促绿色增长》，北京，中国经济出版社，2013。

值污染物排放情况如表 4 – 17 所示。

表 4 – 17　　　2007—2011 年中国电力行业每亿元工业增加值污染物排放

指标	单位	2007 年	2008 年	2009 年	2010 年	2011 年	累计下降总量	累计下降率（上升 + %，下降 – %）
工业废水	万吨	19.80	19.29	15.28	12.21	13.81	5.99	– 30.25
工业废气	亿标立方米	14.21	12.95	14.73	17.20	17.64	– 3.43	24.14
工业固体废物	吨	81.16	100.91	46.33	42.27	39.20	41.96	– 51.70

资料来源：国家统计局、环境保护部编：中国环境统计年鉴（2008—2012），北京，中国统计出版社，2008—2012；中华人民共和国国家统计局编：《2013 中国统计年鉴》，北京，中国统计出版社，2013；国家统计局网站"月度统计数据库"。

电力行业节能减排工作的开展，离不开相关政策的保障和指导。"十一五"以来，国家先后出台了一系列政策法规，如《电力工业"十二五"规划滚动研究报告》、《关于加强"十二五"电力行业节能减排监管工作的通知》、《火电厂大气污染物排放标准》等，加强节能减排工作的管控力度，深化能源利用效率提高和污染物排放减少成果，保证中国电力行业的可持续发展。

到"十二五"末期，电力行业预期的节能减排目标是 2015 年电力工业年节约标煤 2.70 亿吨，减排二氧化碳 6.69 亿吨，减排二氧化硫 578 万吨，减排氮氧化物 254 万吨；在燃煤装机增加 41.7% 的情况下，2015 年电力工业二氧化碳排放总量增加 30.6%，排放强度降低 12.5%；二氧化硫排放总量降低 13.6%，排放强度下降 40.7%；氮氧化物排放总量降低 21.1%，排放强度下降 46.4%；单位 GDP 能耗降低 0.061 吨标煤/万元，对实现 2015 年单位国内生产总值能耗下降 16% 目标的贡献率达到 37.03%；碳减排量对实现单位国内生产总值碳排放下降 17% 目标的贡献率达到 36.51%。[①]

第四节　中国工业节能减排存在的问题

中国工业节能减排虽然取得比较显著的成效，工业结构逐步优化升级，工业能源消耗有所减少，工业污染物排放有所降低，节能减排政策逐步完善，但

---

① 中国电力企业联合会：《电力工业"十二五"规划滚动研究报告》，2012 年 3 月。

中国工业节能减排仍然存在一定的问题，如能源利用率与国际先进水平仍然有较大差距，能源消费结构不甚合理，能耗和污染物排放总量指标仍然逐年增多，重大污染事故给生态环境带来巨大压力等，亟须解决，以提高中国工业节能减排效率。

一、能源利用效率虽有所提高，但与国际先进水平差距仍然明显

直到 2011 年，中国仍然没有完成"十一五"规划中单位国内生产总值能耗累计下降 20% 的目标，仅完成预计任务的 94.85%，主要原因之一即中国工业能源利用效率相对较低，绝大部分指标尚未达到国际先进水平。如前文表 4－4 所示，中国主要高耗能产品单位能耗在 2006—2011 年虽然全部下降，最高的水泥综合能耗累计下降率高达 19.77%，火电厂供电煤耗、乙烯综合能耗、纸和纸板综合能耗累计下降率也超过 10%，但总的来看，因中国工业技术水平相对较低，其与国际先进水平之间的差距仍然明显，有待进一步改进，具体如图 4－10 所示。

由图 4－10 可知，火电发电煤耗、火电供电煤耗和水泥综合能耗与国家先进水平差距不大，仅分别高 14 克标准煤/千瓦时、23 克标准煤/千瓦时和 19 千克标准煤/吨，但乙烯综合能耗、合成氨综合能耗、纸和纸板综合能耗与国际先进水平之间的差距特别明显，分别高出国际先进水平 266 千克标准煤/吨、578 千克标准煤/吨和 499 千克标准煤/吨，是国际先进水平的 1.42 倍、1.58 倍和 1.86 倍。

目前中国已经发布了粗钢、焦炭、水泥、铜冶炼、轮胎、化工产品等 54 个国家强制性单位产品能源消耗限额标准，以及 30 个工业行业的清洁生产评价指标体系，但大部分能耗限额标准值偏低，与国际先进水平有较大差距。特别是钢铁、电解铝、电池等行业的清洁生产评价指标体系是根据"十一五"期间中国相关行业清洁生产水平制定的，部分内容已不能满足当前行业绿色发展的要求，节能减排与国际接轨已经迫在眉睫。[①]

---

① 中国能源网：《2014 年我国工业节能减排形势分析》，http：//www.china5e.com/index.php? m = content&c = index&a = show&catid = 13&id = 863025。

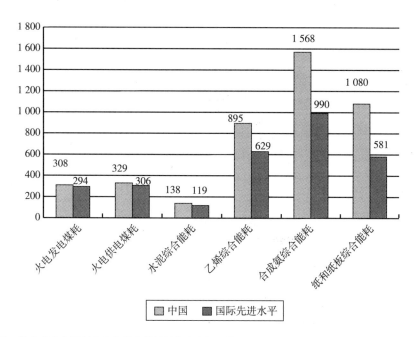

注：除火电发电煤耗和火电供电煤耗单位为克标准煤／千瓦时，其余指标的单位均为千克标准煤／吨；"国际先进水平"是指位于全球先进水平国家能耗指标的平均值。

资料来源：国家统计局能源统计司：《2012 中国能源统计年鉴》，北京，中国统计出版社，2012。

图 4 - 10　2011 年中国高耗能产品能耗与国际先进水平的对比

二、能源消费结构不甚合理，高耗能行业能耗所占比重太大

2006—2011 年，化学原料及化学制品制造业、非金属矿物制品业、黑色金属冶炼及压延加工业、有色金属冶炼及压延加工业、石油加工炼焦及核燃料加工业、电力热力的生产和供应业六大高耗能行业增加值占工业增加值的比重虽然有所下降，从 2006 年年初的 33.20% 降低为 2011 年年底的 29.28%，降幅近 4 个百分点，高耗能行业扩张得到有效抑制，较好地优化了中国工业结构，但这六大高耗能行业消耗的能源仍然占工业总能耗的 70% 以上，且几年来这一比例一直居高不下，中国工业能源消费结构不甚合理，具体如图 4 - 11 所示。

由图 4 - 11 可知，2011 年黑色金属冶炼及压延加工业能耗比重高达 23.93%，仅比六大高耗能行业以外的 30 个行业比重低 3.31%；化学原料及化学制品制造业、非金属矿物制品业两个行业的比重也超过 10%，其余 3 个行业比重位于 5% ~ 10%。造成中国行业间能源消费结构不合理的原因是：一方面，

95

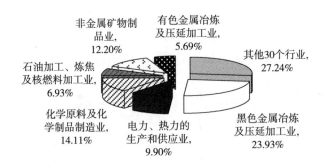

非金属矿物制品业，12.20%

有色金属冶炼及压延加工业，5.69%

石油加工、炼焦及核燃料加工业，6.93%

其他30个行业，27.24%

化学原料及化学制品制造业，14.11%

电力、热力的生产和供应业，9.90%

黑色金属冶炼及压延加工业，23.93%

资料来源：中华人民共和国国家统计局：《2012 中国统计年鉴》，北京，中国统计出版社，2012。

图 4 - 11　2011 年中国六大高耗能行业能耗比重与其他行业的对比

中国仍处于快速工业化时期，重工业发展速度高于轻工业，工业结构重化持续拉动部分行业的能源消耗和污染物排放；另一方面，中国工业化仍处于价值链和技术链的中低水平，重工业的技术"瓶颈"制约了资源利用效率的提高，从而影响节能减排工作的进深化开展。

三、能耗、污染物排放强度和达标率虽有所改善，但总量指标仍然呈逐年增长趋势

2006—2011 年，中国单位工业增加值能耗、工业二氧化硫排放达标率、工业烟（粉）尘排放达标率、工业固体废物综合利用率等强度和达标率指标虽然有较大程度改善，部分污染物排放达标率甚至接近 100%，但工业能源消费总量、工业废气排放总量和工业固体废物产生总量 3 个总量指标节能减排效果却不明显，反而呈逐年增长趋势，具体如图 4 - 12 所示。

由图 4 - 12 可知，2006—2011 年，工业能源消费总量增长 61 496 万吨标准煤，累计增长率达到 33. 25%；工业废气排放总量和工业固体废物产生总量都已经翻番，分别增长 343 519 亿立方米和 171 231 万吨，累计增长率高达 103. 79% 和 112. 99%；仅工业废水排放总量呈减少趋势（见图 4 - 4），中国工业节能减排工作任重而道远。

四、部分工业重大污染事故给节能减排带来巨大压力

节能减排除了要完成常规的能源节约与污染物减排工作外，还需要高度关

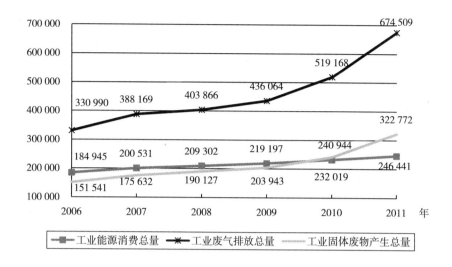

注：工业能源消费总量、工业废气排放总量和工业固体废物产生总量的单位分别为万吨标准煤、亿立方米和万吨。

资料来源：国家统计局能源统计司：《中国能源统计年鉴》（2007—2012），北京，中国统计出版社，2007—2012；国家统计局、环境保护部编：《2012 中国环境统计年鉴》，北京，中国统计出版社，2007—2012。

图 4 - 12 2006—2011 年中国节能减排部分总量指标变化情况

注这些工业重大污染事故，其对资源、环境、生态造成的损失无法估量，给节能减排工作带来了巨大压力。

近年来，各种工业重大污染屡见不鲜：2010 年 7 月，吉林发生三甲基一氯硅烷原料冲入松花江事件，导致松花江水段被化学品污染，吉林市部分区域停止居民供水；2011 年 6 月，渤海湾发生油田漏油事件，渤海湾海域 840 平方公里被污染，水质由 1 类水质海水下降到劣 4 类，严重破坏海洋生态；2011 年 7 月，云南曲靖发生铬污染事件，剧毒铬渣造成严重水体、土壤污染，使牲畜死亡，人健康受到危害；2013 年 11 月，山东青岛发生石油管道爆炸事件，此事故造成 62 人死亡、136 人受伤，直接经济损失 75 172 万元，对周边的环境也产生严重破坏。[1]

---

[1] 人民网：《青岛输油管道事故报告发布，泄漏到爆炸的 8 小时》，http://hi. people. cn/n/2014/0111/c228872 - 20363213. html。

　　从 2006 年至今，中国每年发生成百上千起环境污染与破坏事故，这些事件对水、大气、土壤等造成不可恢复的伤害，严重威胁着中国的生态环境安全。2006—2010 年中国环境污染与破坏事故情况如表 4 – 18 所示。

表 4 – 18　　　　　　　2006—2010 年中国环境污染与破坏事故情况　　　单位：次、万元

指标	2006 年	2007 年	2008 年	2009 年	2010 年
环境污染与破坏事故总次数	842	462	474	418	420
水污染	482	178	198	116	135
大气污染	232	134	141	130	157
固体废物污染	45	58	45	55	35
噪声与振动危害	6	7	—	—	1
其他	77	85	90	117	92
直接经济损失	13 471	3 278	18 186	43 354	—

　　资料来源：中华人民共和国国家统计局：中国统计年鉴（2009—2011），北京，中国统计出版社，2009—2011。

　　由表 4 – 18 可知，中国环境污染与破坏事故年年发生，且每年发生的数目较大。在发生的污染中，主要以水污染为主，其次为大气污染，固体废物和噪声污染等相对较少。2006—2010 年，环境污染与破坏事故总次数呈下降趋势，但其造成的直接经济损失却逐年增多，每个事故产生的危害越来越大。中国需要加强工业重大污染事故的管理与监控，建立迅速、高效的应急措施与制度，降低、避免其对生态、资源、环境带来的危害。

第五章　工业节能减排指数构建

工业节能减排效率研究涉及产业经济学、区域经济学、环境经济学、发展经济学、制度经济学等多方面的理论，本书的立足点在于将工业节能和废水、废气、固体废物同时纳入投入和非期望产出的生产效率框架中，因此重点关注效率与生产效率理论。本章包括两个方面的内容，第一节为工业节能减排指数构建的理论基础，主要介绍效率与生产率理论的几个相关概念及目前测度效率的几个模型辨析；第二节为基于 SBM－DDF 模型的工业节能减排指数构建与分解，重点介绍非径向、非导向性基于松弛变量的方向距离函数 SBM－DDF 模型及依据此模型构建的一种新型生产率工业节能减排指数，这也是本研究的核心与关键。

第一节　工业节能减排指数构建的理论基础

在以 SBM－DDF 模型构建基于生产率的新型工业节能减排指数之前，需要明确效率与生产率理论的几个相关概念，即生产技术与生产前沿、距离函数、效率及其测度、基于数据包络分析的生产效率等。同时，辨析目前测度生产率的几个成熟模型，解析各模型的优点与不足，突出本书选取的 SBM－DDF 模型之优势。

一、效率与生产率理论的几个相关概念

（一）生产技术与生产技术前沿

Fare 和 Primont（1995）的研究指出，经济学中从投入到产出的过程可以抽

象为生产技术。[①] 假设投入表示为 $x = (x_1, x_2, x_3, \cdots, x_n)$，产出表示为 $y = (y_1, y_2, y_3, \cdots, y_n)$，那么生产技术 T 可数量化为

$$T = \{(x, y) : y \text{ can be produced by } x\} \qquad (5.1)$$

产出集 $y = P(x)$ 可表示为

$$y = P(x) = \{y : y \text{ can be produced by } x\} = \{y : (x, y) \in T\} \qquad (5.2)$$

这意味着投入 x 可以生产出 y 的所有集合。

假设仅有 y_1 和 y_2 两种产出以及若干种投入 x 的简单生产模式，将以上生产技术的特性图形化，那么可以构建生产技术前沿，具体如图 5-1 所示。

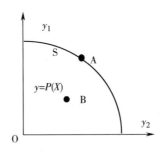

图 5-1　生产技术前沿

曲线 S 表示在现有生产技术水平下所有产出 y_1 和 y_2 的穷尽组合和最优组合：如果产出 A 在曲线 S 上，则表示在现有技术水平下实现了产量最大化；如果产出 B 在曲线 S 以内，则表示在现有技术水平下存在产出损失，没有实现最大产出。此时曲线 S 即为在现有技术水平下的生产技术前沿，S 与横轴和纵轴之间构成的区域即生产可能性集：$y = P(x)$。

生产技术前沿 S 表示：在现有生产技术条件下，投入 x 所能获得全部最优产出 y_1 和 y_2 的穷尽组合。

（二）距离函数

距离函数最早由 Malmquist（1953）提出[②]，随后 Fare、Grosskopf、Pasurka

---

① Fare R. , Primont D. , "Multi‐output Production and Duality：Theory and Applications", Boston：Kluwer Academic Publishers, 1995.

② Malmquist S. , "Index Numbers and Indifference Surfaces", *Trabajos de Estatistica*, 1953, 4（2）, 209－242.

（2001）等进一步将其模型化，拓展为现在的距离函数。[①] 距离函数主要用于投入产出研究中描述多投入和多产出的生产技术，包括投入导向的距离函数和产出导向的距离函数两种形式。由于工业节能减排效率主要以产出效率研究为主，因此本书仅介绍产出导向的距离函数。

如果 x 表示投入，y 表示产出，$P(X)$ 表示生产可能性集，γ 表示距离函数 $D(x,y)$ 的值，那么产出导向的距离函数可表示为

$$D(x,y) = min\{\gamma:(x/y) \in P(x)\} \tag{5.3}$$

仍然假设仅有 y_1 和 y_2 两种产出和若干种投入 x 的简单生产模式，将式（5.3）中的 $D(x,y)$ 图形化，则距离函数如图5-2所示。

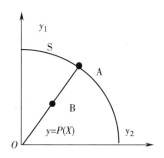

图5-2 距离函数

在投入 x 和生产技术水平 T 下，产出组合 y 为点 B，则此时距离函数表示为

$$D(x,y) = \left\{\gamma = \left(\frac{OB}{OA}\right) \in T\right\} \tag{5.4}$$

进一步加深，若点 B 在生产技术前沿 S 上，即点 B 与点 A 重合，则有

$$D(x,y) = \left\{\gamma = \left(\frac{OB}{OA}\right) = \left(\frac{OA}{OA}\right) = 1 \in T\right\} \tag{5.5}$$

距离函数实际上表示的是在现有技术水平 T 下，投入 x 所获得的实际产出 y（即 OB）与最优产出（即 OA）之间的比值，换句话说，即投入 x 获得实际产出 y 的生产效率。

（三）效率及其测度

经济学意义上多投入多产出的效率模型最早由 Farrell（1957）提出，该模

① Fare R. , Grosskopf, S. , Pasurka, C. , " Accounting for Air Pollution Emissions in Measuring State Manufacturing Productivity Growth", *Journal of Reginal Science*, 2001.

型表示在生产技术水平 T 下，一定投入 x 的实际产出能力 y 或在一定的产出 y 下所需的实际投入 x。[①]

在两部门产出 y_1 和 y_2 的距离函数 $D(x,y)$ 中，如图 5-2 所示，在现有的技术水平 T 下，若产出组合为点 A，即在生产技术前沿 S 上，此时点 A 为最优产出组合，不存在效率损失，即效率值为 1；若产出组合为点 B，即不在生产技术前沿面 S 上，此时存在效率损失。根据方向距离函数的定义，BA 段表示需要额外投入才能达到最优生产组合 A，即 BA 段表示生产组合 B 最优产出下的效率损失，或无效率，那么生产组合 B 的效率可表示为

$$\varepsilon = \left\{ \varepsilon = (1 - BA) = \left(\frac{OB}{OA} \right) = \gamma = D(x,y) \in T \right\} \tag{5.6}$$

效率通常受经济制度、技术水平、管理水平、员工的熟练程度、企业规模等多种因素的影响，现有的研究中，一般多用全要素生产率（Total Factor Productivity，TFP）来表示生产效率。

（四）基于数据包络分析的生产效率

基于数据包络分析的生产效率是一种"相对效率"，通过决策单元（Decision Making Unit，DMU）多投入产出数据确定非参数技术前沿面，根据生产组合偏离技术前沿面的程度，以线性规划计算"相对效率"。

在生产技术水平 T 下，假设有若干个决策单元，且决策单元的投入 x 和产出 y 分别表示为

$$x = (x_1, x_2, x_3, \cdots, x_n), y = (y_1, y_2, y_3, \cdots, y_n)$$

则解如下线性规划，第 i 个决策单元的效率可表示为

$$\varepsilon = \left\{ \varepsilon : \sum x_i \lambda_i \leqslant \varepsilon x; \sum x_i \lambda_i \geqslant y; \lambda_i \geqslant 0; A\lambda = 1 \right\} \tag{5.7}$$

式中，ε 为效率值，x 和 y 分别为决策单元的投入和产出，λ 为常数向量。

此时为规模报酬可变的数据包络分析模型。若去掉 $A\lambda = 1$ 的约束条件，则可简化为更一般的规模报酬不变数据包络分析模型，该模型为目前应用较多的数据包络生产效率测度方法之一。

---

① Farrell M. J., "The Measurement of Productive Efficiency", *Journal of Royal Statistical Society Series*, 1957, 120 (3), 253-290.

二、测度生产率的相关模型辨析

近年来，随着数据包络分析被广泛引入效率研究，经济学中测度生产率的模型经历了以下几个发展阶段：Malmquist 生产率指数模型（M 指数模型），以及 Malmquist - Luenberger 生产率指数模型（ML 指数模型），以及非径向、非导向性基于松弛变量的方向距离函数（SBM - DDF 模型）等。本部分试图通过比较并辨析这几个模型的优劣，解释选择基于 SBM - DDF 模型构建新型生产率工业节能减排指数的原因。

（一）Malmquist 生产率指数模型[①]

Caves 等（1982）根据 Farrell（1957）测度效率的方法，在距离函数的基础上构造了一个新的生产率指数模型，并以瑞典统计学家 Malmquist 的名字命名，即 Malmquist 生产率指数模型。[②]

假设 x 和 y 分别为投入和产出向量，s 时期和 t 时期的距离函数分别为 $D_s(x_s, y_s)$ 和 $D_t(x_t, y_t)$，则从 s 时期到 t 时期 Malmquist 生产率指数可定义为

$$M(s,t) = \left[\frac{D_s(x_t, y_t)}{D_s(x_s, y_s)} \times \frac{D_t(x_t, y_t)}{D_t(x_s, y_s)} \right]^{\left(\frac{1}{2}\right)} \tag{5.8}$$

该模型可进一步分解为

$$M(s,t) = \left[\frac{D_t(x_t, y_t)}{D_s(x_s, y_s)} \right] \times \left[\frac{D_s(x_t, y_t)}{D_t(x_t, y_t)} \times \frac{D_s(x_s, y_s)}{D_t(x_s, y_s)} \right]^{\left(\frac{1}{2}\right)} \tag{5.9}$$

式中，$\left[\dfrac{D_s(x_t, y_t)}{D_t(x_t, y_t)} \times \dfrac{D_s(x_s, y_s)}{D_t(x_s, y_s)} \right]^{\left(\frac{1}{2}\right)}$ 表示从 s 时期到 t 时期的技术进步，

$\left[\dfrac{D_t(x_t, y_t)}{D_s(x_s, y_s)} \right]$ 表示从 s 时期到 t 时期的技术效率变化。

Malmquist 生产率指数模型作为一个整体效率模型，只需要投入和产出数据，

---

① Caves D. W., Christensen L. R., Diewert W. E., "Multilateral Comparisons of Output, Input and Productivity Using Superlative Index Numbers", *The Economic Journal*, 1982, 92（365），73 - 86；王群伟、周德群、周鹏：《效率视角下的中国节能减排问题研究》，上海，复旦大学出版社，2013；崔文田、高宇、张博：《Malmquist 指数与 Malmquist - Luenberger 指数的比较研究》，载《西安工程科技学院学报》，2005（2）。

② Caves D. W., Christensen L. R., Diewert W. E., "Multilateral Comparisons of Output, Input and Productivity using Superlative Index Numbers", *The Economic Journal*, 1982, 92（365），73 - 86.

不考虑价格问题，应用比较方便。但由于构造其的距离函数 $D(x,y)$ 不考虑方向问题，只能测度投入和产出的正向增长效率，无法评价决策单元减少负产出时的情形，因此实践中的局限性也比较明显。

（二）Malmquist – Luenberger 生产率指数模型[①]

1993 年，Fare 等用数据包络分析法构建了基于环境约束、考虑非期望产出的生产效率模型，并提出可持续的经济增长是在减轻环境压力后的经济增长。[②] Fare 等（2001）通过方向距离函数将这一思想模型化:[③]

$$\vec{D_0}(x,y,b;g_y,-g_b) = sup[\beta:(y + \beta g_y, b - \beta g_b) \in P(x)] \quad (5.10)$$

式（5.10）表示在既定投入 x 及生产可能性集 $P(x)$ 下，沿着 $g = (g_y, -g_b)$ 的生产方向，期望产出 y 在增加 β 倍的同时，非期望产出 b 减少 β 倍的可能性，具体如图 5 - 3 所示：

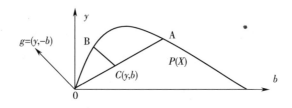

图 5 - 3　方向距离函数

此时，需要解如下的线性规划：

---

① Fare R. , Grosskopf S. , Lovell C. A. K. and Yaisawarng S. , "Derivation of Shadow Prices for Undesirable Outputs：A Distance Function Approach", *The Review of Economics and Statistics*, 1993, 75 (2), 375 – 380; Fare R. , Grosskopf, S. , Pasurka, C. , "Accounting for Air Pollution Emissions in Measuring State Manufacturing Productivity Growth", *Journal of Reginal Science*, 2001; Chung Y H, Fare R. , Grosskopf S. , "Productivity and Undesirable Outputs：A Directional Distance Function Approach", *Journal of Environmental Management*, 1997; 蔡宁、吴婧文、刘诗瑶：《环境规制与绿色工业全要素生产率——基于我国 30 个省市的实证分析》，载《辽宁大学学报》，2014 (1)。

② Fare R. , Grosskopf S. , Lovell C. A. K. and Yaisawarng S. , "Derivation of Shadow Prices for Undesirable Outputs：A Distance Function Approach", *The Review of Economics and Statistics*, 1993, 75 (2), 375 – 380.

③ Fare R. , Grosskopf, S. , Pasurka, C. , "Accounting for Air Pollution Emissions in Measuring State Manufacturing Productivity Growth", *Journal of Reginal Science*, 2001.

$$\begin{cases} \overrightarrow{D_0^t}(x_k^t, y_k^t, b_k^t; y_k^t, -b_k^t) = max\beta \\ s.t. \sum_{k=1}^k z_k^t y_{km}^t \geqslant (1+\beta)y_{km}^t, m = 1,2,3,\cdots,M; \\ \sum_{k=1}^k z_k^t x_{kn}^t \leqslant x_{kn}^t, n = 1,2,3,\cdots,N; z_k^t \geqslant 0, k = 1,2,3,\cdots,K \\ \sum_{k=1}^k z_k^t y_{ki}^t = (1-\beta)b_{ki}^t, i = 1,2,3,\cdots,I \end{cases} \quad (5.11)$$

根据 Chung 等（1997）的方法，以式（5.11）中的方向距离函数为基础，构建以 t 为基期 $t+1$ 时期的生产率指数，具体如下所示：[①]

$$ML_0^{t,t+1} = \left[\frac{1 + \overrightarrow{D_0^{t+1}}(x^t, y^t, b^t; y^t, -b^t)}{1 + \overrightarrow{D_0^{t+1}}(x^{t+1}, y^{t+1}, b^{t+1}; y^{t+1}, -b^{t+1})} \right.$$

$$\left. \times \frac{1 + \overrightarrow{D_0^t}(x^t, y^t, b^t; y^t, -b^t)}{1 + \overrightarrow{D_0^t}(x^{t+1}, y^{t+1}, b^{t+1}; y^{t+1}, -b^{t+1})} \right]^{(\frac{1}{2})} \quad (5.12)$$

式（5.12）即为 Malmquist – Luenberger 生产率指数，其大于 1 表示生产率增加，等于 1 表示生产率不变，小于 1 表示生产率下降。ML 指数又可以分解为技术进步指数（TECH）和效率变动指数（EFFCH）两部分，即

$$ML_0^{t,t+1} = TECH_0^{t,t+1} \times EFFCH_0^{t,t+1} \quad (5.13)$$

其中，

$$TECH_0^{t,t+1} = \left[\frac{1 + \overrightarrow{D_0^{t+1}}(x^{t+1}, y^{t+1}, b^{t+1}; y^{t+1}, -b^{t+1})}{1 + \overrightarrow{D_0^t}(x^{t+1}, y^{t+1}, b^{t+1}; y^{t+1}, -b^{t+1})} \right.$$

$$\left. \times \frac{1 + \overrightarrow{D_0^{t+1}}(x^t, y^t, b^t; y^t, -b^t)}{1 + \overrightarrow{D_0^t}(x^t, y^t, b^t; y^t, -b^t)} \right]^{(\frac{1}{2})} \quad (5.14)$$

$$EFFCH_0^{t,t+1} = \frac{\overrightarrow{D_0^t}(x^t, y^t, b^t; y^t, -b^t) + 1}{\overrightarrow{D_0^{t+1}}(x^{t+1}, y^{t+1}, b^{t+1}; y^{t+1}, -b^{t+1}) + 1} \quad (5.15)$$

技术进步指数表示由技术进步推动的经济增长；效率变动指数表示由生产者内部效率变化引起的经济增长，其可以进一步分解为规模效率变动和纯技术效率变动。

ML 指数考虑了产出的负外部性，解决了决策单元减少负产出时效率测度

---

① Chung Y H, Fare R., Grosskopf S., "Productivity and Undesirable Outputs: A Directional Distance Function Approach", *Journal of Environmental Management*, 1997.

的问题，但传统方向距离函数是从原点到观测点上的径向性和导向性效率，径向性会使生产效率被高估，导向性则无法同时非比例地兼顾投入与产出的效率变动，当存在产出不足或投入过度，即存在产出或投入的非零松弛时，实际测度出的效率存在一定偏误（Ruggiero，2000；Worthington，2000）[1]。为进一步解决这一问题，近年来学者开发完善出非径向、非导向的生产效率测度方法。

（三）非径向、非导向性基于松弛变量的方向距离函数[2]

2001 年，Tone（2001）在其研究中提出非径向、非导向性基于松弛变量的 SBM（Slack Based Model）数据包络分析模型，该模型将非零松弛考虑在效率值的计算中，较好地解决了传统数据包络分析中的径向性问题，使测度的效率更加精确。[3]

假设某一生产过程存在 m 种投入 x 和 k 种产出 y，λ 为列向量，s^- 为投入松弛，s^+ 为产出松弛，ε 为生产效率，则 SBM 模型可表示为

$$MIN\varepsilon = \left[1 - \frac{1}{m}\sum_{i=1}^{m}\left(\frac{s_i^-}{x_{io}}\right)\right] / \left[1 + \frac{1}{k}\sum_{r=1}^{k}\left(\frac{s_r^+}{y_{io}}\right)\right]$$

$$s.t. \ x_0 - s^- = X\lambda; y_0 - s^+ = Y\lambda; s^- \geqslant 0, s^+ \geqslant 0, \lambda \geqslant 0 \qquad (5.16)$$

2009 年，Fukuyama 和 Weber（2009）将方向距离函数与 SBM 模型相结合，构建非径向、非导向性基于松弛变量的方向距离函数（Slack Based Measure – Directional Distance Function，SBM – DDF），进一步解决 SBM 模型中无法缓解的导向性问题，使效率的测度可以同时非比例地考虑投入与产出的变动：[4]

① Ruggiero J., "Nonparametric Estimation of Returns to Scale in the Public Sector with an Application to the Provision of Educational Services", *The Journal of the Operational Research Society*, 2000 (51), 906 – 912; Worthington A. C., "Cost Efficiency in Australian Local Government: A Comparative Analysis of Mathematical Programming and Econometric Approaches", *Financial Accountability and Management*, 2000 (16), 201 – 224.

② Tone K., "A Slacks Based Measure of Efficiency in Data Envelopment Analysis", *European Journal of Operational Research*, 2001, 130, 498 – 509; Fukuyama, H., and W. L. Weber, "A Directional Slacks – based Measure of Technical Inefficiency", *Socio – Economic Planning Sciences*, 2009, 43 (4), 274 – 287; 李静：《基于 SBM 模型的环境效率评价》，载《合肥工业大学学报（自然科学版）》，2008 (5)。

③ Tone K., "A Slacks based Measure of Efficiency in Data Envelopment Analysis", *European Journal of Operational Research*, 2001, 130, 498 – 509.

④ Fukuyama, H., and W. L. Weber, "A Directional Slacks – based Measure of Technical Inefficiency", *Socio – Economic Planning Sciences*, 2009, 43 (4), 274 – 287.

假设有 N 种投入 x，M 种期望产出 y 和 K 种非期望产出 b，且 $x = (x_1 \cdots x_N) \in R_N^*$；$y = (y_1 \cdots y_M) \in R_M^*$；$b = (b_1 \cdots b_K) \in R_K^*$。$(x_i^t, y_i^t, b_i^t)$ 表示决策单元 i 在 t 时期的投入产出，(g^x, g^y, g^b) 为方向向量，(s_n^x, s_m^y, s_k^b) 为投入产出达到生产效率前沿面的松弛向量，则第 i 个决策单元非径向、非导向性基于松弛变量的方向距离函数定义如下：

$$
\begin{aligned}
\vec{S_v^t}(x_i^t, y_i^t, b_i^t, g^x, g^y, g^b) &= MAX \left\{ \left(\frac{1}{N} \sum_{n=1}^{N} \left(\frac{s_n^x}{g_n^x} \right) + \frac{1}{M} \sum_{m=1}^{M} \left(\frac{s_m^y}{g_m^y} \right) \right. \right. \\
&\quad \left. \left. + \frac{1}{K} \sum_{k=1}^{K} \left(\frac{s_k^b}{g_k^b} \right) \right) \bigg/ 3 : x_{in}^t - s_n^x \right. \\
&= \vec{\lambda} X, \ \forall \, n; y_{im}^t + s_m^y = \vec{\lambda} Y, \ \forall \, m; b_{ik}^t - s_k^b \\
&= \vec{\lambda} B, \ \forall \, k; \vec{\lambda} \geq 0, \vec{\lambda} l \\
&= 1; s_n^x \geq 0, s_m^y \geq 0, s_k^b \geq 0 \bigg\}
\end{aligned}
\tag{5.17}
$$

求解以上线性规划，便可得到决策单 i 的无效率值，进而可计算其正效率值。

SBM – DDF 模型既消除了 M 生产率指数、ML 生产率指数等的径向性问题，使测度的效率更加符合经济现实，又解决了 M 生产率指数、ML 生产率指数等的导向性问题，使模型可同时考虑投入和产出的非比例变动，测度的效率更加真实、客观、科学。鉴于此，本书以非径向、非导向性基于松弛变量的方向距离函数，构建以生产率理论为基础的新型工业节能减排指数。

第二节　基于 SBM – DDF 模型的工业节能减排指数构建与分解

根据 Tone（2001），Copper、Seiford 和 Tone（2007），Fukuyama 和 Weber（2009）对 SBM 模型、SBM – DDF 模型的构造与定义，以及刘瑞翔和安同良（2012）、李涛（2013）等对 SBM – DDF 模型的拓展，式（5.17）获得的决策单元 i 在 t 时期的无效率值 $\vec{S_v^t}$ 可进行深入的细分，以计算造成决策单元投入产出无效率的具体原因[①]：

$$IE = \overrightarrow{S_v^t} = IE_v^x + IE_v^y + IE_v^b \tag{5.18}$$

式中，IE 表示总的无效率值，IE_v^x 表示投入的无效率值，IE_v^y 表示期望产出的无效率值，IE_v^b 表示非期望产出的无效率值。根据定义，各投入、期望产出和非期望产出的无效率值可通过如下公式进行计算：

$$IE_v^x = \frac{1}{3N}\sum_{n=1}^{N}\left(\frac{S_n^x}{g_n^x}\right); IE_v^y = \frac{1}{3M}\sum_{m=1}^{M}\left(\frac{S_m^y}{g_m^y}\right); IE_v^b = \frac{1}{3K}\sum_{k=1}^{K}\left(\frac{S_k^b}{g_k^b}\right) \tag{5.19}$$

本书工业节能减排效率的计算中，投入包括能源、劳动、资本和技术，因此投入无效率 IE_v^x 可继续分解为以下四个方面，即

$$IE_v^x = IE_v^{energy} + IE_v^{labour} + IE_v^{capital} + IE_v^{technology} \tag{5.20}$$

式中，IE_v^{energy}、IE_v^{labour}、$IE_v^{capital}$、$IE_v^{technology}$ 分别表示能源、劳动、资本和技术在生产中的无效率。

同理，期望产出包括工业增加值，则

$$IE_v^y = IE_v^{industry} \tag{5.21}$$

式中，$IE_v^{industry}$ 表示工业增加值的无效率值。

非期望产出包括工业废水排放总量、工业废气排放总量及工业固体废物排放总量，即有

$$IE_v^b = IE_v^{water} + IE_v^{gas} + IE_v^{solid} \tag{5.22}$$

式中，IE_v^{water}、IE_v^{gas}、IE_v^{solid} 分别表示工业废水、工业废气和工业固体废物的无效率值。

式（5.18）计算出的无效率值最终可分解到投入、期望产出和非期望产出中的每一项，具体包括如下几个方面：

$$\begin{aligned} IE = \overrightarrow{S_v^t} &= IE_v^x + IE_v^y + IE_v^b = IE_v^{energy} + IE_v^{labour} + IE_v^{capital} \\ &+ IE_v^{technology} + IE_v^{industry} + IE_v^{water} + IE_v^{gas} + IE_v^{solid} \end{aligned} \tag{5.23}$$

---

① Tone K. , " A Slacks Based Measure of Efficiency in Data Envelopment Analysis", *European Journal of Operational Research*, 2001, 130, 498 – 509; W. W. Copper, L. M. Seiford and K. Tone, "Data Envelopment Analysis: a Comprehensive Text with Models, Applications, References and DEA – solver Software", *New York*: *Springer Science + Business Media*, 2007, 99 –106; Fukuyama, H. , and W. L. Weber, "A directional Slacks – based Measure of Technical Inefficiency", *Socio – Economic Planning Sciences*, 2009, 43 (4), 274 – 287; 李涛：《资源约束下中国碳减排与经济增长的双赢绩效研究——基于非径向 DEA 方法 RAM 模型的测度》，载《经济学（季刊）》，2013（2）；刘瑞翔、安同良：《资源环境约束下中国经济增长绩效变化趋势与因素分析——基于一种新型生产率指数构建与分解方法的研究》，载《经济研究》，2012（11）。

本书研究的是中国工业行业节能减排效率，因此重点关注生产过程中工业能源终端消费及工业废水排放总量、工业废气排放总量和工业固体废弃物排放总量的无效率值的表现，即 IE_v^{energy}、IE_v^{water}、IE_v^{gas} 和 IE_v^{solid} 这四个无效率值。而 IE_v^{energy}、IE_v^{water}、IE_v^{gas} 和 IE_v^{solid} 这四个无效率值分别表示决策单元在 t 时期偏离最优生产前沿面的程度，换言之，即生产过程中能源过度消耗和工业废水、工业废气、工业固体废弃物过度排放的程度。而节能减排的目标即为减少能源的过度消耗和污染物的过度排放，因此 IE_v^{energy}、IE_v^{water}、IE_v^{gas}、IE_v^{solid} 之和也就从反面表示了节约能源和污染物减排的效率，即决策单元在 t 时期距离最优生产前沿面节能减排的负效率：

$$IE_v^{IESER} = IE_v^{energy} + IE_v^{water} + IE_v^{gas} + IE_v^{solid} \qquad (5.24)$$

而 Fukuyama 和 Weber（2009）中 SBM – DDF 模型的定理表明，当方向向量 $g_n^x = x_n^{max} - x_n^{min}, \forall n$ 且 $g_m^y = y_n^{max} - y_n^{min}, \forall m$ 时，则有 $\vec{S_v^t} \in [0,1]$，且其无效率来源 IE_v^{energy}、IE_v^{water}、IE_v^{gas} 和 IE_v^{solid} 等各种投入、期望产出和非期望产出都 $\in [0, 1]$。[①] 据此，则可根据式（5.24）中的节能减排负效率 IE_v^{IESER} 计算节能减排的正效率，构建一种基于 SBM – DDF 生产率模型的新型工业节能减排指数 IESERI（Industry Energy Saving and Emission Reduction Index）：

$$IESERI = 1 - IE_v^{IESER} = 1 - (IE_v^{energy} + IE_v^{water} + IE_v^{gas} + IE_v^{solid})$$
$$= 1 - IE_v^{energy} - IE_v^{water} - IE_v^{gas} - IE_v^{solid} \qquad (5.25)$$
$$s.t \; g_n^x = x_n^{max} - x_n^{min}, \forall n \; ; g_m^y = y_n^{max} - y_n^{min}, \forall m$$

IESERI 介于 0～1，其值越高，则该决策单元节能减排的效率越高；值越低，则该决策单元节能减排的效率越低。

本书的研究中，当 IESERI 用于测度区域的节能减排效率时，则用 $IESERI - Region$ 表示；当 $IESERI$ 用于测度行业的节能减排效率时，则用 $IESERI - Sector$ 表示。

此外，根据以上的分析，还可以将工业节能减排指数 $IESERI$ 进行分解，分别计算工业节能和工业减排的无效率值 IE_v^{IES} 和 IE_v^{IER}，并以此构建决策单元的工

---

① Fukuyama, H., and W. L. Weber, "A Directional Slacks – based Measure of Technical Inefficiency", *Socio – Economic Planning Sciences*, 2009, 43 (4), 274 – 287.

业节能指数 *IESI* 和工业减排指数 *IERI*：

$$IE_v^{IES} = IE_v^{energy}; IESI = 1 - IE_v^{IES} \qquad (5.26)$$

$$IE_v^{IER} = IE_v^{water} + IE_v^{gas} + IE_v^{solid}; IERI = 1 - IE_v^{IER} \qquad (5.27)$$

需要特别说明的是，本书研究的工业节能减排效率并不是工业节能减排绩效。绩效仅是效率的表征，其反映的是工业节能减排工作完成的基本情况，是间接说明效率高低的一个方面。而效率则是绩效的内核，其反映的是在取得这一绩效背后，基于同一技术水平下减少相同单位的能源消耗和污染物排放所需的投入与产出。绩效相同，效率不一定相同；效率相同，绩效也有可能不同。

打个简单的比方，决策单元 A 和 B 都生产了 10 单位的 GDP，这 10 单位的GDP 是决策单元 A 和 B 在生产方面的绩效，此时绩效相同。但在生产过程中，A 消耗了 20 单位的投入，B 消耗了 40 单位的投入，如果以产出与投入之间的比例来衡量效率的话，那么在 10 单位 GDP 绩效相同的情况下，A 的效率为10/20 = 0.50，B 的效率为 10/40 = 0.25，A 和 B 的效率是不同的。在生产相同单位的 GDP 背后，A 和 B 的投入是不一样的，虽然显示出来的绩效一致，但效率却体现了二者的差别。

第六章 区域视角的中国工业节能减排效率测度及分析

本章是全书的核心内容之一，通过第五章构建的工业节能减排指数 IESERI，计算中国大陆 30 个省份的工业节能减排效率。随后，将测度结果与传统衡量工业节能减排效率的单一指标进行比较，对测算结果进行聚类分析，判断区域视角的中国工业节能减排效率的格局与特征。本章将通过"中国大陆 30 个省份的工业节能减排效率"、"中国区域工业节能减排效率 IESERI – Region 与传统单一指标之间的关系"、"中国区域工业节能减排效率 IESERI – Region 的聚类分析"三个部分进行详细的论述。

第一节 中国大陆 30 个省（自治区、直辖市）的工业节能减排效率

根据第五章构建的区域工业节能减排指数 IESERI – Region，本节选取相应的投入指标、期望产出指标和非期望产出指标，测算中国大陆 30 个省份的工业节能减排效率，并根据测度结果，分析判断区域视角的中国工业节能减排效率的格局与特征。

一、区域工业节能减排指数 IESERI – Region 的指标选取及数据来源

如第五章工业节能减排指数 IESERI 构建时所述，目前基于投入产出的生产率研究中，投入除了包括传统的劳动和资本外，新古典经济学还将其扩展到了技术和资源。本书研究的目的在于测度工业节能减排效率，因此将能源作为投

入是本书必须要考虑的要素之一，也是本书的重点之一。同时，本书的投入还包括劳动、资本和技术，相应的指标选取及数据来源如下：

能源：结合前人的研究及数据的可获得性，本书选取中国大陆 30 个省份的工业能源终端消费作为重点关注的能源投入。对于这一指标，国内并没有可直接使用的统计数据[①]，需以各地区能源平衡表中工业终端消费量为基础，结合当年各能源实物量及其对应的折算系数折算加总获得标准量。

根据中华人民共和国国家标准《综合能耗计算通则》（GB/T2589—2008）[②]，本书以如下公式进行折算：

$$E_k^t = \sum_{m=1}^{M} e_{k,m}^t \, \varepsilon_m \tag{6.1}$$

式中，ε_m 表示《综合能耗计算通则》中相应能源实物量折算系数，E_k^t 表示第 k 个地区 t 时期的工业能源终端消费标准量，$e_{k,m}^t$ 表示第 k 个地区 t 时期第 m 种能源工业终端消费实物量。

数据来自 2007—2012 年的《中国能源统计年鉴》。

资本：现有研究对工业资本的衡量指标较多，如工业固定资产投资、工业固定资产净值等，但在经济学理论中，衡量资本的合意指标只有一个，即工业资本存量。对于这一指标国内也没有可以直接使用的统计数据，需要进行相应的估算。本书采用永续盘存法进行估算，并在估算中剔除价格因素的影响：

$$K_{m,t} = K_{m,t-1}(1 - \delta_{m,t}) + (I_{m,t}/P_{m,t}) \tag{6.2}$$

式中，$K_{m,t}$ 和 $K_{m,t-1}$ 分别表示各地区在 t 年和 $t-1$ 年估算的工业资本存量，$\delta_{m,t}$ 表示第 t 年的资本折旧率，$I_{m,t}$ 表示第 t 年的当年价工业投资，$P_{m,t}$ 表示第 t 年的工业品出厂价格指数。

当 $t=1$ 时，基期资本存量根据 Harberger 于 1978 年提出的"稳定时期资本产出比不变，或物质资本增长速度等于总产出增长速度"[③] 进行估算，估算公式如下：

---

① 根据《中国能源统计年鉴》，各地区的"工业能源消费量（万吨标准煤）"仅公布到 2009 年，本书为保证数据的一致性，因此从 2006 年开始对这一数据按统一的方法进行折算。

② 中华人民共和国国家质量监督检验检疫总局、中国国家标准化管理委员会发布，中华人民共和国国家标准：《综合能耗计算通则》，2008 - 06 - 01。

③ Harberger A. C. "On the Use of Distributional Weights in Social Cost - Benefit Analysis", *Journal of Political Economy*, 1978, 86（2）: 87 - 120.

$$K_{i,t-1} = I_{i,t}/(g_{i,t} + \delta_{i,t}) \qquad (6.3)$$

资本折旧率 $\delta_{m,t}$ 则参照 Chou（1995）、颜鹏飞和王兵（2004）等多位学者的研究，选取 5% 进行估算。[①]

数据来自 2007—2012 年的《中国统计年鉴》、《中国工业经济统计年鉴》、《中国区域经济统计年鉴》。

劳动：衡量劳动投入最为便捷和合理的指标之一是区域或行业的就业人员，本书选取各地区工业就业人员这一指标来衡量劳动投入，数据来自 2007—2012 年的《中国区域经济统计年鉴》。

技术：对技术指标的衡量包括技术投入和技术产出两个方面。索洛（1957）等的新古典经济增长模型认为，技术产出对经济增长的影响作用更为显著，且肖泽群、祁明、黄瑞东（2011）等人的实证研究表明，在投入产出研究中，技术创新对经济增长的促进作用最终依赖于创新成果转化，而绝大部分能够参与转化的技术来自技术市场成交的技术成果。[②] 因此，本书选取各地区技术合同成交额这一技术产出指标来衡量技术水平，数据来自 2007—2012 年的《中国统计年鉴》、《中国科技统计年鉴》。

对于期望产出这一指标，本书借鉴李清彬、武鹏、赵晶晶（2010），陈诗一（2012），周五七、聂鸣（2013）等的研究，认为工业增加值已经足以衡量工业的期望产出，不需要再选用其他指标，因此本书以此指标表示期望产出。[③] 数据来自 2007—2012 年的《中国统计年鉴》、《中国工业经济统计年鉴》、《中国区域经济统计年鉴》，同时剔除价格因素的影响。

非期望产出方面，"十一五"规划和"十二五"规划中明确的节能减排任务是对二氧化碳和工业废水、工业废气、工业固体废物三种主要污染物的减排，

---

① Chou J., "Growth theories in light of the East Asian experience", Chicago：University of Chicago Press, 1995：105 – 128；颜鹏飞、王兵：《技术效率、技术进步与生产率增长：基于 DEA 的实证分析》，载《经济研究》，2004（12）。

② Solow R. M., "A Contribution to The Theory of Economic Growth", *The quarterly Journal of Economics*, 1956, 70 (1), 65 – 94；肖泽群、祁明、黄瑞东：《技术创新的经济增长效应的动态分析——基于内生增长模型的研究》，载《科技管理研究》，2011（3）。

③ 李清彬、武鹏、赵晶晶：《新时期私营工业全要素生产率的增长与分解——基于 2001—2007 年省级面板数据的随机前沿分析》，载《财贸经济》，2010（3）；陈诗一：《中国各地区低碳经济转型进程评估》，载《经济研究》，2012（8）；周五七、聂鸣：《基于节能减排的中国省级工业技术效率研究》，载《中国人口·资源与环境》，2013（1）。

但鉴于国内尚没有较为权威的区域二氧化碳排放数据，因此如前文所述，本书的非期望产出只包括工业废水、工业废气和工业固体废物三个方面。具体指标根据节能减排任务中"主要污染物总量减少"的目标，选取各地区工业废水排放总量、工业废气排放总量及工业固体废物排放总量三种主要污染物作为重点关注的非期望产出，数据来自 2007—2012 年的《中国环境统计年鉴》、《中国环境统计年报》等。

二、2006—2011 年中国大陆 30 个省（自治区、直辖市）的工业节能减排指数

基于非径向、非导向性包含松弛变量的方向距离函数 SBM – DDF 构建的新型生产率区域工业节能减排指数 IESERI – Region，根据前文确定的投入、期望产出和非期望产出相关指标，选用 Matlab 软件，测度出 2006—2011 年中国大陆 30 个省份的工业节能减排指数，具体如表 6 – 1 所示。

表 6 – 1　　　2006—2011 年中国大陆 30 个省（自治区、直辖市）的
工业节能减排指数 IESERI – Region

省份	2006 年	2007 年	2008 年	2009 年	2010 年	2011 年	2006—2011 年均值	IESERI – Region 六年均值排序
广东	0.9431	0.9847	0.9896	0.9905	0.9903	0.9908	0.9815	1
北京	0.9352	0.9828	0.9870	0.9884	0.9901	0.9901	0.9789	2
浙江	0.9939	0.9970	0.9893	0.9948	0.8716	0.9926	0.9732	3
青海	0.8663	0.9660	0.9911	0.9951	0.9892	0.9874	0.9659	4
吉林	0.9872	0.9954	0.9499	0.9481	0.9873	0.9229	0.9651	5
江苏	0.8657	0.9659	0.9685	0.9727	0.9773	0.9886	0.9564	6
天津	0.8628	0.9652	0.9680	0.9715	0.9733	0.9738	0.9524	7
上海	0.8643	0.9655	0.9638	0.9682	0.9761	0.9754	0.9522	8
黑龙江	0.8683	0.9665	0.9453	0.9830	0.9795	0.9198	0.9438	9
内蒙古	0.9999	0.9986	0.9826	0.9990	0.7854	0.8530	0.9364	10
海南	0.7637	0.9411	0.9469	0.9657	0.9653	0.9792	0.9270	11
山东	0.7680	0.9421	0.9342	0.9388	0.9560	0.9572	0.9161	12
河南	0.9304	0.9816	0.7772	0.9761	0.8484	0.9646	0.9130	13
宁夏	0.7005	0.9257	0.9808	0.9744	0.9296	0.9370	0.9080	14

省份	2006 年	2007 年	2008 年	2009 年	2010 年	2011 年	2006—2011年均值	IESERI – Region 六年均值排序
陕西	0.7340	0.9338	0.9282	0.9247	0.9053	0.9434	0.8949	15
甘肃	0.5927	0.8995	0.9363	0.9268	0.9998	0.9921	0.8912	16
湖北	0.9188	0.9788	0.8315	0.9379	0.8597	0.8173	0.8907	17
江西	0.7593	0.9400	0.9130	0.9110	0.9028	0.8835	0.8849	18
贵州	0.7150	0.9292	0.8990	0.8167	0.9100	0.8956	0.8609	19
福建	0.5962	0.9003	0.9061	0.9241	0.9331	0.8570	0.8528	20
湖南	0.8152	0.9536	0.8300	0.8344	0.8282	0.8402	0.8503	21
安徽	0.5232	0.8826	0.9509	0.9178	0.8909	0.9078	0.8455	22
四川	0.6597	0.8108	0.9076	0.8495	0.8568	0.8588	0.8239	23
新疆	0.5434	0.8875	0.9453	0.8606	0.9083	0.7887	0.8223	24
云南	0.4559	0.8662	0.9626	0.9138	0.9465	0.6636	0.8014	25
辽宁	0.4413	0.7577	0.8804	0.9653	0.7865	0.8672	0.7831	26
广西	0.5640	0.7876	0.7554	0.8571	0.8753	0.7915	0.7718	27
重庆	0.4732	0.8704	0.8022	0.7197	0.7631	0.9332	0.7603	28
河北	0.4818	0.7676	0.5583	0.8492	0.5574	0.5700	0.6307	29
山西	0.4316	0.5707	0.5457	0.8016	0.5894	0.7072	0.6077	30
全国平均水平	0.7352	0.9105	0.8976	0.9225	0.8911	0.8916	0.8747	

注：本表各省份以 IESERI – Region 六年均值的大小由高到低排序；数据根据 2007—2012 年的《中国统计年鉴》、《中国能源统计年鉴》、《中国工业经济统计年鉴》、《中国环境统计年鉴》等测算。

由表 6 – 1 可知，2006—2011 年中国大陆 30 个省份的工业节能减排指数 IE-SERI – Region 排名前 10 位的地区依次是：广东、北京、浙江、青海、吉林、江苏、天津、上海、黑龙江、内蒙古，这 10 个省份的工业节能减排效率较高，且有 6 个省份位于东部地区，2 个省份位于中部地区，2 个省份位于西部地区；排名第 11～20 位的地区依次是海南、山东、河南、宁夏、陕西、甘肃、湖北、江西、贵州、福建，这 10 个省份的工业节能减排效率位于全国中游水平，且有 3 个省份位于东部地区，3 个省份位于中部地区，4 个省份位于西部地区；排名第 21～30 位的地区依次是湖南、安徽、四川、新疆、云南、辽宁、广西、重庆、河北、山西，这10个省份的工业节能减排效率则相对较低，且有2个省份位于东部地区，3个省份位于中部地区，5个省份位于西部地区。[①]

　　为更好地说明各省份的排名情况，以 IESERI – Region 六年均值为基数，作出 2006—2011 年中国大陆 30 个省份工业节能减排指数 IESERI – Region 排序图，具体如图6 – 1所示。

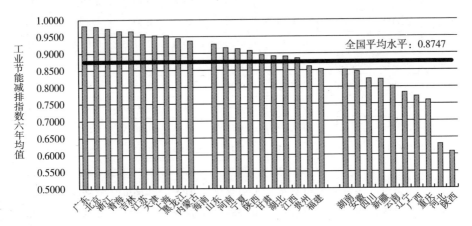

注：本图数据来自表6 – 1。

图6 – 1　2006—2011年中国大陆30个省（自治区、直辖市）
工业节能减排指数 IESERI – Region 排序

　　由图6 – 1可知，2006—2011 年中国大陆 30 个省份的工业节能减排效率均低于1，没有一个地区位于工业节能减排的生产效率前沿。广东、北京、浙江、青海、吉林、江苏、天津、上海8个省份的工业节能减排效率高于0.95，接近工业节能减排的效率前沿；而河北和山西效率均低于0.65，工业节能减排效率有待提高。

　　30个省份中，排名前10位的各个地区工业节能减排效率均高于0.9，最高的广东为0.9815，而排名第10位的内蒙古也有0.9364；排名第11～20位的各个地区 IESERI – Region 主要位于0.8～0.9，海南相对较高，为0.9270，福建相对较低，为0.8528；而排名第21～30位的各个地区工业节能减排效率除湖南外

----

①　本书按照东、中、西的三分法对中国经济区域进行划分，东部地区包括北京、天津、河北、辽宁、上海、江苏、浙江、福建、山东、广东和海南11个省份；中部地区包括山西、吉林、黑龙江、安徽、江西、河南、湖北和湖南8个省份；西部地区包括重庆、四川、贵州、云南、西藏、陕西、甘肃、青海、宁夏、新疆、广西和内蒙古12个省份。西藏因数据缺失没有纳入本书研究，因此不包括在西部地区中。

几乎都低于 0.85，其中最低的山西仅有 0.6077，其余主要位于 0.6～0.8。

2006—2011 年全国平均水平为 0.8747，广东、北京、浙江、青海、吉林、江苏、天津、上海、黑龙江、内蒙古、海南、山东、河南、宁夏、陕西、甘肃、湖北、江西 18 个省份工业节能减排效率高于全国平均水平，贵州、福建、湖南、安徽、四川、新疆、云南、辽宁、广西、重庆、河北、山西 12 个省份工业节能减排效率低于全国平均水平。

总的来说，2006—2011 年中国大陆 30 个省份的工业节能减排效率位于一个相对较高的水平，全国平均水平 0.8747 已经较为接近生产效率前沿面，但部分年份、部分省份工业节能减排效率仍然很低，且各省份之间的差距也较大，存在一定的两极分化，这应当引起我们的重视。

三、2006—2011 年区域视角的中国工业节能减排效率格局与特征

中国工业经济发展不平衡，各省份资源禀赋的不同及对节能减排工作的重视程度存在差异，导致各区域节能减排效率也呈现不同的特点。本部分分别考察了东部、中部、西部三个区域的工业节能减排效率格局与特征。

（一）东部、中部和西部三大区域工业节能减排效率的总体水平

根据表 6 - 1 中 IESERI - Region 的测度结果，作出 2006—2011 年东部、中部和西部三大区域工业节能减排效率的总体水平及比较图（见图 6 - 2）。

由图 6 - 2 可知，三大经济区域中，中国工业节能减排效率呈现出东部较高、中部次之，而西部最低的局面。东部 IESERI - Region 均值为 0.9004，最高于 2009 年达到 0.9572，最低在 2006 年也有 0.7742，均高于全国平均水平。中部在 2006 年工业节能减排效率位居三个区域的首位，但随后增长速度缓慢，在 2008 年和 2010 年甚至出现较大幅度的降低，平均水平低于东部和全国平均水平，但仍然高于西部地区。西部在 2008 年、2010 年和 2011 年节能减排工作的实施优于中部地区，但其余 3 年却低于中部地区，且 2006 年与中部之间的差距非常之大，因此整体水平低于中部地区。

中国三大区域节能减排效率差异明显，这与各区域经济及工业发展水平不均有较大的关系。首先，东部地区经济发展水平领先全国，该区域的省份环保意识较强，更注重经济增长与资源、环境、生态的协调发展，基本已经渡过靠

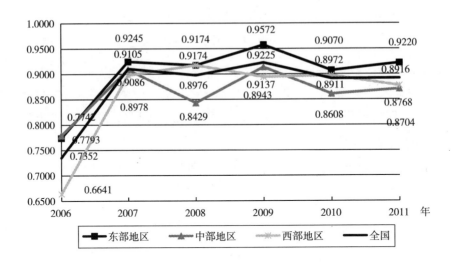

注：本图数据来自于表 6 - 1。

图 6 - 2　2006—2011 年东部、中部和西部三大区域工业节能减排效率的总体水平及比较

牺牲环境发展经济的重化工时期，因此节能减排任务相对较轻。其次，东部地区位于我国绿色技术创新效率前沿，工业企业先进的生产技术水平、可持续发展管理文化及较为健全的产业体系等推动企业不断升级，同时吸引国内外清洁型企业的聚集，改善了这些地区的工业节能减排效率。最后，东部地区高污染、高能耗、高排放的"三高"企业在节能减排进程中通过淘汰落后产能已部分或全部转移到中部和西部地区，剩下的企业大部分是符合资源节约与环境友好要求的绿色企业，节能减排效率当然较高，如北京、广东、江苏、浙江等。此外，海南等生态型地区因工业规模小、工业发展程度低，对资源的消耗及对环境的污染尚在可承受的范围之内，因此节能减排效率也相对较高。

　　而中部和西部地区经济发展水平相对落后，目前仍处于全力实现经济增长的关键时期，工业发展过程中不会太多关注资源节约与环境保护问题，以牺牲环境换取经济增长的现象较为严重，节能减排效率受到较大的负面影响。同时，中部和西部地区还要承接东部转移的"三高"产业，如河北接收北京、天津淘汰转移的企业等，这些企业往往技术较为落后，企业环保制度缺失，对能源、资源的利用率较低，节能减排任务进一步加重，节能减排的效率则相对偏低。另外，还有一部分资源型地区，如山西、新疆，长期进行高强度、粗放式的资源开发，资源能源消耗大且生态环境破坏严重，工业节能减排效率极低。

（二）东部各省份的工业节能减排效率

东部地区在三大区域中 IESERI－Region 排名位居前列，但东部各省份的工业节能减排效率也存在一定的差异。如图 6－3 所示，东部 11 个省份的 IE-SERI－Region 主要介于 0.63～0.98，排名首位的广东 IESERI－Region 高达 0.9815，而排名最后的河北 IESERI－Region 却仅有 0.6307，两者之间的差值达到 0.3508，东部内部两极分化较为严重。广东、北京、浙江、江苏等省份位于中国绿色技术创新效率前沿（张江雪、朱磊，2012），工业企业清洁生产、环境保护等领先全国，大部分"三高"企业也实现了转移，工业产业结构合理，因此工业节能减排效率超过东部平均水平，同时也超过全国平均水平，属于东部地区工业节能减排的领先地区；[①] 河北几乎承接了北京转移的所有企业，辽宁属于中国传统老工业基地，正在进行产业优化升级，二者与福建的工业节能减排效率都低于东部和全国平均水平，节能减排工作有待进一步加强。

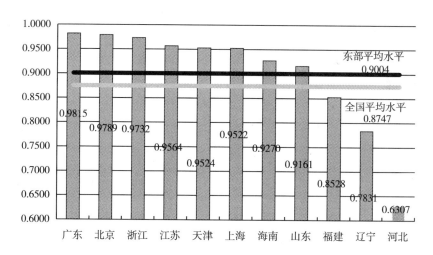

注：本图数据来自于表 6－1；各省份数据按照节能减排效率由高到低排列。

图 6－3　东部地区各省（自治区、直辖市）的工业节能减排效率

---

① 张江雪、朱磊：《基于绿色增长的我国各地区工业企业技术创新效率研究》，载《数量经济技术经济研究》，2012（2）。

（三）中部各省份的工业节能减排效率

中部8个省份的工业节能减排效率主要位于0.61～0.97，效率最高的吉林 IESERI - Region 为 0.9651，最低的山西 IESERI - Region 为 0.6077，二者之间的差值也是高达 0.3574，中部内部的两极分化矛盾也比较突出。如图 6 - 4 所示，8 个省份中，吉林、黑龙江、河南、湖北和江西 5 个省份的工业节能减排效率既高于中部平均水平，也高于全国平均水平，在中部处于领先地位；湖南与安徽工业节能减排效率虽然低于中部和全国平均水平，但他们之间的差值仅有 0.03 左右，与领先的 5 个省份之间差距并不大；而山西作为中国的资源型省份，长期高强度、粗放式的资源开发使其工业生产消耗的能源及造成的环境污染较为严重，企业资源节约与环境友好生产相对较弱，工业节能减排效率较低。

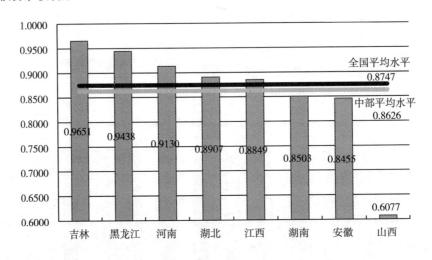

注：本图数据来自于表 6-1；各省份数据按照节能减排效率由高到低排列。

图 6 - 4　中部地区各省（自治区、直辖市）的工业节能减排效率

（四）西部各省份的工业节能减排效率

西部 11 个省份的工业节能减排效率主要位于 0.76～0.96，效率最高的青海 IESERI - Region 为 0.9659，最低的重庆 IESERI - Region 为 0.7603，二者之间的差值仅有 0.2055，远远小于东部和中部地区内部差值，两极分化问题不如东部和中部地区严重。如图 6 - 5 所示，11 个省份中，青海、内蒙古、宁夏、陕西、甘肃 5 个省份的工业节能减排效率既高于西部平均水平，也高于全国平均水平，领先于西部其他各省份；贵州的工业节能减排效率低于全国平均水平，但高于西部平均水平，在西部各省份中拥有一定的比较优势；而四川、新疆、云南、广西、重庆的工业节能减排效率虽然低于西部和全国平均水平，但与中部的湖南与安徽类似，他们与领先的几个省份之间差距并不明显，未来节能减排潜力较大。

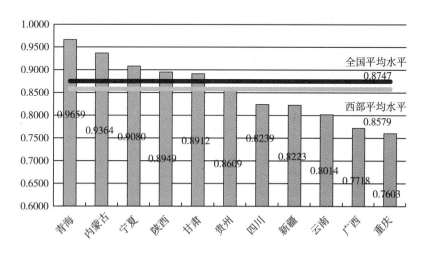

注：本图数据来自于表6-1；各省份数据按照节能减排效率由高到低排列。

图6-5　西部地区各省（自治区、直辖市）的工业节能减排效率

从区域内部来看，2006—2011年，无论是各省份还是各区域，或是全国，工业节能减排效率都在2007年和2009年达到峰值，区域相邻的三年效率较低，这可能与我国举办奥运会及遭遇世界金融危机两个时间节点有一定联系。北京奥运会之前，各省份大力整治环境污染，集中淘汰、关闭了一批污染型企业，工业节能减排效率短期内迅速提高。奥运会后，政府的监管出现松懈，部分之前停产的企业重新开始生产，节能减排效率随之降低。世界金融危机来临，受国际市场波动和绿色贸易壁垒的影响，部分出口企业被迫停产或减产，特别是一些高能耗、高污染企业，工业节能减排效率被动提高。随着金融危机的结束及经济市场的复苏，部分企业逐渐恢复生产，节能减排效率也随之降低。

四、2006—2011 年区域视角的中国工业节能减排效率核密度动态变化

前文的研究测度、阐释了中国大陆 30 个省份的工业节能减排效率特征与差异，但并未识别出其 2006—2011 年的年度动态发展情况。为进一步考察节能减排工作开展以来区域视角的中国工业节能减排效率整体水平变化，本部分构建核密度函数进行这方面的分析。

核密度函数为非参数密度估计方法，由 Rosenblatt 和 Parzen 分别于 1955 年和 1962 年提出。假设随机向量 X 的密度函数为 $p(x) = p(x_1, x_2, \cdots, x_n)$，从 X 中随机抽取独立同分布样本 x_1，x_2，x_3，$\cdots$，x_n，则 $p(x)$ 的核密度估计如下：

$$\overline{p}(x) = \sum_{i=1}^{n} \frac{k}{nh}\left(\frac{x - X_i}{h}\right) \tag{6.4}$$

式中，h 为带宽，k 为 Kernel 函数。

运用 Stata11 及表 6 - 1 中的数据，2006—2011 年区域视角的中国工业节能减排效率核密度动态变化如图 6 - 6 所示。

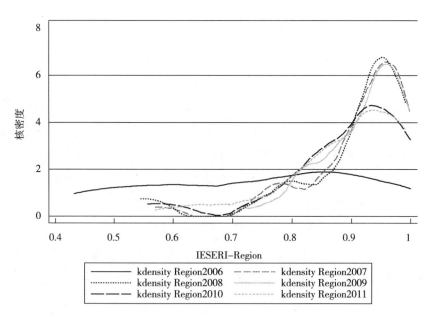

注：本图根据表 6 - 1 中数据而作。

图 6 - 6　2006—2011 年区域视角的中国工业节能减排效率核密度动态分布

2006 年，中国正式将节能减排规定为工业可持续发展的强制性制度安排，各省份的节能减排尚处于研究探索阶段，因此当年工业节能减排效率相对较低，各地区之间的效率水平差异显著，在核密度分布中表示为 2006 年的核密度曲线波峰较低、波峰靠左，且出现较长的左拖尾。2007—2009 年，各省份节能减排工作逐步趋于稳定，且 2008 年北京奥运会将中国的节能减排推向了第一个高峰，一系列能源节约与污染物减排措施使此三年前后节能减排效率迅速提高，在核密度分布中表示为 2007—2009 年的核密度曲线波峰较高，波峰靠右，且拖尾高度较低。2010—2011 年两年间，受全球金融危机的影响，中国工业呈现疲软，节能减排效率有一定程度降低，表现为核密度曲线波峰下降，但基于2007—2009 年三年节能减排工作的良好基础，部分省份存在对工业节能减排最优效率前沿的追赶效应，区域视角的节能减排效率两级分化差距缩小，核密度曲线拖尾变得较为平滑，且高度有一定程度的提高。

总的来看，2006—2011 年中国区域视角的工业节能减排效率核密度动态变化与表 6 - 1 中全国平均水平的变化完全一致，均呈现由低到高，随后变得平缓的趋势，这意味着中国区域工业节能减排效率整体在提高，且各省份之间的两极分化差距逐步减小。

第二节　中国区域工业节能减排效率
IESERI - Region 与传统单一指标之间的关系

根据本书第三章的研究显示，目前衡量工业节能减排效率的单一指标主要有工业能耗强度、工业二氧化硫排放强度、工业化学需氧量排放强度等，本部分将分析测度出来的中国区域工业节能减排效率 IESERI - Region 与这些传统单一指标之间的关系。

工业能耗强度、工业二氧化硫排放强度和工业化学需氧量排放强度基于2005 年工业增加值不变价进行测算，其中工业能源消费量来自前文测算的工业能源终端消费，工业二氧化硫排放强度和工业化学需氧量排放强度排放量来自相应年份的《中国环境统计年报》。2006—2011 年各省份 IESERI - Region 与工业能耗强度、工业二氧化硫排放强度、工业化学需氧量排放强度的均值如表6 -

2 所示。

表 6 - 2　　2006—2011 年各省（自治区、直辖市）IESERI - Region 与

工业能耗强度、工业二氧化硫排放强度、工业化学需氧量排放强度的均值

	IESERI	单位工业增加值能耗（吨标准煤/万元）	单位工业增加值二氧化硫排放（吨/万元）	单位工业增加值化学需氧量放（吨/万元）
广东	0.9815	1.7487	0.0033	0.0010
北京	0.9789	1.7626	0.0020	0.0002
浙江	0.9732	2.8375	0.0043	0.0013
青海	0.9659	8.1223	0.0161	0.0048
吉林	0.9651	2.7695	0.0072	0.0015
江苏	0.9564	2.7531	0.0045	0.0010
天津	0.9524	2.0014	0.0040	0.0004
上海	0.9522	1.9112	0.0028	0.0004
黑龙江	0.9438	1.9371	0.0072	0.0018
内蒙古	0.9364	3.5616	0.0171	0.0013
海南	0.9270	3.8260	0.0064	0.0025
山东	0.9161	3.0673	0.0074	0.0006
河南	0.9130	2.6068	0.0086	0.0013
宁夏	0.9080	11.7653	0.0462	0.0132
陕西	0.8949	2.0495	0.0138	0.0018
甘肃	0.8912	6.2685	0.0267	0.0048
湖北	0.8907	2.5706	0.0068	0.0016
江西	0.8849	1.7266	0.0102	0.0021
贵州	0.8609	5.6561	0.0480	0.0035
福建	0.8528	2.1099	0.0047	0.0012
湖南	0.8503	2.4558	0.0076	0.0020
安徽	0.8455	2.2074	0.0067	0.0013
四川	0.8239	2.3550	0.0085	0.0013
新疆	0.8223	4.9618	0.0241	0.0067
云南	0.8014	4.5686	0.0209	0.0057
辽宁	0.7831	2.8986	0.0095	0.0010
广西	0.7718	2.8180	0.0098	0.0041
重庆	0.7603	2.0194	0.0110	0.0012
河北	0.6307	3.9720	0.0211	0.0015
山西	0.6077	3.9405	0.0109	0.0016

注：本表各省份以 IESERI - Region 六年均值的大小由高到低排序；数据根据 2007—2012 年的《中国统计年鉴》、《中国能源统计年鉴》、《中国工业经济统计年鉴》、《中国环境统计年鉴》等测算。

基于表 6-2 中的各均值，得到 IESERI-Region 与各传统单一指标的相关关系图，具体如图 6-7 至图 6-9 所示。

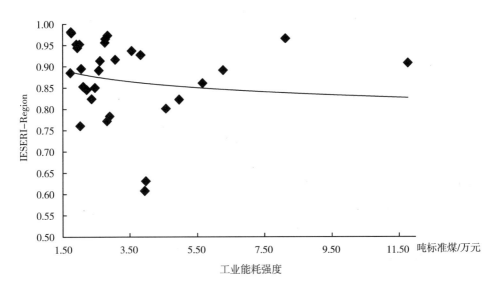

注：本图根据表 6-2 中数据而作。

图 6-7　IESERI-Region 与工业能耗强度

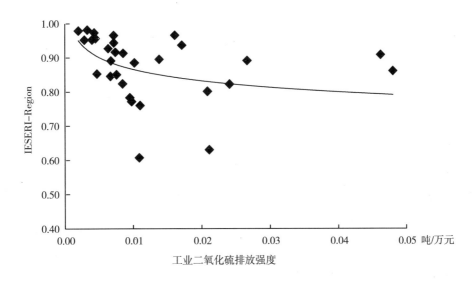

注：本图根据表 6-2 中数据而作。

图 6-8　IESERI-Region 与工业二氧化硫排放强度

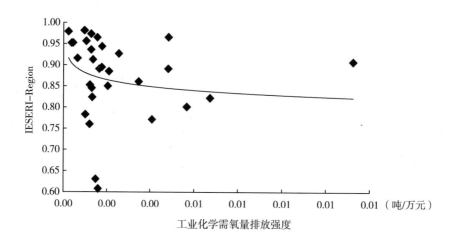

注：本图根据表6-2中数据而作。

图6-9 IESERI-Region 与工业化学需氧量排放强度

由图6-7至图6-9可知，无论是工业能耗强度，还是工业二氧化硫排放强度和工业化学需氧量排放强度，其与工业节能减排指数 IESERI-Region 均存在较高的相关关系和协同关系，二者间的相关关系曲线都呈整体向右下方倾斜的趋势，这说明当 IESERI-Region 较高时，工业能耗强度、工业二氧化硫排放强度、工业化学需氧量排放强度则较低，反之当 IESERI-Region 较低时，工业能耗强度、工业二氧化硫排放强度、工业化学需氧量排放强度则较高。这一结果与理论的预期是一致的，即当工业节能减排效率较高时，传统单一强度指标的表现较好；反之，效率较低时，传统单一强度指标的表现较差，这进一步验证了本书效率测度的准确性、客观性和可靠性。同时可以看到，三条相关关系曲线的前半部分都比较陡峭，后半部分则相对比较平坦，表明当 IESERI-Region 较高时，其对工业能耗强度、工业二氧化硫排放强度、工业化学需氧量排放强度的变化较为敏感，较小的强度变动就会引起效率的较大变化；而当 IESERI 较低时，其对三个强度指标的变化则不那么敏感。可见，传统单一强度指标对 IE-SERI 的影响呈现出边际效率递减的特征。

第三节　中国区域工业节能减排效率
IESERI – Region 的聚类分析

工业节能减排效率的分布特征与格局除了与各省份所处区域相关，同时还因各省份工业自身发展特点与现状的不同而不同，因此从工业节能减排效率的角度对各省份进行分类，并对不同类型的地区制定不同的政策措施，对提高区域工业节能减排效率、推动中国工业可持续发展有积极的意义。

目前众多分类方法中，聚类分析是较为成熟与客观的方法之一。聚类分析是典型的多变量统计技术，通过研究对象的个体特征，按照本质上的接近程度对研究对象进行分类。聚类分析包括 K 值聚类、Q 型聚类、R 型聚类等多种方法，根据基本原理的不同，后两种方法属于系统聚类法。

K 值聚类法于 1967 年提出，通过将研究对象模拟为 K 维空间上的单元，选取特定的聚心，以其他单元与聚心的距离作为判定研究对象间亲疏程度的标准，从而获得相应的分类结果。K 值聚类法分析过程相对简单、快捷，但此方法的局限在于只能根据一定的指定类数才能产生相应的结果，所分类别存在一定的主观性。

Q 型聚类和 R 型聚类将研究对象视为独立类别，根据数据的亲疏程度将样本进行两两分类，计算各研究对象之间的距离，随后将距离最近的两个研究对象进行合并归类，不断重复迭代这一过程，直到所有样本分类完毕。Q 型聚类和 R 型聚类的区别在于，前者是对样本进行聚类，后者是对变量进行聚类。对于各研究对象之间距离的计算，目前主要包括组间连接法、组内连接法、离差平方和法、重心距离法、最短距离法、最长距离法等。[1]

为保证分类结果的客观性，本书对各省份工业节能减排效率的分类采用 Q 型聚类法，距离的计算选用离差平方和距离，运用 SPSS 18，树状聚类图如图 6 – 10 所示。

根据图 6 – 10 中的树状聚类图，可以将 30 个省份按照工业节能减排效率的高低分为高工业节能减排效率地区、中工业节能减排效率地区和低工业节能减

---

① 李玲：《中国工业绿色全要素生产率及影响因素研究》，暨南大学博士论文，2012。

重新调整距离聚类合并

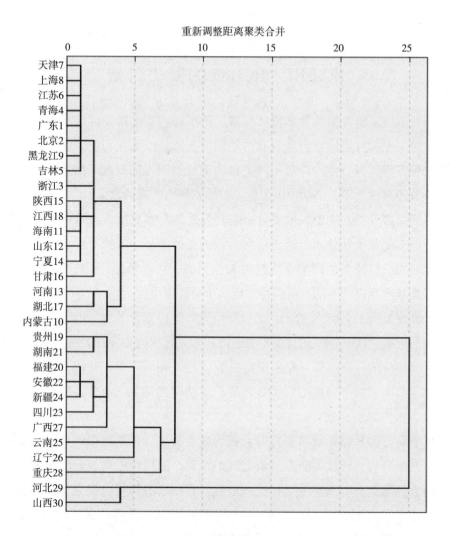

图 6-10 2006—2011 年区域视角的工业节能减排效率树状聚类图

排效率地区三种类型，具体分类结果如表 6-3 所示。

表 6-3 2006—2011 年 30 个省（自治区、直辖市）工业节能减排效率的聚类分析结果

省份组别	省份数	具体省份
高工业节能减排效率地区	15 个	天津（7）、上海（8）、江苏（6）、青海（4）、广东（1）、北京（2）、黑龙江（9）、吉林（5）、浙江（3）、陕西（15）、江西（18）、海南（11）、山东（12）、宁夏（14）、甘肃（16）

续表

省份组别	省份数	具体省份
中工业节能减排效率地区	10 个	河南（13）、湖北（17）、内蒙古（10）、贵州（19）、湖南（21）、福建（20）、安徽（22）、新疆（24）、四川（23）、广西（27）
低工业节能减排效率地区	5 个	云南（25）、辽宁（26）、重庆（28）、河北（29）、山西（30）

注：括号内数字为表 6-1 中 IESERI - Region 六年均值排序。

为更加清晰地描述高、中、低工业节能减排效率地区在中国的区域分布，本书依据表 6-3 的聚类分析结果作出全国示意图，具体如图 6-11 所示。

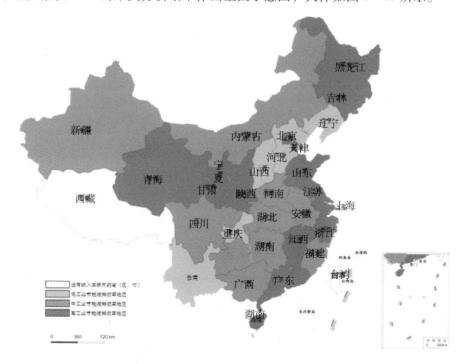

图 6-11　2006—2011 年高、中、低工业节能减排效率地区在中国的区域分布示意图

高工业节能减排效率地区主要由东部省份构成，15 个省份中，有 8 个来自东部，3 个来自中部，4 个来自西部。理论上高工业节能减排效率地区应由 IE-SERI - Region 均值排名前 15 的省份构成，但实际聚类结果却显示排名靠前的河南和内蒙古两个省份属于中工业节能减排效率地区，而排名靠后的江西和甘肃

129

却属于高工业节能减排效率地区，这是因为聚类分析是依据各省份2006—2011年6年的数据特点，以一定的方法计算相对距离分类，而均值排名仅是依据算术平均值。

中、低工业节能减排效率地区主要由中部和西部省份构成，15个省份中，有5个来自中部，7个来自西部，仅有3个来自东部。这15个省份的一个显著特点是资源型省份和接受产业转移的省份较多，前者如内蒙古、山西、河南等，后者如河北、湖北、湖南等，能源资源利用水平偏低，高能耗、高污染、高排放企业偏多，这进一步表明了加强中、西部省份节能减排的紧迫性。

IESERI - Region 方面（见图6-12），高工业节能减排效率地区的 IESERI - Region 明显高于中、低水平地区，均值达到0.9394，且总体呈小幅增长趋势；而中、低工业节能减排效率地区 IESERI - Region 却相对较低，均值仅有0.8568和0.7166，低于全国平均水平，且近两年较2008年和2009年有一定程度的下降。

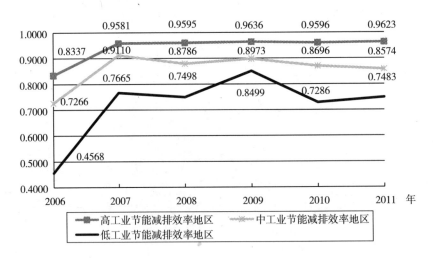

注：本图根据表6-1中相关数据而作。

图6-12　2006—2011年高、中、低工业节能减排效率地区的 IESERI - Region

能耗及污染物排放强度方面（见表6-4），高工业节能减排效率地区单位工业增加值能源消耗强度、废水、废气和固体废物排放强度明显偏低，同时也远远低于全国平均水平，而中、低工业节能减排效率地区单位工业增加值能源消耗强度、废水、废气和固体废物排放强度却显著偏高，部分指标如低工业节能减排效率地区的单位工业增加值废气排放强度和单位工业增加值固体废物排放强度甚至是全国平均水平的两倍及以上，中、低工业节能减排效率地区的节能减排工作任重而道远。

表 6 - 4　　　　　　　2006—2011 年高、中、低工业节能减排效率地区

工业能耗及污染物排放强度

指标及单位 地区组别	IESERI - Region	单位工业 增加值能源 消耗强度	单位工业 增加值废水 排放强度	单位工业 增加值废气 排放强度	单位工业 增加值固体 废物排放强度
	—	吨标准煤/万元	吨/万元	标立方米/元	吨/万元
高工业节能减排效率 地区	0.9394	3.3032	14.2457	2.2362	0.0009
中工业节能减排效率 地区	0.8568	4.1597	22.4491	3.8116	0.0072
低工业节能减排效率 地区	0.7166	5.0301	16.8435	6.2311	0.0226
全国平均水平	0.8747	3.7883	16.8765	3.2468	0.0058

资料来源：根据《中国能源统计年鉴》、《中国统计年鉴》、《中国环境统计年鉴》、《中国工业经济统计年鉴》、表 6 - 1 中相关数据测算。

第七章　影响中国区域工业节能减排效率的主要因素

本书第六章以非径向、非导向性基于松弛测度的方向距离函数构建了一种新型的区域工业节能减排指数 IESERI – Region，测度了 2006—2011 年 30 个省份的区域工业节能减排效率，本部分将以前文的理论研究为基础，确定影响 IE-SERI – Region 的相关因素及变量，以其构建面板数据模型，进一步探究影响区域工业节能减排效率的主要因素。

第一节　影响中国区域工业节能减排效率主要因素的变量选择及面板数据模型构建

本书第三章的研究表明，目前学者主要将节能减排效率的提高分解为技术创新、环境规制、行业异质性、外商投资、资本劳动结构、市场化程度等，探究不同因素对节能减排效率提高的作用方向及影响程度，从而提出相关的政策措施，寻求最优的节能减排路径，深入推进节能减排工作。党的十八大报告提出，"科技创新是提高社会生产力和综合国力的战略支撑"，需以"科技创新加快转变经济发展方式，调整产业结构"；同时，本书认为，中国节能减排政策的实施很大程度上依赖于中央和地方各级政府的行政命令，各省份节能减排工作的推进取决于中央节能减排任务的制定；此外，周五七（2012）、卢强等（2013）的研究证明，行业异质性对工业经济绩效、节能减排效率等的影响明显，不同的行业间节能减排效率存在较大差异。[1] 基于此，本部分以区域工业节能减排指数 IESERI – Region 为因变量，构建如式（7.1）所示的面板数据模型，重点考察技术创新、环境规制和行业异质性对高、中、低三种工业节能减排效率地区的区域工业节能减排效率影响：

$$IESERI - Region = f(TECH, ERS - R, HI, Other\ Factors) \tag{7.1}$$

式中，TECH 表示技术创新，ERS – R 表示区域环境规制，HI 表示行业异质性，Other Factors 表示影响工业节能减排效率的其他因素。各影响因素的具体变量选择及数据来源如后文所示。

一、技术创新变量选择及数据来源

新古典增长理论已经证明了技术创新对经济增长的作用，其也是经济可持续发展的核心因素之一。如前文所述，技术创新对节能减排效率的影响主要通过以下几个方面实现：一是技术创新提高全要素生产率，企业减少生产过程中的能源、资源投入；二是技术创新产生新的资源节约与环境友好技术，企业降低产出过程中的污染物排放；三是以更先进的技术进行废弃能源资源回收再利用和污染物排放治理，企业可以更有效地循环利用资源、保护环境；四是通过技术创新实现的额外经济收益，企业可以持续用于节能减排工作的推进，实现节资环保的良性循环。

现有研究表明，技术创新是一个形式复杂多样的过程，目前对技术创新的衡量主要集中在两个方面：一方面是用投入指标衡量技术创新，如科学研究与实验经费支出（张倩肖、冯根福，2007）、[2] 科学研究与实验人员全时当量、企业技术改造经费支出（华海岭、高月姣、吴和成，2011）等;[3] 另一方面是用产

①　周五七、聂鸣:《中国碳排放强度影响因素动态计量检验》，载《管理科学》，2012（5）；卢强、吴清华、周永章、周慧杰:《广东省工业绿色转型升级评价的研究》，载《中国人口·资源与环境》，2013（7）。

②　张倩肖、冯根福:《三种 R&D 溢出与本地企业技术创新——基于我国高技术产业的经验分析》，载《中国工业经济》，2007（11）。

③　华海岭、高月姣、吴和成:《大中型工业企业技术改造和获取投入效率的 DEA 分析》，载《科研管理》，2011（4）。

出指标衡量技术创新，如专利（官建成、陈凯华，2009）、[①] 技术合同成交额（谢科范、张诗雨、刘骅，2009）、[②] 企业新产品产值（吴翌琳、谷彬，2013）、[③] 论文的发表及收录情况等。本书认为，产出角度的指标虽然能更加直接地衡量技术创新，但在由投入实现产出的过程中存在创新的效率问题，不同的评价单元因创新效率的不同而产生不同的创新损失，其影响了对技术创新的客观评价。而用投入指标则避免了这一中间过程，在不考虑创新效率的前提下对技术创新的衡量更为完整、全面，因此，本书从技术创新的投入角度选择指标。

同时，党的十八大报告明确了技术创新的三种形式，即原始创新、集成创新和引进消化吸收再创新能力，因此，本书进一步将技术创新细分为内生创新努力、国内创新溢出和国外技术引进三个方面，并借鉴汪建成、毛蕴诗（2007），[④] 魏守华、姜宁、吴贵生（2009，2010）等的研究，[⑤] 分别用"大中型工业企业的 R&D 经费内部支出"和"大中型工业企业消化吸收经费支出"之和表示内生创新努力（II），用"购买国内技术经费支出"表示国内创新溢出（DI），用"引进技术经费支出"表示国外技术引进（TI），全面分析技术创新对区域工业节能减排效率的影响。

数据来自 2007—2012 年的《中国统计年鉴》、《中国科技统计年鉴》。高、中、低三种工业节能减排效率地区的内生创新努力、国内创新溢出和国外技术引进情况如表 7-1 所示。

表 7-1　2006—2011 年高、中、低工业节能减排效率地区内生创新努力

（II）、国内创新溢出（DI）和国外技术引进（TI）均值　单位：万元

年份	2006	2007	2008	2009	2010	2011
内生创新努力						
高工业节能减排效率地区	974 641	1 051 747	1 302 559	1 534 478	1 892 797	2 823 865
中工业节能减排效率地区	326 599	386 261	512 172	670 310	854 015	1 298 770
低工业节能减排效率地区	476 032	510 375	638 952	803 712	974 542	1 322 483

---

① 官建成、陈凯华：《我国高技术产业技术创新效率的测度》，载《数量经济技术经济研究》，2009（10）。

② 谢科范、张诗雨、刘骅：《重点城市创新能力比较分析》，载《管理世界》，2009（1）。

③ 吴翌琳、谷彬：《创新支持政策能否改变高科技产业融资难问题》，载《统计研究》，2013（2）。

④ 汪建成、毛蕴诗：《技术改进、消化吸收与自主创新机制》，载《经济管理》，2007（3）。

⑤ 魏守华、姜宁、吴贵生：《本土技术溢出与国际技术溢出效应——来自中国高技术产业创新的检验》，载《财经研究》，2010（1）。

续表

年份	2006	2007	2008	2009	2010	2011
国内创新溢出						
高工业节能减排效率地区	45 458	51 511	64 747	66 200	78 942	73 506
中工业节能减排效率地区	22 306	26 762	32 927	40 693	72 099	63 472
低工业节能减排效率地区	39 008	51 114	72 254	69 457	61 801	93 581
国外技术引进						
高工业节能减排效率地区	197 743	208 033	221 853	185 846	180 599	205 101
中工业节能减排效率地区	53 291	70 260	46 485	54 653	71 299	97 841
低工业节能减排效率地区	154 046	140 288	122 323	122 384	928 75	86 987

资料来源：根据2007—2012年《中国统计年鉴》、《中国科技统计年鉴》中相关数据测算。

由表7－1可知，高工业节能减排效率地区的内生创新努力、国内创新溢出和国外技术引进均大幅高于中、低工业节能减排效率地区，且几乎是中、低工业节能减排效率地区的两倍。而中、低两个工业节能减排效率地区的内生创新努力、国内创新溢出和国外技术引进却呈现出中较低、低较高的局面，这与IESERI－Region的趋势有一定差异，究其原因，是中工业节能减排效率地区中的新疆、贵州、广西三个省份的技术创新投入较低，远远低于低工业节能减排效率地区中的辽宁、重庆、河北等省份，拉低了中工业节能减排效率地区的技术创新水平。

二、环境规制变量选择及数据来源

环境规制对工业节能减排效率影响的理论基础是波特假说，通过政府强制性的环境制度安排，迫使企业达到环境标准而提高生产技术水平，从而实现技术创新，获得环境红利。目前，国内外对环境规制的研究比较成熟，对衡量环境规制的指标选择主要集中在以下几个方面：陆旸（2009），王兵、吴延瑞、颜鹏飞（2010）等大部分学者以二氧化硫、化学需要量、氮氧化物、氨氮等污染物的去除率、减排成效等来衡量环境规制[①]；Murty等（2006）、李春米和毕超（2012）等从环境规制的投入出发，以各种角度的环境投资来衡量环境规制，这也是现有文献中衡量环境规制较为主流的方法之一[②]；Yoruk和Osman（2006），

---

① 陆旸：《环境规制影响了污染密集型商品的贸易比较优势吗？》，载《经济研究》，2009（4）；王兵、吴延瑞、颜鹏飞：《中国区域环境效率与环境全要素生产率增长》，载《经济研究》，2010（5）。

② 李春米、毕超：《环境规制下的西部地区工业全要素生产率变动分析》，载《西安交通大学学报（社会科学版）》，2012（1）。

王兵、吴延瑞和颜鹏飞（2008）等研究国际环境规制时，通常以气候公约、国际清洁机制等作为虚拟变量来替代环境规制；[1] McClelland 和 Horowitz（1999）、Kheder 和 Zugravu（2008）、徐常萍和吴敏洁（2012）等学者还从能源强度、碳排放强度等角度间接衡量环境规制。[2]

本书认为环境规制是一个复杂的过程，不能简单地从单一方面进行衡量，且考虑到中国环境规制体制及工业发展现状，中央和地方各级政府行政调控和市场机制对环境规制的作用都比较明显，因此，在本章的区域研究中，将环境规制细分为行政型环境规制和市场型环境规制两种类型，以其二者为基础，构建一个区域环境规制强度，综合衡量环境规制。

对行政型环境规制，本书选用中国首创的"三同时"制度环保投资总额（TIEE）进行衡量，对市场型环境规制，本书选用排污费收入（FLWD）进行衡量，则 t 时期第 i 个省份的区域环境规制强度（ERS-R）可定义为

$$ERS - R_{ij} = (TIEE_{ij} + FLWD_{ij}) / IDV_{ij} \qquad (7.2)$$

式中，IDV_{ij} 表示 t 时期第 i 个省份的工业增加值。

数据来自 2006—2011 年的《中国环境统计年报》、2007—2012 年的《中国环境统计年鉴》和《中国统计年鉴》等。高、中、低三种工业节能减排效率地区的区域环境规制强度情况如表 7-2 所示。

表 7-2 　　　　　2006—2011 年高、中、低工业节能减排效率地区的
区域环境规制强度 $ERS - R_{ij}$

年份	2006	2007	2008	2009	2010	2011
高工业节能减排效率地区	0.0118	0.0106	0.0134	0.0106	0.0133	0.0116
中工业节能减排效率地区	0.0120	0.0107	0.0123	0.0115	0.0138	0.0132
低工业节能减排效率地区	0.0123	0.0107	0.0119	0.0138	0.0146	0.0135

资料来源：根据 2006—2011 年的《中国环境统计年报》、2007—2012 年的《中国环境统计年鉴》和《中国统计年鉴》等相关数据测算。

---

① Yoruk B. K. and Osman Z. , "The Kuznets Curve and the Effect of International Regulations on Environmental Efficiency", *Economics Bulletin*, 2006, 17 (1) : 1 - 7; 王兵、吴延瑞、颜鹏飞：《环境管制与全要素生产率增长：APEC 的实证研究》，载《经济研究》，2008 (5)。

② Kheder S. B. , and Zugravu. N. , "The Pollution Haven Hypothesis : a Geographic Economy Model in a Comparative Study", *FEEM Working Paper*, No. 73. 2008.

$ERS - R_{ij}$ 的内涵是每单位工业增加值需要进行的"三同时"环保投资支出和污染物排放支出, $ERS - R_{ij}$ 越大, 那么获得 1 单位工业增加值企业的环保成本就越大, 各省份的区域环境规制强度就越大, 反之则越小。由表 7 - 2 可知, 高工业节能减排效率地区的环境规制强度均值为 0.0119, 低于中、低工业节能减排效率地区的 0.0123 和 0.0128, 也低于全国平均水平的 0.0123, 这表明节能减排效率越低的地区, 需要越强的环境规制, 这与现实的情况基本一致。高、中、低工业节能减排效率地区的环境规制强度总体呈逐年递增趋势, 这意味着各省份对工业环境规制越来越重视, 环境规制是实现中国工业可持续发展的有效手段之一。

三、行业异质性变量选择及数据来源

不同行业间的行业结构、行业规模、行业资本深化度等不同, 其在生产中对资本、劳动、资源的投入也就有差异, 其产业绩效和环境绩效也会不一致, 节能减排效率便有高有低。周五七、聂鸣 (2012) 等的研究中指出, 众多行业异质性指标中, 行业结构对工业的可持续发展影响最大。[1] 同时, 魏巍贤 (2009), 陈明生、康琪雪、张京京 (2012) 等人的研究表明, 中国目前正处于深重工业发展阶段, 重工业总产值占工业总产值的 75% 左右。因此, 较之于其他产业, 高污染、高能耗、高排放的重工业是制约中国工业可持续发展的主要原因, 中国工业节能减排效率受重工业的影响也更大。[2] 鉴于此, 本书从行业结构的角度衡量行业异质性, 并用"重工业总产值占工业总产值比重 (HI)"替代行业结构, 分析其对区域工业节能减排效率的影响。

数据来自 2007—2012 年的《中国工业经济统计年鉴》和《中国统计年鉴》等。高、中、低三种工业节能减排效率地区的重工业总产值占工业总产值比重情况如表 7 - 3 所示。

---

① 周五七、聂鸣:《中国碳排放强度影响因素动态计量检验》, 载《管理科学》, 2012 (5)。
② 魏巍贤:《基于 CGE 模型的中国能源环境政策分析》, 载《统计研究》, 2009 (7); 陈明生、康琪雪、张京京:《节能环保与经济增长双重目标下我国重工业结构的调整研究》, 载《工业技术经济》, 2012 (2)。

表 7 - 3 　　　　　2006—2011 年高、中、低工业节能减排效率地区的

重工业总产值占工业总产值比重 HI 　　　　单位:%

年份	2006	2007	2008	2009	2010	2011
高工业节能减排效率地区	76. 41	77. 23	77. 17	76. 11	76. 86	77. 22
中工业节能减排效率地区	72. 19	72. 39	73. 10	71. 70	72. 18	72. 20
低工业节能减排效率地区	78. 51	78. 96	79. 72	78. 93	79. 54	79. 89

资料来源：根据 2007—2012 年的《中国工业经济统计年鉴》和《中国统计年鉴》等相关数据测算。

由表 7 - 3 可知，高工业节能减排效率地区的重工业总产值各年比重均值为 76. 83%，低于低工业节能减排效率地区的 79. 26%，高于中工业节能减排效率地区的 72. 29%，基本与全国平均水平持平。重工业总产值比重呈现出低、高、中工业节能减排效率地区由高到底的趋势，与 IESERI - Region 的测度结果存在一定的差异，究其原因，是中工业节能减排效率地区的福建、四川等省份重工业总产值比重较低，其中福建甚至不超过 55%，而低工业节能减排效率地区的山西和河北却异常高，山西部分年度甚至超过 95%，较大地推高了低工业节能减排效率地区的重工业总产值比重。

四、区域工业节能减排效率影响因素分解的面板数据模型构建

根据以上变量选择，本书以区域工业节能减排效率 IESERI - Region 为因变量，以技术创新（包括内生创新努力，II；国内创新溢出，DI；国外技术引进，TI）、环境规制（$ERS - R$）、和行业异质性（HI）为自变量，构建面板数据模型。为消除异方差以提高模型估计的准确性，本书在构建模型时对绝对数变量进行对数化处理。由于本书重点分析区域差异，故假定各系数满足时间一致性，面板模型可表示为[①]

$$IESERI - Region_{it} = \alpha_i + \beta_{1i} \, lnII_{it} + \beta_{2i} ln \, DI_{it} + \beta_{3i} \, lnTI_{it}$$
$$+ \beta_{4i} \, ERS - R_{it} + \beta_{5i} \, HI_{it} + \varepsilon_{it} \qquad (7.3)$$

根据面板数据模型的构建与选择，在系数时间一致性的前提下，截距和斜率存在以下两种假设：

---

① 蔡宁、吴婧文、刘诗瑶：《环境规制与绿色工业全要素生产率——基于我国 30 个省市的实证分析》，载《辽宁大学学报》，2014（1）。

第一，斜率相同，但截距不同，模型为

$$IESERI - Region_{it} = \alpha_i + \beta_1 lnII_{it} + \beta_2 ln DI_{it} + \beta_3 lnTI_{it}$$
$$+ \beta_4 ERS - R_{it} + \beta_5 HI_{it} + \varepsilon_{it} \qquad (7.4)$$

第二，斜率和截距都相同，模型为

$$IESERI - Region_{it} = \alpha + \beta_1 lnII_{it} + \beta_2 ln DI_{it} + \beta_3 lnTI_{it}$$
$$+ \beta_4 ERS - R_{it} + \beta_5 HI_{it} + \varepsilon_{it} \qquad (7.5)$$

式（7.3）为变系数模型，式（7.4）为变截距模型，式（7.5）为混合模型。变系数模型各省份技术创新、环境规制等因素对区域工业节能减排效率的系数均不相同，因此不能获得高、中、低工业节能减排效率地区统一的系数；变截距模型能够获得相同的系数，且地区内各省份的差异体现在不同的截距中；混合模型所有省份都没有差异，类似于多个时期的截面数据放在一起，没有体现面板数据模型的特点。

具体选用哪个模型，需要构建假设一的统计量 F_1 和假设二的统计量 F_2 进行协方差分析确定：

$$F_1 = \frac{\dfrac{(S_2 - S_1)}{(N-1) \times K}}{\dfrac{(S_1)}{[N \times T - N \times (K+1)]}} \sim F[(N-1)K, N(T-K-1)] \qquad (7.6)$$

$$F_2 = \frac{\dfrac{(S_3 - S_1)}{(N-1) \times (K+1)}}{\dfrac{(S_1)}{[N \times T - N \times (K+1)]}} \sim F[(N-1)(K+1), N(T-K-1)] \qquad (7.7)$$

式中，S_1、S_2、S_3 分别代表变系数模型（7.3）、变截距模型（7.4）和混合模型（7.5）的残差平方和，N 表示截面数，K 表示变量数，T 表示截面时期，统计量 F_1 和 F_2 服从特定自由度的 F 分布。

如果 F_2 大（等）于某置信度下的同分布临界值，则拒绝假设二，继续进行检验；如果 F_2 小于某置信度下的同分布临界值，则选用混合模型（7.5）。在已确定参数存在非齐次的基础上，如果 F_1 大（等）于某置信度下的同分布临界值，则拒绝假设二，选用变系数模型（7.3）；如果 F_1 小于某置信度下的同分布临界值，则选用变截距模型（7.4）。

根据以上各式，得出协方差分析结果，具体如表7-4所示。由表7-4中结论可知，高、中、低三个工业节能减排效率地区面板数据模型都接受假设一，则选用变截距模型（7.5）。

表7-4　区域工业节能减排效率影响因素分解面板数据模型选择的协方差分析检验

组别	S_1	S_2	S_3	F_1	F_2	结论
高工业节能减排效率地区	0.002	0.032	0.228	2.632	16.868	接受假设一，选用变截距模型（7.4）
中工业节能减排效率地区	0.033	0.110	0.636	0.768	5.009	接受假设一，选用变截距模型（7.4）
低工业节能减排效率地区	0.043	0.192	0.790	2.631	10.973	接受假设一，选用变截距模型（7.4）

第二节　各因素对中国区域视角的工业节能减排效率影响

上文的研究确定了高、中、低三个工业节能减排效率地区都选用变截距模型，即

$$IESERI - Region_{it} = \alpha_i + \beta_1 lnII_{it} + \beta_2 ln\, DI_{it} + \beta_3 lnTI_{it}$$
$$+ \beta_4\, ERS - R_{it} + \beta_5\, HI_{it} + \varepsilon_{it} \qquad (7.8)$$

对各组别模型进行 Huasman 检验，结果显示三个地区都应建立固定效应模型。根据伍德里奇检验和 B－P 检验结果，模型存在一阶自相关且异方差显著，本书采用面板修正标准差法对回归方程进行修正，最后各模型估计结果较好，基本通过了显著性检验，具体如表7-5所示。

表7-5　　　技术创新、环境规制、行业异质性对区域工业节

能减排效率 IESERI – Region 的影响

变量	高工业节能减排效率地区	中工业节能减排效率地区	低工业节能减排效率地区
$lnII$	0.0675 *	0.0217 ***	0.0156 **
	(4.9035)	(0.0870)	(1.9682)
$lnDI$	0.0043 *	- 0.0053 *	0.0059 ***
	(2.661)	(- 2.3677)	(0.6758)
$lnTI$	0.0064 **	0.0045 ***	0.0055 *
	(0.7713)	(0.0578)	(2.8384)
$ERS - R$	- 0.0024 ***	0.0050 ***	0.0058 **
	(- 1.4983)	(0.0203)	(0.7380)

续表

变量	高工业节能减排效率地区	中工业节能减排效率地区	低工业节能减排效率地区
HI	− 0.0256 **	− 0.0249 ***	− 0.0303 **
	（− 2.1420）	（− 0.5670）	（− 2.3262）
C	− 0.7004 *	− 0.9776 ***	− 1.0751 **
	（− 1.0647）	（− 1.5075）	（− 0.9837）
R^2	0.9229	0.8361	0.8841

注：＊、＊＊、＊＊＊、＊＊＊＊分别表示估计系数在1%、5%、10%和20%水平上显著；回归系数下方的数值为 t 统计量。

一、技术创新对区域节能减排效率的影响

内生创新努力、国内创新溢出和国外技术引进三种形式的技术创新对 IE-SERI‐Region 的回归系数几乎都为正，这表明技术创新对提高中国区域节能减排效率是行之有效的，但不同类型的技术创新其影响程度也略有差异。

无论是高工业节能减排效率地区，还是中、低工业节能减排效率地区，内生创新努力的影响系数都是最大的，这表明内生创新努力对区域工业节能减排效率的影响要大于国内创新溢出和国外技术引进，企业更多的是依靠自主创新提高节能减排效率，从而实现经济的可持续发展。横向比较发现，高、中、低三个工业节能减排效率地区中，其影响系数依次递减，可能的原因：一方面，高工业节能减排效率地区在内生创新努力方面的投入远远高于中、低工业节能减排效率地区，三个地区 2006—2011 年的年均值分别为 1 596 681 万元、674 668 万元和 787 683 万元，高工业节能减排效率地区几乎是中、低工业节能减排效率地区的两倍，因此影响系数较大；另一方面，高工业节能减排效率地区拥有北京、广东、上海、浙江、江苏等中国的创新中心，这些省份位于中国绿色技术创新效率前沿，其高度重视企业的自主研发，为企业的生产、消费、节能减排等打造了良好的创新环境，故自主创新对节能减排效率的影响较大。这一结论证明了中工业节能减排效率地区和低工业节能减排效率地区提高企业自主创新能力以进一步深化节能减排工作的必要性。

国内创新溢出对高工业节能减排效率地区和低工业节能减排效率地区的影响系数为正，对中工业节能减排效率地区的影响系数为负，这表明国内创新溢

出对高、低两个地区节能减排效率的提高有积极的作用，而对中工业节能减排效率地区 IESERI – Region 的提高却有消极的影响。国内创新溢出包括两个层面的技术创新：国内技术引进和国内同行业非技术引进的溢出效应。表 7 – 1 中的统计数据表明，高、低工业节能减排效率地区的国内创新溢出年均值分别为63 394 万元和64 536 万元，高于中工业节能减排效率地区的43 043 万元，这可能是导致高、低地区为正，而中工业节能减排效率地区为负的一个原因。同时，同一地区这一数值远远低于内生创新努力的均值，这也解释了国内创新溢出的系数小于企业内生创新努力的原因。此外，如前文分析，高工业节能减排效率地区内部创新环境较好，企业创新活跃，技术的辐射作用在其内部较为突出，国内同行业非技术引进的溢出效应明显，因此对节能减排效率的提高较为显著。

国外技术引进在三个地区的影响系数都为正，且大于国内创新溢出的系数，小于内生创新努力的系数，这表明国外技术引进对中国区域节能减排效率的提高也有重要意义，但其作用小于内生创新努力，大于国内创新溢出。横向比较发现，ln*TI* 的系数在高工业节能减排效率地区中最大，为 0.0064，在低工业节能减排效率地区中次之，为 0.0055，在中工业节能减排效率地区最低，为0.0045，这也与三个地区国外技术引进年均值的大小排序完全一致，解释了中工业节能减排效率地区影响系数最小的原因。同时，这一结论也证明了在技术领域中国不存在"污染避难所"现象，国际社会转移到中国的技术有利于中国工业的可持续发展，中国应当坚定不移地走对外开放之路。

二、环境规制和行业异质性对区域节能减排效率的影响

环境规制对中、低工业节能减排效率地区的影响系数为正，对高工业节能减排效率地区的影响系数为负，这表明加强对中、低地区的环境规制有利于节能减排效率的提高，而对高工业节能减排效率地区则应适当放开环境管制。一方面，高工业节能减排效率地区由于创新环境比较优良，企业更多地依靠技术创新而不是环境规制提高节能减排效率，相反，较多的环境规制反而可能挤占了企业自主创新的资金、人力等资源，影响了节能减排效率的提高。另一方面，中、低工业节能减排效率地区能源消耗和污染物排放工作相对较弱，环境污染、生态破坏等现象较为严重，因此有必要以强制性的环保措施抑制这些事件发生，

且中、低工业节能减排效率地区技术创新投入相对较少，适度的环境规制在中、低地区不存在挤占技术创新资源的问题，反而有利于激发企业加强清洁环保技术的研发，从而提高节能减排效率。

重工业比重对高、中、低工业节能减排效率地区的影响系数都为负，这表明各地区重工业所占比重越高，越不利于节能减排效率的提高。重工业通常是高污染、高能耗、高排放企业，其在经济中所占的比重越大，能源消耗和污染物排放就越多，造成的环境污染就越厉害，越不利于节能减排工作的开展。同时，中国的重工业多为国有大中型企业、资源型企业，这些企业的一个共同特点是具有一定的垄断性，在行业竞争中，当他们仍然拥有垄断利润时，是不会太关注环境问题的，同时也不会投入太多的资源进行环保技术开发，因此节能减排效率相对较低。这一结论证明了优化调整工业产业结构、加快转变工业发展方式的必要性和紧迫性。

总的来看，三种形式的技术创新对提高中国区域工业节能减排效率都有重要意义，特别是企业的内生创新努力，其对节能减排效率的改善显著优于国内创新溢出和国外技术引进。环境规制对中、低工业节能减排效率地区 IESERI－Region 的提高有积极作用，但在高工业节能减排效率地区进行的环境规制却要适度。重工业企业不利于节能减排效率的提高，中国工业要实现可持续发展，适当降低重工业比重，转变工业重化工发展方式，优化调整工业结构必不可少。

第八章 行业视角的中国工业节能
减排效率测度及分析

本章也是全书的核心内容之一,与第六章类似,通过第五章构建的工业节能减排指数 IESERI,计算中国 36 个工业行业的节能减排效率。随后,将计算结果与传统单一指标进行比较,并对其进行聚类分析,判断行业视角的中国工业节能减排效率水平与特征。本章将通过"中国 36 个工业行业的节能减排效率"、"中国工业行业节能减排效率 IESERI – Sector 与传统单一指标之间的关系"、"中国工业行业节能减排效率 IESERI – Sector 的聚类分析"三个部分进行详细的论述。

第一节 中国 36 个工业行业的节能减排效率

根据第五章构建的工业行业节能减排指数 IESERI – Sector,本部分选取基于行业的投入指标、期望产出指标和非期望产出指标来测算中国 36 个工业行业的节能减排效率,并根据测度结果,分析判断行业视角的中国工业节能减排效率水平与特征。

一、工业行业节能减排指数 IESERI – Sector 的指标选取及数据来源

与区域工业节能减排指数 IESERI – Region 的测度一致,工业行业节能减排指数 IESERI – Sector 的测度中,投入指标仍然包括能源、资本、劳动和技术四个方面,期望产出指标为各工业行业的增加值,非期望产出为"十一五"规划和"十二五"规划中提出的工业废水、工业废气和工业固体废物三种主要污染物排放。

能源：国家统计局对工业各行业的能源消费统计较为完整与全面，在2007—2012 年的《中国能源统计年鉴》中有各行业能源消费总量这一指标，该指标指"一定时期内全国（地区）各行业和居民生活消费的各种能源的核算能源消费总量"，包括"终端能源消费量、能源加工转换损失量和能源其他损失量"三部分。[①] 该指标较好地体现了中国工业生产中能源消费情况，且指标单位为万吨标准煤，不需要进行实物量和标准量的换算，因此本书选取这一指标作为能源投入。

资本：合意的资本指标应该选取各工业行业的资本存量，但该指标国内也没有可以直接使用的统计数据，需要进行估算。本书按照区域工业节能减排指数 IESERI - Region 测度中的方法，同时借鉴黄勇峰、任若恩、刘晓生（2002），张军、章元（2003），以及陈诗一（2011）等的研究以永续盘存法进行估算。[②] 数据来自相应年份的《中国工业经济统计年鉴》、《中国统计年鉴》、《中国区域经济统计年鉴》等。

劳动：与区域工业节能减排指数 IESERI - Region 的测度类似，本书认为衡量劳动投入较为便捷和合理的指标之一是区域或行业的就业人员，本书选取各工业行业就业人员这一指标来衡量劳动投入，数据来自 2007—2012 年的《中国区域经济统计年鉴》。

技术：前文提到索洛（1957）等的研究认为，技术产出对经济增长的影响作用更为显著，因此在区域工业节能减排指数 IESERI - Region 的测度中选取了各地区技术合同成交额这一技术产出指标来衡量技术水平。[③] 但在工业行业中没有对这一指标进行统计，且难以按照其他方法进行折算，因此在工业行业节能减排效率 IESERI - Sector 的研究中，本书不采用该指标。本书借鉴吴延兵（2006），唐德祥、李京文和孟卫东（2008），卢方元、靳丹丹（2011）等的研究方法，选取科学研究与实验内部经费支出和外部经费支出之和，从投入角度

①　国家统计局能源统计司：《中国能源统计年鉴 2012》，北京，中国统计出版社，2012。

②　黄勇峰、任若恩、刘晓生：《中国制造业资本存量永续盘存法估计》，载《经济学（季刊）》，2002：1（2）；张军、章元：《对中国资本存量 K 的再估计》，载《经济研究》，2003（7）；陈诗一：《中国工业分行业统计数据估算：1980—2008》，载《经济学（季刊）》，2011（3）。

③　Solow R. M. , "A Contribution to the Theory of Economic Growth", *The Quarterly Journal of Economics*, 1956, 70（1），65 – 94.

衡量技术水平。[①] 数据来自 2007—2012 年的《中国科技统计年鉴》。

期望产出：本书继续采用工业增加值作为测度工业行业节能减排效率的期望产出指标。这一指标因 2008 年之后不再公布，故本书以 2007 年《中国工业经济统计年鉴》中的数据为基年，其余年份根据国家统计局网站分行业工业增加值的增长速度[②]计算。

非期望产出："十一五"规划和"十二五"规划中明确的"降低工业废水、工业废气、工业固体废物三种主要污染物的排放总量"仍然是各工业行业节能减排的主要任务，因此，本书以此为依据，选取各行业的工业废水排放总量、工业废气排放总量和工业固体废物排放总量作为重点关注的非期望产出，数据来自 2007—2012 年的《中国统计年鉴》、《中国环境统计年鉴》、《中国环境统计年报》等。

二、2006—2011 年中国 36 个工业行业的节能减排指数

根据前文确定的工业行业节能减排指数 IESERI – Sector 及相应的投入、期望产出和非期望产出指标，运用 Matlab 软件，测度出 2006—2011 年中国 36 个工业行业的节能减排指数，具体如表 8 – 1 所示。

表 8 – 1　2006—2011 年中国 36 个工业行业的节能减排指数 IESERI – Sector

行业	2006 年	2007 年	2008 年	2009 年	2010 年	2011 年	2006—2011 年均值	IESERI – Sector 六年均值排序
通信设备、计算机及其他电子设备制造业	0.9763	0.9829	0.9894	0.9846	0.9906	0.9869	0.9851	1
专用设备制造业	0.9830	0.9850	0.9837	0.9836	0.9855	0.9820	0.9838	2
通用设备制造业	0.9752	0.9816	0.9846	0.9839	0.9852	0.9692	0.9800	3
文教体育用品制造业	0.9732	0.9774	0.9758	0.9746	0.9865	0.9841	0.9786	4
仪器仪表及文化、办公用机械制造业	0.9791	0.9822	0.9787	0.9739	0.9751	0.9770	0.9777	5

---

① 吴延兵：《R&D 存量、知识函数与生产效率》，载《经济学（季刊）》，2006（3）；卢方元、靳丹丹：《我国 R&D 投入对经济增长的影响——基于面板数据的实证分析》，载《中国工业经济》，2011（3）。

② 国家统计局网站分行业工业增加值的增长速度数据，http：//data. stats. gov. cn/workspace/index？m = hgyd。

行业	2006 年	2007 年	2008 年	2009 年	2010 年	2011 年	2006—2011 年均值	IESERI - Sector 六年均值排序
医药制造业	0.9718	0.9804	0.9773	0.9739	0.9741	0.9843	0.9770	6
化学纤维制造业	0.9725	0.9814	0.9833	0.9689	0.9832	0.9678	0.9762	7
家具制造业	0.9556	0.9702	0.9714	0.9738	0.9794	0.9765	0.9712	8
工艺品及其他制造业	0.9682	0.9662	0.9657	0.9759	0.9766	0.9716	0.9707	9
印刷业和记录媒介的复制	0.9632	0.9685	0.9731	0.9720	0.9712	0.9749	0.9705	10
交通运输设备制造业	0.9738	0.9856	0.9878	0.9857	0.9675	0.9212	0.9703	11
木材加工及木、竹、藤、棕、草制品业	0.9526	0.9739	0.9730	0.9682	0.9761	0.9726	0.9694	12
电气机械及器材制造业	0.9588	0.9659	0.9635	0.9654	0.9724	0.9833	0.9682	13
烟草制品业	0.9634	0.9622	0.9691	0.9716	0.9632	0.9777	0.9679	14
食品制造业	0.9657	0.9633	0.9615	0.9605	0.9773	0.9772	0.9676	15
皮革、毛皮、羽毛（绒）及其制品业	0.9648	0.9694	0.9688	0.9685	0.9661	0.9655	0.9672	16
饮料制造业	0.9532	0.9666	0.9623	0.9622	0.9615	0.9629	0.9615	17
纺织服装、鞋、帽制造业	0.9417	0.9482	0.9496	0.9511	0.9537	0.9599	0.9507	18
橡胶与塑料制品业	0.9117	0.9344	0.9379	0.9612	0.9182	0.9188	0.9304	19
农副食品加工业	0.8908	0.9174	0.9169	0.9238	0.9245	0.9269	0.9167	20
金属制品业	0.8876	0.9162	0.9186	0.9155	0.9132	0.9391	0.9150	21
有色金属矿采选业	0.8500	0.8969	0.9174	0.8765	0.8857	0.8000	0.8711	22
水的生产和供应业	0.8099	0.8508	0.8999	0.8895	0.8695	0.9033	0.8705	23
非金属矿采选业	0.8286	0.8759	0.8718	0.8453	0.8873	0.8609	0.8616	24
黑色金属矿采选业	0.7867	0.8402	0.8319	0.8283	0.8464	0.8968	0.8384	25
石油和天然气开采业	0.7750	0.8284	0.8452	0.8223	0.8597	0.8787	0.8349	26
纺织业	0.7511	0.8126	0.8263	0.8258	0.8251	0.8242	0.8109	27
有色金属冶炼及压延加工业	0.7491	0.8115	0.8186	0.8216	0.8240	0.8240	0.8081	28
电力、热力的生产和供应业	0.6781	0.7346	0.8154	0.8669	0.8383	0.7834	0.7861	29
燃气生产和供应业	0.6811	0.7672	0.8250	0.7223	0.7847	0.7579	0.7564	30
石油加工、炼焦及核燃料加工业	0.6753	0.7491	0.7511	0.7938	0.7953	0.7732	0.7563	31
造纸及纸制品业	0.6440	0.7288	0.7500	0.7530	0.7638	0.7631	0.7338	32

续表

行业	2006 年	2007 年	2008 年	2009 年	2010 年	2011 年	2006—2011 年均值	IESERI - Sector 六年均值排序
煤炭开采和洗选业	0.5941	0.6298	0.6382	0.6489	0.6583	0.6749	0.6407	33
非金属矿物制品业	0.5969	0.6062	0.6204	0.6369	0.6644	0.6849	0.6350	34
黑色金属冶炼及压延加工业	0.5769	0.6241	0.6362	0.6469	0.6317	0.6584	0.6290	35
化学原料及化学制品制造业	0.5746	0.5539	0.5848	0.5625	0.5839	0.5917	0.5752	36
全行业平均水平	0.8515	0.8775	0.8868	0.8844	0.8894	0.8876	0.8795	—

注：本表各工业行业以 IESERI - Sector 六年均值的大小由高到低排序；数据根据 2007—2012 年的《中国统计年鉴》、《中国环境统计年鉴》、《中国环境统计年报》、《中国能源统计年鉴》、《中国工业经济统计年鉴》、《中国科技统计年鉴》、《中国区域经济统计年鉴》等测算。

测度结果显示，2006—2011 年中国 36 个工业行业节能减排指数 IESERI - Sector 排名前 12 位的行业依次是通信设备、计算机及其他电子设备制造业，专用设备制造业，通用设备制造业，文教体育用品制造业，仪器仪表及文化、办公用机械制造业，医药制造业，化学纤维制造业，家具制造业，工艺品及其他制造业，印刷业和记录媒介的复制，交通运输设备制造业，木材加工及木、竹、藤、棕、草制品业，这 12 个行业的节能减排效率在全国处于领先水平；排名第 13～24 位的行业依次是电气机械及器材制造业，烟草制品业，食品制造业，皮革、毛皮、羽毛（绒）及其制品业，饮料制造业，纺织服装、鞋、帽制造业，橡胶与塑料制品业，农副食品加工业，金属制品业，有色金属矿采选业，水的生产和供应业，非金属矿采选业，这 12 个行业的节能减排效率位于全国中游水平；排名第 25～36 位的行业依次是黑色金属矿采选业，石油和天然气开采业，纺织业，有色金属冶炼及压延加工业，电力、热力的生产和供应业，燃气生产和供应业，石油加工、炼焦及核燃料加工业，造纸及纸制品业，煤炭开采和洗选业，非金属矿物制品业，黑色金属冶炼及压延加工业，化学原料及化学制品制造业，这 12 个行业的节能减排效率则相对较低，有待于进一步的提高。

为更形象直观地说明各行业的排名情况，以 IESERI - Sector 六年均值为基数，作出 2006—2011 年中国 36 个工业行业节能减排指数 IESERI - Sector 排序图，具体如图 8 - 1 所示。

由图 8 - 1 可知，2006—2011 年中国 36 个工业行业的节能减排效率均低于

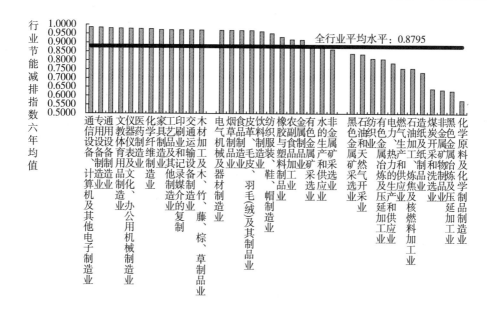

注：本图数据来自于表8-1。

图8-1　2006—2011年中国36个工业行业节能减排指数IESERI - Sector排序

1，没有一个行业位于工业节能减排的生产效率前沿。通信设备、计算机及其他电子设备制造业、专用设备制造业、通用设备制造业、文教体育用品制造业、仪器仪表及文化、办公用机械制造业等18个行业的节能减排效率高于0.95，接近工业节能减排的效率前沿；而煤炭开采和洗选业、非金属矿物制品业、黑色金属冶炼及压延加工业、化学原料及化学制品制造业4个行业的效率均低于0.65，工业节能减排效率亟待改善。

36个行业中，排名前12位的各个行业节能减排效率均高于0.96，最高的通信设备、计算机及其他电子设备制造业为0.9851，而排名第12位的木材加工及木、竹、藤、棕、草制品业也有0.9694；排名第13~24位的各个行业IESERI - Sector主要位于0.85~0.96，电气机械及器材制造业相对较高，为0.9682，非金属矿采选业相对较低，为0.8616；而排名第25~36位的各个行业节能减排效率除黑色金属矿采选业、石油和天然气开采业、纺织业、有色金属冶炼及压延加工业4个行业外，其余都低于0.80，其中最低的化学原料及化学制品制造业仅有0.5752，其余主要位于0.60~0.80。2006—2011年工业全行业节能减排效率平均水平为0.8795，有21个行业节能减排效率高于全行业平均水平，15个行业节能减排效率低于全行业平均水平。

总的来看，2006—2011 年中国行业视角的工业节能减排效率略高于区域视角的工业节能减排效率，平均水平由 0.8747 变为 0.8795，相对更接近生产效率前沿面。但与区域视角的工业节能减排效率一致，部分年份、部分行业的效率仍然很低，且各行业之间的差距也比较大，两极分化问题同样比较突出。

三、2006—2011 年行业视角的中国工业节能减排效率水平与特征

中国工业经济发展的不平衡除了体现在区域方面，行业上的差异也较为显著。不同的行业生产消费不同，对资源的利用及污染物排放也不尽相同，节能减排效率则存在差异。本部分将从采矿业，以及制造业、电力、燃气及水的生产和供应业三大门类及轻工业和重工业两个角度，分别考察行业视角的中国工业节能减排效率水平与特征。

（一）工业三大门类的节能减排效率水平及特征

根据各工业行业的所属领域，中国 36 个工业行业被分为三大门类，即采矿业、制造业和电力、燃气及水的生产和供应业。在本书的研究中，采矿业包括煤炭开采和洗选业、石油和天然气开采业、黑色金属矿采选业、有色金属矿采选业、非金属矿采选业，电力、燃气及水的生产和供应业包括电力、热力的生产和供应业、燃气生产和供应业、水的生产和供应业，其余行业属于制造业。

1. 工业三大门类节能减排效率的总体水平。根据表 8 - 1 中 IESERI - Sector 的测度结果，作出 2006—2011 年工业三大门类节能减排效率的总体水平及比较图，具体如图 8 - 2 所示。

由图 8 - 2 可知，工业三大门类中，节能减排效率呈现出制造业最高，采矿业与电力、燃气及水的生产和供应业高低相互交错的局面。制造业 IESERI - Sector 均值为 0.9001，最高于 2011 年达到 0.9071，最低在 2006 年，为 0.8804，呈逐年增长趋势，且各年均高于全行业平均水平。采矿业与电力、燃气及水的生产和供应业的 IESERI - Sector 均值分别为 0.8093 和 0.8043，均低于全行业平均水平和制造业。前者在 2006 年、2007 年和 2011 年高于后者，后者在 2008—2010 年高于前者，两者各年间节能减排效率不甚稳定，波动幅度较大。

工业三大门类节能减排效率差异明显，这与各门类工业自身的特点有较大

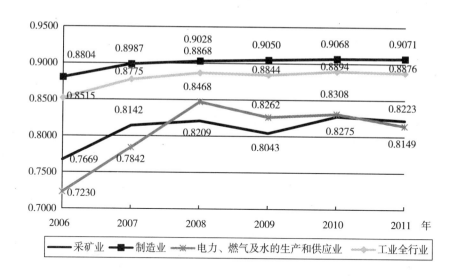

注：本图数据来自于表 8 - 1。

图 8 - 2　2006—2011 年工业三大门类节能减排效率的总体水平及比较

关系。采矿业主要是资源型行业，该类型行业消耗的能源、资源较多，排放出的工业废水、废气和固体废物量大且无序，造成的环境污染较为严重，生态破坏比较明显，因此节能减排效率较低。电力、燃气及水的生产和供应业是中国的能源转换部门，其在生产过程中虽然不直接消耗能源，而是将能源转换为另一种形式，但由于其转换效率较低，转换过程中能源损失较多，因此能耗较大。同时，在电力的生产中，中国仍然是以火电为主，装机容量达到70%左右，火电发电产生大量的二氧化硫、烟尘、粉尘等，但火电企业对这些污染物的处理能力却有限，大量污染物被排放到环境中，对环境危害极大，减排工作有待提高。此外，需要注意到，采矿业与电力、燃气及水的生产和供应业都是以大型国企、垄断性企业为主，这些企业在拥有垄断利润的前提下，缺乏技术创新和环境保护的动力，因此其节能减排技术水平也相对较低，直接影响了节能减排效率的提高。而制造业中包含了许多高新技术产业和战略性新兴产业，行业技术水平较高，且行业中大型国有企业、国有中小企业和私营企业并存，企业技术创新和环境保护动力较大，在生产中能耗较低，排放的污染物较少，因此节能减排效率相对较高。

2. 采矿业的节能减排效率。2006—2011 年采矿业节能减排效率平均水平低于全行业平均水平，且行业内部节能减排效率差异明显。采矿业 5 个行业节能减排效率主要位于 0.60 ~ 0.90，效率最高的有色金属矿采选业 IESERI - Sector 为 0.8711，最低的煤炭开采和洗选业 IESERI - Sector 为 0.6407，二者之间的差值达到 0.2304，行业间两极分化问题较为突出。如图 8 - 3 所示，5 个行业中，石油和天然气开采业、黑色金属矿采选业等 4 个行业节能减排效率虽然低于全行业平均水平，但高于采矿业平均水平，在采矿业内部处于领先地位；煤炭开采和洗选业节能减排效率与全行业平均水平和采矿业平均水平差距较大，与其余 4 个行业的差距也比较明显，节能减排效率有待进一步的提高与改善。

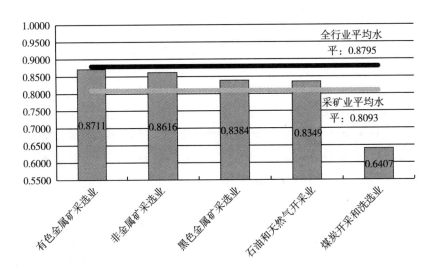

注：本图数据来自于表 8 - 1；各行业按照节能减排效率由高到低排列。

图 8 - 3 采矿业的节能减排效率

3. 制造业的节能减排效率。制造业节能减排效率在工业三大门类中位居前列，但制造业内部各行业间的 IESERI - Sector 也存在较大差异。如图 8 - 4 所示，制造业 28 个行业的节能减排效率介于 0.57 ~ 0.99，排名首位的通信设备、计算机及其他电子设备制造业的 IESERI - Sector 高达 0.9851，排名最后的化学原料及化学制品制造业仅为 0.5752，两者之间的差值高达 0.4099，制造业内部两极分化严重。专用设备制造业、金属制品业等 21 个行业中绝大部分属于高新技术产业和战略性新兴产业，因此节能减排效率超过制造业平均水平，同时也超过全行业平均水平，这证明了中国发展这些行业的重要性和正确性。纺织业、化学原料及化学制品制造业等 7 个行业以传统工业和重工业居多，生产技术水平较低，能源消耗及污染物排放较高，因此节能减排效率较低，低于制造业和全行业平均水平，这证明了优化调整产业结构，加快转变经济发展方式的必要性。

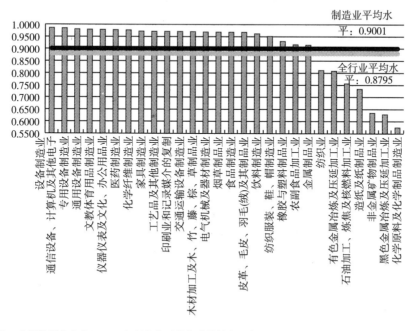

注：本图数据来自表8－1；各行业按照节能减排效率由高到低排列；由于本图行业数量较多，各行业具体数据在此不列出。

图8－4　制造业的节能减排效率

4. 电力、燃气及水的生产和供应业的节能减排效率。电力、燃气及水的生产和供应业的节能减排效率主要位于0.75～0.88，效率最高的水的生产和供应业的 IESERI－Sector 为0.8705，最低的燃气生产和供应业的 IESERI－Sector 为0.7564，二者之间的差值仅有0.1141，远小于采矿业和制造业内部差值，两极分化不太明显。如图8－5所示，3个行业中，仅水的生产和供应业高于本门类平均水平，其余两个行业均低于平均水平。3个行业均低于全行业平均水平，整个门类节能减排效率水平较低，有待于进一步的提高。

（二）轻工业与重工业角度的节能减排效率水平及特征

陈诗一（2010）等的研究认为，重工业是造成中国工业高能耗、高污染、高排放的主要原因之一。[①] 本书根据国家质量监督检验检疫总局、国家标准化管

———————

① 陈诗一：《节能减排与中国工业的双赢发展：2009—2049》，载《经济研究》，2010（3）。

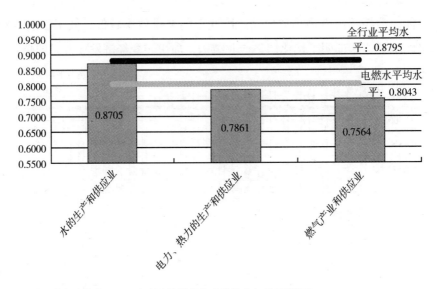

注：本图数据来自表 8 - 1；各行业按照节能减排效率由高到低排列。

图 8 - 5　电力、燃气及水的生产和供应业的节能减排效率

理委员会 2011 年发布实施的最新《国民经济行业分类》（GB/T 4754—2011），将 36 个工业行业划分为轻工业和重工业两个组别，研究轻、重工业角度的节能减排效率水平及特征。表 8 - 2 为轻工业和重工业的具体划分情况。

表 8 - 2　　　　　　36 个工业行业轻工业和重工业具体划分情况

轻工业/重工业	行业数	具体行业
轻工业	15	农副食品加工业，食品制造业，饮料制造业，烟草制品业，纺织业，纺织服装、鞋、帽制造业，皮革、毛皮、羽毛（绒）及其制品业，木材加工及木、竹、藤、棕、草制品业，家具制造业，造纸及纸制品业，印刷业和记录媒介的复制，文教体育用品制造业，医药制造业，化学纤维制造业，水的生产和供应业
重工业	21	煤炭开采和洗选业，石油和天然气开采业，黑色金属矿采选业，有色金属矿采选业，非金属矿采选业，石油加工、炼焦及核燃料加工业，化学原料及化学制品制造业，橡胶与塑料制品业，非金属矿物制品业，黑色金属冶炼及压延加工业，有色金属冶炼及压延加工业，金属制品业，通用设备制造业，专用设备制造业，交通运输设备制造业，电气机械及器材制造业，通信设备、计算机及其他电子设备制造业，仪器仪表及文化、办公用机械制造业，工艺品及其他制造业，电力、热力的生产和供应业，燃气生产和供应业

注：部分行业下属细分行业既包括轻工业，又包括重工业，如木材加工及木、竹、藤、棕、草制品业，本书根据其 2011 年下属细分行业产值情况，将轻工业下属细分行业产值超过 50% 的行业整体视为轻工业，反之则视为重工业。

由图 8-6 可知,由于轻工业和重工业经济发展总体形势一致,因此二者拥有相同的变化趋势,均是由低到高保持小幅稳步增长。轻工业节能减排效率远高于重工业,同时也高于全行业平均水平;而重工业节能减排效率则低于全行业平均水平约 4 个百分点,低于轻工业约 10 个百分点。这再一次证明了中国淘汰落后产能,优化调整产业结构以实现经济可持续发展的重要性。

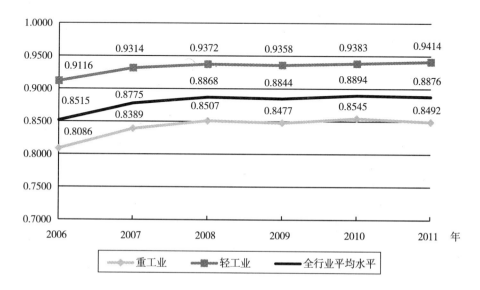

注:本图数据来自表 8-1。

图 8-6 轻工业与重工业的节能减排效率

图 8-7 和图 8-8 显示了轻工业和重工业内部各行业节能减排效率的情况。

轻工业节能减排效率介于 0.73 ~ 0.98,最高的文教体育用品制造业 IESERI - Sector 为 0.9786,最低的造纸及纸制品业 IESERI - Sector 为 0.7338,二者之间的差值为 0.2448,轻工业内部节能减排效率两极分化不显著。轻工业除水的生产和供应业、纺织业、造纸及纸制品业 3 个行业 IESERI - Sector 低于全行业平均水平,其余 12 个行业节能减排效率均高于全行业平均水平,整体节能减排效率较高。

重工业节能减排效率介于 0.57 ~ 0.99,最高的通信设备、计算机及其他电子设备制造业 IESERI - Sector 为 0.9851,最低的化学原料及化学制品制造业 IESERI - Sector 仅有 0.5752,二者之间的差值为 0.4099,重工业内部节能减排效率两极分化矛盾较为突出。重工业除专用设备制造业、通用设备制造

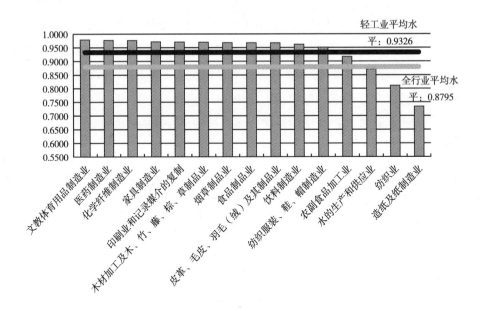

注：本图数据来自表8－1；各行业按照节能减排效率由高到低排列；由于本图行业数量较多，各行业具体数据在此不列出。

图8－7　轻工业各行业节能减排效率

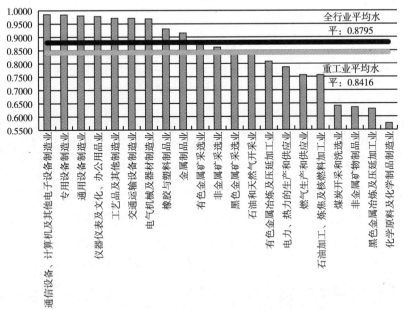

注：本图数据来自表8－1；各行业按照节能减排效率由高到低排列；由于本图行业数量较多，各行业具体数据不在此列出。

图8－8　重工业各行业节能减排效率

业、工艺品及其他制造业等 9 个行业 IESERI - Sector 高于全行业平均水平，其余 12 个行业节能减排效率均低于全行业平均水平，整体节能减排效率有待于进一步的改善。IESERI - Sector 较高的 9 个行业中，主要以重工业中的高新技术产业和战略性新兴产业为主，如通信设备、计算机及其他电子设备制造业、仪器仪表及文化、办公用机械制造业、电气机械及器材制造业等，这也再一次证明了中国大力发展高新技术产业和战略性新兴产业的正确性、重要性和必要性。

四、2006—2011 年行业视角的中国工业节能减排效率核密度动态变化

前文的研究阐释了 36 个工业行业节能减排效率的水平特征与差异，本部分继续构建核密度函数，进一步分析行业视角节能减排效率在 2006—2011 年的年度动态变化。

运用 Stata11 及表 8 - 1 中的数据，2006—2011 年行业视角的中国工业节能减排效率核密度动态变化如图 8 - 9 所示。

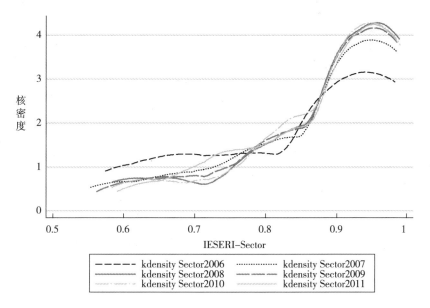

注：本图根据表 8 - 1 中数据而作。

图 8 - 9　2006—2011 年行业视角的中国工业节能减排效率核密度动态分布

与区域视角的中国工业节能减排效率核密度动态分布类似，2006 年的行业核密度曲线也呈现波峰较低、波峰靠左，且出现较长、较高的左拖尾，这表明 2006 年行业整体节能减排效率较低，且低工业节能减排效率的行业占了较大比重，各行业间效率水平存在较大差异。从 2007 年开始至今，中国节能减排政策逐步趋于稳定，淘汰落后产能等措施使电力、建筑、化工等部分 IESERI – Sector 较低的行业节能减排效率迅速提高，全行业节能减排效率水平得到改善，行业间节能减排效率差距缩小，核密度曲线波峰走高、波峰右移，且左拖尾减短、左拖尾高度较低。

总的来看，2006 年中国开始实施节能减排工作以来，中国行业视角的节能减排效率呈逐年增长趋势，在一系列政策措施下，部分能耗较高、污染较大、排放较多的行业节能减排效率逐步改善，行业间节能减排效率差距缩小，全行业节能减排效率水平得到提高。

第二节　中国工业行业节能减排效率 IESERI – Sector 与传统单一指标之间的关系

与第六章类似，本部分将继续考察依据 SBM – DDF 方法测度出的中国工业行业节能减排效率 IESERI – Sector 与传统单一指标之间的关系。

在选择工业行业节能减排传统单一指标时，节能方面依旧采用各行业工业能耗强度这一指标，而排放方面由于部分主要污染物指标数据缺失，本部分将选用各行业工业废气排放强度和各行业工业废水排放强度这两个总量指标。各强度指标基于 2005 年的工业增加值不变价进行测算，数据来自相应年份的《中国环境统计年报》、《中国环境统计年鉴》、《中国能源统计年鉴》、《中国工业经济统计年鉴》等。

2006—2011 年各工业行业 IESERI – Sector 与各行业工业能耗强度、工业废气排放强度、工业废水排放强度的均值如表 8 – 3 所示。

表 8 – 3　　　　　　2006—2011 年各工业行业 IESERI – Sector

与工业能耗强度、工业废气排放强度、工业废水排放强度的均值

行业	IESERI – Sector	单位工业能耗强度（吨标准煤/万元）	单位工业废气排放强度（标立方米/元）	单位工业废水排放强度（吨/万元）
通信设备、计算机及其他电子设备制造业	0.9851	1.1203	1.9767	16.9121
专用设备制造业	0.9838	2.1008	2.3569	11.8926
通用设备制造业	0.9800	2.3171	1.4359	10.0105
文教体育用品制造业	0.9786	1.5898	0.5642	9.2001
仪器仪表及文化、办公用机械制造业	0.9777	1.0407	1.9440	19.1363
医药制造业	0.9769	2.3704	2.9305	83.8946
化学纤维制造业	0.9762	8.1291	15.1437	256.6931
家具制造业	0.9711	1.1582	1.4307	10.9092
工艺品及其他制造业	0.9707	6.9000	1.0053	16.5105
印刷业和记录媒介的复制	0.9705	2.1518	0.7551	10.1547
交通运输设备制造业	0.9703	1.6629	2.3042	14.2048
木材加工及木、竹、藤、棕、草制品业	0.9694	3.5638	6.5703	17.5132
电气机械及器材制造业	0.9682	1.1676	0.6603	6.0704
烟草制品业	0.9679	0.3431	0.7186	3.9569
食品制造业	0.9676	3.3814	5.2299	110.3904
皮革、毛皮、羽毛（绒）及其制品业	0.9672	1.0693	0.8844	70.9392
饮料制造业	0.9614	2.4461	4.6419	147.8944
纺织服装、鞋、帽制造业	0.9507	1.3234	0.5074	27.4970
橡胶与塑料制品业	0.9304	4.2561	2.7786	14.8179
农副食品加工业	0.9167	2.4795	3.5872	136.4677
金属制品业	0.9150	4.2673	4.2482	41.3915
有色金属矿采选业	0.8711	4.0852	2.2209	191.1086
水的生产和供应业	0.8705	11.8774	0.2868	268.5399
非金属矿采选业	0.8616	7.5213	6.1315	57.3253
黑色金属矿采选业	0.8384	5.9796	8.2780	69.5276
石油和天然气开采业	0.8349	3.7276	1.0101	9.5745

续表

行业	IESERI - Sector	单位工业能耗强度（吨标准煤/万元）	单位工业废气排放强度（标立方米/元）	单位工业废水排放强度（吨/万元）
纺织业	0.8108	5.6615	3.2100	210.3997
有色金属冶炼及压延加工业	0.8081	10.1682	19.1471	26.5444
电力、热力的生产和供应业	0.7861	10.3777	76.7291	80.4019
石油加工、炼焦及核燃料加工业	0.7564	26.2906	28.8861	125.0629
燃气生产和供应业	0.7563	7.8365	6.8440	27.3080
造纸及纸制品业	0.7338	9.2328	18.8248	947.0476
煤炭开采和洗选业	0.6407	8.4227	1.9889	78.1001
非金属矿物制品业	0.6350	21.7467	68.7991	28.4167
黑色金属冶炼及压延加工业	0.6290	27.7535	59.7104	68.4380
化学原料及化学制品制造业	0.5752	17.3403	15.1241	175.0390

注：本表各工业行业以 IESERI - Sector 六年均值的大小由高到低排序；数据根据 2007—2012 年的《中国统计年鉴》、《中国能源统计年鉴》、《中国工业经济统计年鉴》、《中国环境统计年鉴》、《中国环境统计年报》等测算。

基于表 8-3 中的各均值，得到 IESERI - Sector 与各传统单一指标的相关关系图，具体如图 8-10 至图 8-12 所示。

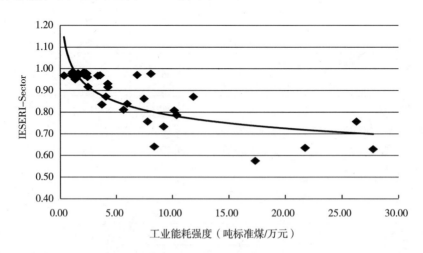

注：本图根据表 8-3 中数据而作。

图 8-10　IESERI - Sector 与工业能耗强度

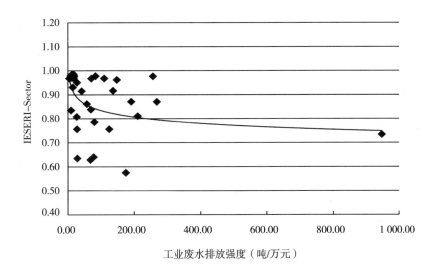

注：本图根据表 8 – 3 中数据而作。

图 8 – 11 IESERI – Sector 与工业废水排放强度

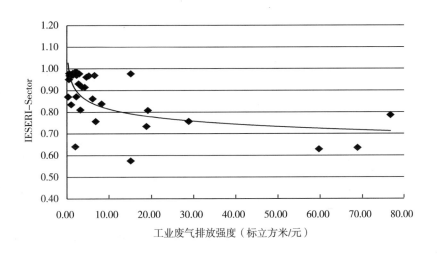

注：本图根据表 8 – 3 中数据而作。

图 8 – 12 IESERI – Sector 与工业废气排放强度

由图 8 - 10 至图 8 - 12 可知，无论是各工业行业能耗强度，还是废水排放强度、废气排放强度，三者与 IESERI - Sector 之间的关系同第六章的研究结果一致，相互间均存在较高的相关关系和协同关系，相关关系曲线都呈整体向右下方倾斜的趋势。当 IESERI - Sector 较高时，工业行业能耗强度、废水排放强度和废气排放强度则较低；反之，当 IESERI - Sector 较低时，工业行业能耗强度、废水排放强度和废气排放强度则较高。这一结果与理论的预期也是一致的。同时可以看到，三条相关关系曲线的前半部分也都比较陡峭，后半部分也都相对比较平坦，这表明当 IESERI - Sector 较高时，其对工业能耗强度、废水排放强度和废气排放强度的变化也较为敏感，较小的强度变动就会引起效率的较大变化；而当 IESERI - Sector 较低时，其对三个强度指标的变化则不那么敏感。可见，在行业视角，传统单一强度指标对 IESERI 的影响也呈现出边际效率递减的特征。这一结论也再一次验证了本书构建的工业节能减排指数进行效率测度时的准确性、客观性和可靠性。

第三节　中国工业行业节能减排效率的聚类分析

节能减排效率高低不同的行业，其发展过程中对能源、资源的利用及污染物排放有较大差异，因此需要制定有差异性的政策措施，因业制宜，改善节能减排效率，最大限度地实现中国工业的可持续发展。本部分按照区域节能减排效率聚类分析的方法，将 36 个工业行业分为高节能减排效率行业、中节能减排效率行业和低节能减排效率行业 3 个组别，并对不同组别的节能减排情况进行深入的研究与分析。

为保证分类结果的客观性与准确性，本部分同样采用 Q 型聚类法，距离的计算选用离差平方和距离，运用 SPSS 18，得出树状聚类图如图 8 - 13 所示。

根据图 8 - 13 中的树状聚类图，按照高节能减排效率行业、中节能减排效率行业和低节能减排效率行业的三分法，得出 36 个工业行业具体分类结果（见表 8 - 4）。

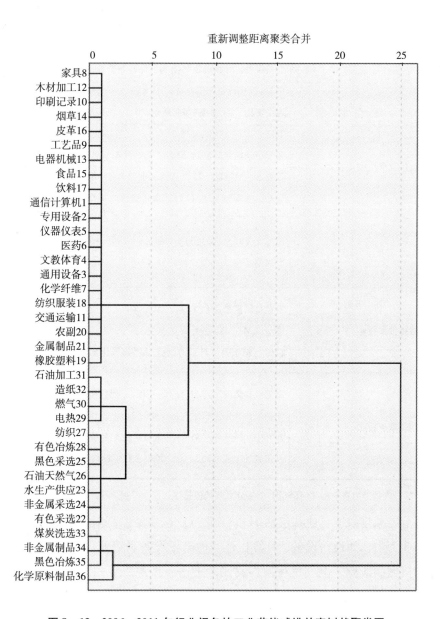

图 8－13　2006—2011 年行业视角的工业节能减排效率树状聚类图

表 8 – 4　　　2006—2011 年 36 个工业行业节能减排效率的聚类分析结果

行业组别	行业数	具体行业
高节能减排效率行业	21 个	通信设备、计算机及其他电子设备制造业（1）、专用设备制造业（2）、通用设备制造业（3）、文教体育用品制造业（4）、仪器仪表及文化、办公用机械制造业（5）、医药制造业（6）、化学纤维制造业（7）、家具制造业（8）、工艺品及其他制造业（9）、印刷业和记录媒介的复制（10）、交通运输设备制造业（11）、木材加工及木、竹、藤、棕、草制品业（12）、电气机械及器材制造业（13）、烟草制品业（14）、食品制造业（15）、皮革、毛皮、羽毛（绒）及其制品业（16）、饮料制造业（17）、纺织服装、鞋、帽制造业（18）、橡胶与塑料制品业（19）、农副食品加工业（20）、金属制品业（21）
中节能减排效率行业	7 个	有色金属矿采选业（22）、水的生产和供应业（23）、非金属矿采选业（24）、黑色金属矿采选业（25）、石油和天然气开采业（26）、纺织业（27）、有色金属冶炼及压延加工业（28）
低节能减排效率行业	8 个	电力、热力的生产和供应业（29）、燃气生产和供应业（30）、石油加工、炼焦及核燃料加工业（31）、造纸及纸制品业（32）、煤炭开采和洗选业（33）、非金属矿物制品业（34）、黑色金属冶炼及压延加工业（35）、化学原料及化学制品制造业（36）

注：括号内数字为表 8 – 1 中 IESERI – Sector 六年均值排序。

　　高节能减排效率行业共包括 21 个工业行业，主要以高新技术产业和战略性新兴产业为主，如通信设备、计算机及其他电子设备制造业，仪器仪表及文化、办公用机械制造业、电气机械及器材制造业等。按照工业门类分，这些行业全部属于制造业，没有一个行业属于采矿业及电力、燃气及水的生产和供应业；按照轻、重工业分，15 个轻工业中有 12 个属于高节能减排效率行业，同时包括 9 个重工业。高节能减排效率行业平均 IESERI – Sector 高达 0.9646，远高于中、低节能减排效率行业的 0.8422 和 0.6891，也远高于全行业水平的 0.8795（见图 8 – 14、表 8 – 5）。而高节能减排效率行业单位工业增加值能源消耗强度、废水、废气和固体废物排放强度分别为 0.4189 吨标准煤/万元、7.3625 吨/万元、

0.4843 标立方米/元和 0.0003 吨/万元，均远低于中、低节能减排效率行业，且远低于全行业平均水平（见表 8-5）。

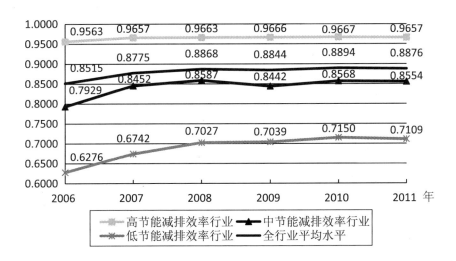

注：本图根据表 8-1 中相关数据而作。

图 8-14　2006—2011 年高、中、低节能减排效率行业的 IESERI - Sector

中、低节能减排效率行业主要以资源密集型、劳动密集型和资本密集型行业为主，如有色金属矿采选业、黑色金属矿采选业、石油和天然气开采业、纺织业等，尤其是资源密集型行业比重较大，占了 15 个行业的 80% 以上。按照工业门类分，采矿业及电力、燃气及水的生产和供应业全部属于中、低节能减排效率行业，同时部分制造业也属于这两个组别；按照轻、重工业分，15 个行业中，仅有水的生产和供应业、纺织业和造纸及纸制品业 3 个行业属于轻工业，其余全部是重工业。中、低节能减排效率行业的平均 IESERI - Sector 分别为0.8422、0.6891，远低于高节能减排效率行业水平和全行业平均水平（见图 8-14、表 8-5）。而中、低节能减排效率行业的单位工业增加值能源消耗强度、废水、废气和固体废物排放强度分别为 1.2935 吨标准煤/万元和 3.4859 吨标准煤/万元、17.6716 吨/万元和 25.6906 吨/万元、1.5008 标立方米/元和 8.9096 标立方米/元、0.0100 吨/万元和 0.0090 吨/万元，均远高于高节能减排效率行业水平和全行业平均水平（见表 8-5）。

表 8 – 5 2006—2011 年高、中、低节能减排效率行业能耗及污染物排放强度

指标及单位 行业组别	IESERI – Sector	单位工业 增加值能源 消耗强度	单位工业 增加值废气 排放强度	单位工业 增加值废水 排放强度	单位工业 增加值固体 废弃物排放强度
	—	吨标准煤/万元	吨/万元	标立方米/元	吨/万元
高节能减排效率行业	0.9646	0.4189	7.3625	0.4843	0.0003
中节能减排效率行业	0.8422	1.2935	17.6716	1.5008	0.0100
低节能减排效率行业	0.6891	3.4859	25.6906	8.9096	0.0090
全行业平均水平	0.8795	1.5625	15.6239	3.4107	0.0048

资料来源：根据《中国能源统计年鉴》、《中国区域经济统计年鉴》、《中国统计年鉴》、《中国环境统计年鉴》、《中国工业经济统计年鉴》、表 8 – 1 等相关数据测算。

高、中、低节能减排效率行业的聚类结果及组别特征再一次证明了中国大力发展高新技术产业和战略性新兴产业对调整产业结构、转变经济发展方式的重要性和必要性。同时，对于资源密集型、劳动密集型和资本密集型等部分重工业，则应通过淘汰落后产能等政策措施进一步加以控制和限制，以着实降低中国工业整体的能源消耗和污染物排放，提高中国工业节能减排效率。

第九章　影响中国工业行业节能减排效率的主要因素

基于 SBM – DDF 模型的行业节能减排指数 IESERI – Sector，本书第八章测度了 2006—2011 年中国 36 个工业行业的节能减排效率。为进一步分析不同因素对行业节能减排效率提高的作用方向及影响程度大小，从而提出相关的行业发展政策措施，寻求最优的行业节能减排路径，深入推进行业节能减排工作，本章将继续探究影响工业行业节能减排效率的主要因素。

第一节　影响中国工业行业节能减排效率主要因素的变量选择及面板数据模型构建

与第七章一致，本章以工业行业节能减排指数 IESERI – Sector 为因变量，构建 2006—2011 年的面板数据模型，重点考察技术创新、环境规制和行业异质性对高、中、低三种节能减排效率行业组别的节能减排效率影响。

一、技术创新变量选择及数据来源

技术创新也是影响行业节能减排效率的重要因素之一。按照前文区域节能减排效率影响因素的研究，本章仍然将技术创新细分为内生创新努力、国内创新溢出和国外技术引进三个方面，并分别用"大中型工业企业的 R&D 经费内部支出"和"大中型工业企业消化吸收经费支出"之和表示内生创新努力（II），用"购买国内技术经费支出"表示国内创新溢出（DI），用"引进技术经费支出"表示国外技术引进（TI），全面分析技术创新对工业行业节能减排效率的影响。

数据来自 2007—2012 年的《中国科技统计年鉴》、《中国工业经济统计年鉴》。高、中、低三组节能减排效率行业的内生创新努力、国内创新溢出和国外技术引进情况如表 9 - 1 所示。

表 9 - 1　2006—2011 年高、中、低节能减排效率行业内生创新努力 (II)、

国内创新溢出 (DI) 和国外技术引进 (TI) 均值　　单位：万元

年份	2006	2007	2008	2009	2010	2011
内生创新努力						
高节能减排效率行业	63 4876	728 531	878 159	1 095 480	1 353 174	2 010 902
中节能减排效率行业	219 792	222 795	269 299	371 373	466 343	652 979
低节能减排效率行业	493 766	666 498	838 461	1 016 950	1 264 877	1 891 288
国内创新溢出						
高节能减排效率行业	878 299	95 088	5 204	120 703	169 167	144 236
中节能减排效率行业	9 058	11 631	6 073	18 396	19 020	25 148
低节能减排效率行业	19 467	21 606	4 673	31 085	34 581	41 679
国外技术引进						
高节能减排效率行业	173 184	198 751	46 272	174 502	114 232	182 043
中节能减排效率行业	32 569	36 568	13 072	39 212	40 880	38 554
低节能减排效率行业	109 027	127 549	10 793	108 423	126 747	131 602

资料来源：根据 2007—2012 年的《中国科技统计年鉴》、《中国工业经济统计年鉴》中相关数据测算。

由表 9 - 1 可知，高节能减排效率行业的内生创新努力、国内创新溢出和国外技术引进均大幅高于中、低节能减排效率行业，且几乎是中、低节能减排效率行业各项技术创新指标之和。中、低两个节能减排效率行业组别的内生创新努力、国内创新溢出和国外技术引进也呈现区域节能减排效率组别的中节能减排效率行业较低、低节能减排效率行业较高的局面，这与 IESERI - Sector 的趋势也有一定差异。究其原因可以发现，低节能减排效率行业组别中的 8 个行业，除了燃气生产和供应业技术创新投入较低，其余电力、热力的生产和供应业、石油加工、炼焦及核燃料加工业、黑色金属冶炼及压延加工业、化学原料及化学制品制造业等 7 个行业的技术创新投入都较高。尤其是黑色金属冶炼及压延加工业、化学原料及化学制品制造业两个行业，其技术创新投入之和几乎超过中节能减排效率行业组别中 7 个行业之和，可见这两个行业高度重视企业的技术研发与技术引进。

二、环境规制变量选择及数据来源

环境规制对节能减排效率的影响除了体现在区域角度，在行业角度的作用也较为明显，如陈诗一（2010）、周五七、聂鸣（2013）等的研究。[①]结合中国环境规制体制及环境保护现状，行业视角的环境规制也应该被细分为行政型环境规制和市场型环境规制，但由于中央和地方各级政府对各行业节能减排的环境规制明显弱于对区域的影响，缺乏专门的财政、金融等针对行业的强制性环境制度安排，如"三同时"制度等，且不存在相关的统计数据，因此无法将行业环境规制进行行政型和市场型的二维度细分。本部分借鉴傅京燕、李丽莎（2010）的方法，从环境规制的效果出发，结合工业废水、工业废气[②]和工业固体废物的排放与治理，构建同时评估三种污染物的多维度环境规制强度。[③]

为保证不同维度间污染物数据的可比，首先对各行业三种污染物环境规制效果指标工业废水排放达标率、工业废气排放达标率和工业固体废物综合利用率进行标准化处理，标准化方法采用最大最小值法：

$$S_{it}^{k} = \frac{(EI_{it}^{k} - Min\ EI_{t}^{k})}{(Max\ EI_{t}^{k} - Min\ EI_{t}^{k})} \tag{9.1}$$

式中，S_{it}^{k}表示i行业t时期k指标的标准化值，EI_{it}^{k}表示i行业t时期k指标的原始值，$Max\ EI_{t}^{k}$和$Min\ EI_{t}^{k}$分别表示t时期k指标在36个行业中的最大值和最小值。

不同行业的污染物排放和治理特点不同，且同一行业内不同污染物的排放程度差异也比较明显，因此需构建一个调整系数，对不同污染物治理赋予权重，反映不同行业不同污染物的治理力度：

$$M_{it}^{k} = (E_{it}^{k}/\sum \dot{E}_{t}^{k})/(IV_{it}/\sum IV_{t}) \tag{9.2}$$

式中，M_{it}^{k}为i行业t时期第k种污染物的调整系数；IV_{it}表示i行业t时期的工业增加值，$\sum IV_t$ 表示 t 时期各行业的工业增加值总值；E_{it}^k 表示 i 行业 t 时期第 k 种污染物排放量，$\sum E_t^k$ 表示 t 时期第 k 种污染物在各行业中的总排放量。

根据各指标的标准化值和调整系数，计算出 i 行业在 t 时期最终的环境规制强度 $ERS-S_{it}$：

$$ERS-S_{it} = S_{it}^{water} \times M_{it}^{water} + S_{it}^{gas} \times M_{it}^{gas} + S_{it}^{solid} \times M_{it}^{solid} \qquad (9.3)$$

式中，$water$ 代表工业废水，gas 代表工业废气，$solid$ 代表工业固体废物。

数据来自 2007—2012 年的《中国环境统计年鉴》、《中国工业经济统计年鉴》和《中国统计年鉴》，以及 2006—2011 年的《中国环境统计年报》等，其中由于国家统计局和环境保护部对污染物排放和治理数据的统计口径进行了调整，2011 年的工业固体废弃物综合利用率由当年的综合利用量和产生量计算而来。高、中、低节能减排效率行业的环境规制强度如表 9-2 所示。

表 9-2 2006—2011 年高、中、低节能减排效率行业的环境规制强度 $ERS-S_{it}$

年份	2006	2007	2008	2009	2010	2011
高节能减排效率行业	0.4966	0.5314	0.5872	0.6220	0.4995	0.6400
中节能减排效率行业	2.1397	2.2000	2.3467	2.4283	2.7295	2.9510
低节能减排效率行业	4.3521	4.4269	4.4235	5.0440	4.8567	5.2439

资料来源：根据 2007—2012 年的《中国环境统计年鉴》、《中国工业经济统计年鉴》和《中国统计年鉴》，2006—2011 年的《中国环境统计年报》等相关数据测算。

由表 9-2 可知，高节能减排效率行业的环境规制强度 $ERS-S_{it}$ 均值为 0.5628，远低于中、低节能减排效率行业的 2.4659 和 4.7245，这表明节能减排效率越高，政府需要进行的环境规制强度越弱。高节能减排效率行业主要以高新技术产业和战略性新兴产业为主，这些行业生产过程中消耗的能源资源不多，排放的污染物也较少，因此政府对其环境管制较弱；中、低节能减排效率行业主要以资源密集型、劳动密集型和资本密集型的重工业为主，是中国主要的高污染、高能耗、高排放企业，因此政府对这些行业的环境监管较为严格，环境规制强度较大。同时，需要注意到，随着时间的推移，无论是高节能减排效率行业，还是中、低节能减排效率行业，其环境规制强度均呈逐年变强趋势，这意味着中国政府对工业的环境规制越来越重视，制定的环境管理制度越来越严格。

三、行业异质性变量选择及数据来源

36 个工业行业投入、产出、生产技术水平等的不同，也影响着各行业的节能减排效率。与前文区域工业节能减排效率的行业异质性变量选择不同，行业视角的研究难以进行行业内部结构的评价，而本章分析发现，在参与评估的 36 个工业行业中，普遍认为行业企业规模较大的石油和天然气开采业，电力、热力的生产和供应业，石油加工、炼焦及核燃料加工业等行业与行业企业规模较小的皮革、毛皮、羽毛（绒）及其制品业，食品制造业，木材加工及木、竹、藤、棕、草制品业等行业之间节能减排效率差异明显，因此，本章从行业企业规模（SE）的角度出发，研究行业异质性对行业视角工业节能减排效率的影响，并用各行业固定资产净值与各行业企业数之比来表示。

数据来自 2007—2012 年的《中国工业经济统计年鉴》、《中国统计年鉴》等，其中由于国家统计局统计口径的调整，2011 年的"各行业固定资产净值"并未直接统计，由作者计算"各行业固定资产原值"与"累计折旧"之间的差值而来。高、中、低节能减排效率行业的行业企业规模如表 9-3 所示。

表 9-3　2006—2011 年高、中、低节能减排效率行业的行业企业规模 SE

单位：亿元/企业

年份	2006	2007	2008	2009	2010	2011
高节能减排效率行业	0.4028	0.4111	0.4101	0.4512	0.5184	0.6565
中节能减排效率行业	4.1733	4.5270	3.6239	4.2699	4.8022	7.0666
低节能减排效率行业	1.4029	1.4217	1.4534	1.7602	1.9753	2.5762

资料来源：根据 2007—2012 年的《中国工业经济统计年鉴》、《中国统计年鉴》等相关数据测算。

行业企业规模 SE 的内涵为每个企业的固定资产净值规模，SE 值越大，则表示该行业组别企业的平均规模越大。由表 9-3 可知，高节能减排效率行业和低节能减排效率行业两个组别中，节能减排效率越高，则企业的平均规模越小。而中节能减排效率行业组别的行业企业规模之所以远高于高、低节能减排效率行业两个组别，是因为该组别中的石油和天然气开采业的 SE 较高，其平均规模达到每个企业 30 亿元左右的固定资产净值。去掉该行业，则中节能减排效率行业的行业企业规模仅为 0.5332 亿元/企业，高于高节能减排效率行业的 0.4750 亿元/企业，低于低节能减排效率行业的 1.7650 亿元/企业，与上述"节能减排效率越高，则企业的平均规模越小"的结论一致。

四、工业行业节能减排效率影响因素分解的面板数据模型构建

根据以上变量选择，本书以工业行业节能减排效率 IESERI – Sector 为因变量，以技术创新（包括内生创新努力，II；国内创新溢出，DI；国外技术引进，TI）、环境规制（$ERS - S$）、和行业异质性（SE）为自变量，构建面板数据模型。为消除异方差，以提高模型估计的准确性，本书在构建模型时对绝对数变量进行对数化处理。由于本部分重点分析各因素对行业节能减排效率的影响，则假定各系数满足时间一致性，面板模型可表示为[①]

$$IESERI - Sector_{it} = \alpha_i + \beta_{1i}\, lnII_{it} + \beta_{2i} ln\, DI_{it} + \beta_{3i}\, lnTI_{it}$$

$$+ \beta_{4i}\, ERS - S_{it} + \beta_{5i}\, SE_{it} + \varepsilon_{it} \qquad (9.4)$$

与第七章区域工业节能减排效率影响因素分解的面板数据模型构建类似，在系数时间一致性的前提下，也存在变系数模型（9.4）、变截距模型（9.5）和混合模型（9.6）的选择问题。本章继续构建变截距模型（9.5）和混合距模型（9.6）的统计量 F_1 和 F_2 进行协方差分析，协方差结果如表 9 - 4 所示。

$$IESERI - Sector_{it} = \alpha_i + \beta_1\, lnII_{it} + \beta_2 ln\, DI_{it} + \beta_3\, lnTI_{it}$$

$$+ \beta_4\, ERS - S_{it} + \beta_5\, SE_{it} + \varepsilon_{it} \qquad (9.5)$$

$$IESERI - Sector_{it} = \alpha + \beta_1\, lnII_{it} + \beta_2 ln\, DI_{it} + \beta_3\, lnTI_{it}$$

$$+ \beta_4\, ERS - S_{it} + \beta_5\, SE_{it} + \varepsilon_{it} \qquad (9.6)$$

表 9 - 4　工业行业节能减排效率影响因素分解面板数据模型选择的协方差分析检验

组别	S_1	S_2	S_3	F_1	F_2	结论
高节能减排效率行业	0.0015	0.0065	1.3010	0.6955	150.6976	接受变截距模型假设，选用变截距模型（9.5）
中节能减排效率行业	0.0021	0.0145	0.3963	1.3722	36.4167	接受变截距模型假设，选用变截距模型（9.5）
低节能减排效率行业	0.0024	0.0162	0.8520	1.2852	66.1029	接受变截距模型假设，选用变截距模型（9.5）

---

① 蔡宁、吴婧文、刘诗瑶：《环境规制与绿色工业全要素生产率——基于我国 30 个省市的实证分析》，载《辽宁大学学报》，2014（1）。

以上协方差分析结果显示，高、中、低节能减排效率行业三个组别的面板数据模型都接受变截距模型假设，选用变截距模型（9.5）。

第二节　各因素对中国行业视角的节能减排效率影响

上文的研究确定了高、中、低三个节能减排效率行业都选用变截距模型，即

$$IESERI - Sector_{it} = \alpha_i + \beta_1 \, lnII_{it} + \beta_2 ln \, DI_{it} + \beta_3 \, lnTI_{it}$$
$$+ \beta_4 \, ERS - S_{it} + \beta_5 \, SE_{it} + \varepsilon_{it} \qquad (9.5)$$

分别对各组模型进行 Huasman 检验，结果显示三个行业都应建立固定效应模型。根据伍德里奇检验和 B – P 检验结果，模型也存在一阶自相关且异方差显著，本书采用面板修正标准差法对回归方程进行修正，最后各模型估计结果较好，基本通过了显著性检验，具体如表 9 – 5 所示。

表 9 – 5　　　　技术创新、环境规制、行业异质性对工业行业节能

减排效率 IESERI – Sector 的影响

变量	高节能减排效率行业	中节能减排效率行业	低节能减排效率行业
lnII	0.0336 *	0.0038 ***	0.0213 *
	(4.9278)	(0.9197)	(2.8143)
lnDI	0.0061 **	0.0004 ***	0.0050 **
	(2.2275)	(0.1495)	(1.8134)
lnTI	0.0008 ***	0.0016 ***	0.0098 *
	(1.6954)	(0.6250)	(3.1107)
ERS – S	– 0.0024 ****	0.0066 **	0.0018 ***
	(– 1.0698)	(1.7494)	(0.5425)
SE	0.0065 **	– 0.0019 **	– 0.0050 ***
	(2.2501)	(– 1.8975)	(– 0.5915)
C	– 1.0049 *	– 0.7915 *	– 0.4758 *
	(– 17.6380)	(– 19.6300)	(– 5.6592)
R^2	0.9590	0.8064	0.9740

注：*、**、***、****分别表示估计系数在1%、5%、10%和20%水平上显著；回归系数下方的数值为 t 统计量。

一、技术创新对行业节能减排效率的影响

内生创新努力、国内创新溢出和国外技术引进三种形式的技术创新对 IE-SERI – Sector 的回归系数全都为正，这表明技术创新对提高中国行业节能减排效率是有积极意义的，但不同类型的技术创新其影响系数大小不一，这意味着其对行业节能减排效率提高的作用程度有一定差异。

内生创新努力在高、中、低三个节能减排效率行业中的系数都是最大的，这表明企业的自主创新对 IESERI – Sector 的提高比企业吸收引进国内外技术的作用要大，这与前文区域节能减排效率中的研究一致。横向比较发现，高、中、低三个节能减排效率行业内生创新努力的系数呈现高节能减排效率行业最高、低节能减排效率行业次之、中节能减排效率行业最低的局面，可能的原因是：首先，如表 9 – 1 所示，高、中、低三个节能减排效率行业在内生创新努力方面的投入年均值分别为 1 116 854 万元、367 097 万元和 1 028 640 万元，高节能减排效率行业投入最多、低节能和中节能减排效率行业投入依次次之，决定了其对 IESERI – Sector 作用的大小。其次，高节能减排效率行业主要以战略性新兴产业、高新技术产业和轻工业为主，企业自主研发能力较强，而中、低节能减排效率行业主要以资源型、资本密集型和劳动密集型的重工业企业为主，企业自主研发能力相对较弱。最后，中、低节能减排效率行业中的石油和天然气开采业，电力、热力的生产和供应业，黑色金属矿采选业，有色金属冶炼及压延加工业等大都是大型国有企业、垄断性企业，这些企业在垄断利润仍然可观的前提下缺乏自主创新的动力，他们更倾向于吸收或购买现在已有的技术，因此内生创新努力对节能减排效率的提高影响作用相对较小，而高节能减排效率行业多以非垄断性企业为主，企业为了在激烈的市场竞争中生存，自主创新是其提高自身竞争力的有效途径之一，自主创新动力较足，则对节能减排效率的提高影响较大。这一结论间接地证明了中国工业要实现可持续发展，打破企业垄断，大力发展战略性新兴产业和高新技术产业是非常重要的。

国内创新溢出的系数明显低于内生创新努力和国外技术引进，这是因为在三项技术创新中，国内各行业都不太重视国内技术的消化吸收，大都以企业自主创新和国外技术引进为主，因此对国内创新溢出的投入最低，表 9 – 1 也对此

提供了证据。高、中、低三个节能减排效率行业中，高节能减排效率行业系数较大，中、低节能减排效率行业系数较小，这是因为前者包含的战略性新兴产业和高新技术产业技术创新比较活跃，同行业中技术进步的可能性较大，因此技术溢出正效应相对明显；而中、低两个组别行业技术创新环境相对沉闷、行业整体技术水平相对较低，行业内或相似行业间的技术影响不够，则技术溢出正效应不高。这一结论指出，中国工业在可持续发展过程中，对消化吸收同行业或行业间节能减排技术做得还不够好，但实际上这一技术创新形式较之于另外两种技术创新成本是最低的，各级政府要加强这方面的引导，着力提高企业消化吸收技术的意识和经费投入。

国外技术引进的系数低于内生创新努力、高于国内创新溢出，在三种创新形式中对节能减排效率的影响居中。从测算结果看，国外技术引进在低节能减排效率行业中的系数最大，在中、高组别中的系数依次递减，可能的原因是：一方面，如前所述，低、中节能减排效率行业以大型国企和垄断性企业为主，企业自主创新动力不足，更倾向于引进国外已有的先进技术，则其系数较大；而高节能减排效率行业中的企业则主要将资金用于自主研发，对国外技术引进存在一定的挤出效应，因此呈现高、中、低组别系数依次递减的局面。另一方面，由于国内行业政策的限制，中、低节能减排效率行业中的资源型企业对外资的接纳程度不高，引进的国外技术有限，一旦国家政策放开，国外技术对这些行业节能减排效率的提高将有极大改善，技术的边际作用明显，故其系数较大；而高节能减排效率行业大都不存在国家政策的限制，企业引进国外技术较为普遍，国外技术对节能减排效率提高的影响已经饱和，技术的边际作用递减，故其系数较小。同区域节能减排效率中的结论一致，这一结论证明了在技术领域中国不存在"污染避难所"现象，国际社会转移到中国的技术有利于中国工业的可持续发展，但不同行业对国外技术引进的效果差异较为明显。

二、环境规制和行业异质性对行业节能减排效率的影响

环境规制对中、低节能减排效率行业的影响系数为正，对高节能减排效率行业的影响系数为负，这表明加强对中、低行业的环境规制有利于节能减排效率的提高，而对高节能减排效率行业则应适当放开环境管制，这与区域节能减

排效率研究中的结论一致。高节能减排效率行业的环境污染相对较轻，环境规制强度较弱（见表9-2），因此环境规制的作用不那么明显。且高节能减排效率行业更多地依靠技术创新实现节能减排效率的提高，环境规制成本可能还挤占了其技术创新投入，因此系数表现为负。中、低节能减排效率行业环境污染较为严重，环境规制强度较大，环境规制的作用明显。且中、低节能减排效率行业较之于高节能减排效率行业在技术创新方面的投入相对不足，不存在资源挤占问题，强制性的环境制度安排有利于节能减排效率的提高。

行业异质性中的行业企业规模系数在高节能减排效率行业中为正，在中、低节能减排效率行业中为负，这意味着行业企业规模越小，越有利于节能减排工作的进行。规模较小的企业通常较为灵活，其日常运营的成本相对较低，企业拥有更多的资源用于节能减排。同时，小而精的企业在行政命令的传达效率上更高，节能减排政策的实施更为有效。规模较大的企业需要更多的资源用于企业的日常运营，可用于节能减排的资源则相对有限。同时，繁杂、长冗、低效的行政命令传达严重影响了节能减排工作的开展，直接影响了企业的节能减排效率。这一结论证明了部分行业国进民退、大规模兼并不利于节能减排工作的深化与推进。

总的来看，三种形式的技术创新对提高中国行业节能减排效率都有重要意义，特别是企业的内生创新努力，其对节能减排效率的改善明显优于国内创新溢出和国外技术引进。环境规制对中、低节能减排效率行业 IESERI - Sector 的提高有积极作用，但在高节能减排效率行业进行的环境规制却要适度，以防挤占技术创新资源。规模较大的工业企业不利于节能减排效率的提高，中国工业要实现可持续发展，应适当降低企业规模，发展小而精的中小型企业和小微企业。

第十章 结论与建议

前文九章分析了中国工业节能减排的背景、现状及存在的问题，回顾和梳理了目前研究工业节能减排效率及其影响因素的理论和方法，通过借鉴数据包络分析测度生产效率的模型，以非径向、非导向性基于松弛测度的方向距离函数 SBM－DDF 为基础，构建了一种新型的工业节能减排指数 IESERI，评估和测度了 2006—2011 年中国大陆 30 个省份及 36 个工业行业的节能减排效率，并剖析了区域和行业视角工业节能减排效率的特征与格局，建立面板数据模型，探究了影响中国区域和行业工业节能减排效率的主要因素。本章在前文分析研究的基础之上，总结前文的主要研究结论，并提出通过改善工业节能减排效率提高中国工业生态文明水平，推进新型工业化，实现工业可持续发展的政策与建议。

第一节 主要研究结论

基于区域视角和行业视角的节能减排效率及其影响因素研究，本书的主要结论包括以下几个方面。

一、总体而言，中国工业节能减排效率位于一个相对较高的水平，中国工业可持续发展处于重要的战略转型期

2006—2011 年，中国大陆 30 个省份的工业节能减排效率均值为 0.8747，36 个工业行业的节能减排效率均值为 0.8795，二者都接近工业节能减排效率的前沿面，工业节能减排效率水平较高。

30 个省份中，有 18 个省份工业节能减排效率高于全国平均水平，广东、北

京、浙江、青海、吉林、江苏、天津、上海 8 个省份的工业节能减排效率更是超过 0.95；36 个工业行业中，有 21 个工业行业的节能减排效率高于全行业平均水平，通信设备、计算机及其他电子设备制造业、专用设备制造业、通用设备制造业、文教体育用品制造业、仪器仪表及文化、办公用机械制造业等 18 个行业的节能减排效率也超过 0.95。中国过半的省份和行业工业节能减排效率处于领先地位，部分省份和行业具备在新一轮新型工业化进程中进一步转型升级的能力，中国工业可持续发展处于质量由低到高、规模由小到大的重要战略转型期，区域和行业的中国工业可持续发展有望全面实现。

二、中国工业节能减排效率在区域和行业视角均存在非均衡发展特征，部分省份和行业节能减排效率亟待提高

30 个省份和 36 个工业行业中，虽然有过半的省份和行业处于领先地位，但仍然有 12 个省份和 15 个工业行业节能减排效率低于全国和全行业平均水平，部分省份和行业工业节能减排效率与领先者的差距非常之大，有待于进一步的提高与改善。如区域视角中的河北和山西，行业视角中的煤炭开采和洗选业、非金属矿物制品业、黑色金属冶炼及压延加工业、化学原料及化学制品制造业，这些省份和行业的工业节能减排效率均低于 0.65，与绝大部分省份和行业的工业节能减排效率差距较大，与全国和全行业平均水平的差距也较为显著，中国工业节能减排效率在区域和行业视角的非均衡发展特征明显，部分省份和行业节能减排效率亟待提高。

三、中国工业节能减排效率水平总体逐年增长，非均衡发展趋势有所改善

2006 年中国正式将节能减排作为工业可持续发展的强制性制度安排，各省份和行业节能减排处于初步探索阶段，因此当年工业节能减排效率相对较低，各省份和行业间效率水平差异显著。随着节能减排工作的进一步开展，一系列节能减排政策相继推出，节能减排技术不断被开发使用，区域工业节能减排效率水平由 2006 年的 0.7352 增长为 2011 年的 0.8916，行业节能减排效率水平由 2006 年的 0.8515 增长为 2011 年的 0.8876，区域和行业视角的节能减排效率水

平总体均逐年增长。在全国节能减排工作的深化与推进下，落后省份和行业工业节能减排效率存在对节能减排最优效率前沿的追赶效应，节能减排效率的两极分化差距缩小，节能减排效率水平整体提高，非均衡发展趋势有所改善。

四、中国区域工业节能减排效率呈现东部最高、中部次之、西部最低的态势，且各区域内部也存在一定的两极分化

由于中国东、中、西三大区域经济及工业发展水平有较大差异，东部地区高污染、高能耗、高排放的"三高"企业在节能减排进程中以淘汰落后产能等方式，已部分或全部转移到中部和西部地区，而中部和西部地区经济发展水平相对落后，且目前仍处于靠牺牲环境发展经济的重化工时期，全力实现经济增长仍然是其发展的首要目标，工业发展过程中不会太多关注资源节约与环境保护问题，因此东部地区的工业节能减排效率均值高达 0.9004，最高于 2009 年达到 0.9572，高于全国平均水平，也远高于中部和西部地区，中部和西部地区工业节能减排效率均值依次为 0.8626 和 0.8579，呈现中高西低的局面。

各区域内部，东部 11 个省份中，福建、辽宁和河北的工业节能减排效率低于东部平均水平，也低于全国平均水平；中部 8 个省份中，湖南、安徽、山西的工业节能减排效率低于中部平均水平，也低于全国平均水平；西部 11 个省份中，四川、新疆、云南、广西、重庆工业节能减排效率也是低于西部和全国平均水平，中国东、中、西三大区域内部工业节能减排效率存在较为明显的两极分化。

五、战略性新兴产业、高新技术产业比重较高的制造业节能减排效率普遍较高，资源密集型、劳动密集型和资本密集型的采矿业、电力、燃气及水的生产和供应业节能减排效率普遍较低；轻工业节能减排效率普遍较高，重工业节能减排效率普遍较低

在国家划分的采矿业、制造业、电力、燃气及水的生产和供应业三大工业门类中，战略性新兴产业和高新技术产业比重较高的制造业能源消耗少，工业废水、废气和固体废物排放量小，节能减排效率均值高达 0.9001。而以资源密集型、劳动密集型和资本密集型为主的采矿业、电力、燃气及水的生产和供应

业环境污染较为严重，生态破坏比较明显，节能减排效率均值分别为 0.8093 和 0.8043，节能减排效率较低。

15 个轻工业节能减排效率均值达到 0.9326，且绝大部分行业排名靠前，有 12 个行业均值高于全行业平均水平；而 21 个重工业节能减排效率均值仅为 0.8416，排名后 10 位的工业中重工业多达 8 个，与轻工业及全行业平均水平差距明显，节能减排效率普遍偏低。

六、技术创新对区域和行业视角的工业节能减排效率提高都有积极的影响，且内生创新努力、国内创新溢出和国外技术引进三种形式的技术创新中，不同类型的技术创新其影响程度略有差异

内生创新努力、国内创新溢出和国外技术引进三种形式的技术创新对工业节能减排效率的回归系数几乎都为正，这表明技术创新对提高中国工业节能减排效率是行之有效的。无论在区域工业节能减排效率面板模型中，还是在行业节能减排效率面板模型中，内生创新努力在高、中、低三个工业节能减排效率组别中的系数都是最大，这说明企业更多地依靠自主创新提高工业节能减排效率。

国内创新溢出和国外技术引进二者之间，高工业节能减排效率地区国外技术引进的作用更为明显，高节能减排效率行业则是国内创新溢出的作用更为显著；中工业节能减排效率地区和行业国外技术引进的作用明显强于国内创新溢出，区域视角的国内创新溢出系数甚至为负数；而低工业节能减排效率地区国内创新溢出和国外技术引进二者的影响差异不大，行业视角则是国外技术引进的作用强于国内创新溢出。

七、环境规制对中、低工业节能减排效率地区和行业工业节能减排效率的改善都有重要意义，对高工业节能减排效率地区和行业则有消极的影响

无论是区域视角还是行业视角，环境规制对中、低工业节能减排效率组别的系数都为正，对高工业节能减排效率组别的系数都为负，这表明加强对中、低地区和行业的环境规制有利于工业节能减排效率的提高，而对高工业节能减

排效率组别则应适当放开环境管制，以免不必要或过多的环境成本挤占企业技术创新资源，反而影响工业节能减排效率的改善。

八、工业结构和行业企业规模等行业异质性对工业节能减排效率的改善也有一定的意义

重工业比重对高、中、低工业节能减排效率地区的影响系数都为负，这表明各地区重工业所占比重越高，越不利于节能减排效率的提高。重工业是高能耗、高污染、高排放的主要来源，其在工业中所占比重越大，能源消耗和污染物排放就越多，造成的环境污染就越厉害，越不利于节能减排工作的开展，这证明了优化调整工业产业结构，加快转变工业发展方式在工业可持续发展中的必要性和紧迫性。

而行业企业规模系数在高节能减排效率行业中为正，在中、低节能减排效率行业中为负，这意味着行业企业规模越小，越有利于节能减排工作的进行。规模较小的企业通常较为灵活，其日常运营的成本相对较低，企业拥有更多的资源用于节能减排，而规模较大的企业需要更多的资源用于企业的日常运营，可用于节能减排的资源则相对有限，且繁杂、长冗、低效的行政命令传达严重影响了节能减排工作的开展，直接影响了企业的节能减排效率，这证明了部分行业国进民退、大规模兼并不利于节能减排工作的深化与推进。

第二节 进一步提高中国工业节能减排效率的建议

以上研究结论明确了2006—2011年中国区域和行业视角工业节能减排效率的现状及存在的问题，剖析了区域和行业视角工业节能减排效率的水平、特征与格局，找到了技术创新、环境规制、行业异质性等影响工业节能减排效率的机制与路径。总体而言，中国工业节能减排效率位于一个相对较高的水平，区域和行业视角工业的可持续发展有望全面实现，但目前为止仍然没有任何一个区域或行业达到节能减排的最优生产前沿面，区域和行业节能减排效率非均衡发展特征明显，且部分省份和行业节能减排效率非常低，节能减排工作亟待改善。为进一步提高中国工业节能减排效率，以实现中国工业的生态文明，深化

中国工业节能减排工作，完成中国工业节能减排任务，推进中国工业新型工业化，助力中国工业的可持续发展，本部分结合以上分析，提出如下几方面的建议。

一、加大各省（自治区、直辖市）和各行业淘汰落后产能的力度

淘汰落后产能是中国节能减排工作的重要手段和方式之一，是中国建设资源节约型社会，提高能源利用质量和效率的重大举措。2006年至今，中国工业通过抑制重复建设、关停能耗过剩产业等措施，淘汰落后产能取得一定成效，但长期以来中国工业发展结构性矛盾较为突出，落后产能退出的激励和约束机制不够完善，地方各级政府对淘汰落后产能工作认识上存在偏差，严重影响了中国淘汰落后产能工作的开展，制约了节能减排效率的提高。[①] 2012年，陕西电力行业、湖南铅蓄电池行业没有完成淘汰落后产能任务，辽宁、陕西、湖南、安徽、重庆、四川等12省份落后产能主体设备虽已关停，但尚未按要求彻底拆除[②]，而这些正好是工业节能减排效率较为低下的省份和行业。为进一步加大淘汰落后产能的力度，中央和地方各级政府应健全和完善淘汰落后产能的长效机制，提高对淘汰落后产能工作的科学认识，明确责任，加强奖惩，以提高工业节能减排效率。

（一）健全和完善淘汰落后产能的长效机制

党的十八届三中全会提出"紧紧围绕使市场在资源配置中起决定性作用深化经济体制改革"，强调了市场在经济发展中的决定地位，淘汰落后产能的行政指导和政府干预很重要，但同时也应该充分利用市场看不见的手进行调控，综合运用经济、法律、技术等手段，健全完善淘汰落后产能的长效机制。一方面，通过制定更高的能耗和污染物排放标准，严格市场准入；进行严格的环境评估，抑制落后产能重复建设；通过低碳环保的产业指引，使资本流向低能耗低污染产业；支持优势企业兼并重组落后企业，提供相应的优惠政策。另一方面，深化能源资源价格改革，以市场成本淘汰落后产能；提高产品的碳排放标准，增

---

① 国务院办公厅：《国务院关于进一步加强淘汰落后产能工作的通知》，（国发〔2010〕7号），2010 - 04 - 10。

② 工业和信息化部、国家能源局：《2012年全国淘汰落后产能目标任务完成情况》，2013 - 11 - 21，http：//www.miit.gov.cn/n11293472. n11293832/n12845605/n13916898/n15753792.filesn15753431.pdf。

强低碳产品的市场竞争力；制定和开征环境税，通过财税政策进行市场调节；鼓励消费者选择绿色产品，减少高碳、高污染产品的市场需求。

（二）高度重视部分重点行业的淘汰落后产能工作，持续推进结构性节能减排

部分资源密集型、劳动密集型和资本密集型的行业节能减排效率较低，节能减排任务艰巨，因此必须高度重视这些行业的淘汰落后产能工作。一方面，要切实落实《国务院关于化解产能严重过剩矛盾的指导意见》，以钢铁、水泥、电解铝、平板玻璃、船舶等行业为化解产能严重过剩矛盾的主要对象，同时指导其他产能过剩行业化解工作，逐步实现相关行业产能规模基本合理、发展质量明显改善、长效机制有效建立的目标。另一方面，要按照工业和信息化部、国家发展和改革委员会、财政部等部门出台的《关于加快推进重点行业企业兼并重组的指导意见》要求，以钢铁、水泥、电解铝、稀土等行业为重点，推进企业兼并重组，调整优化产业结构。此外，工业和信息化主管部门要尽快研究制定工业行业的用水、用地标准，用节能减排要求优化产业结构，促进结构性节能减排。①

（三）提高各级政府对淘汰落后产能的科学认识

淘汰落后产能不仅仅是一项产业结构调整政策，其关乎的是中国经济发展方式的转变，以及中国工业的可持续发展和人类与地球的永续共存。淘汰落后产能工作不仅仅是被动地接受上级的行政命令，而应积极主动应对，提前科学布局，坚定贯彻实施。淘汰落后产能要清楚地了解产业中优势企业和落后企业的标准，厘清产业在中国及全球的发展状况，明确产业的未来发展方向。各级政府要将淘汰落后产能作为经济发展中的首要任务之一，在发展的同时不忘资源节约与环境友好，既要经济增长，又要可持续发展，使增长与可持续同时实现。

（四）制定更为科学、严厉的淘汰落后产能考核、奖励和惩罚措施

现行的淘汰落后产能任务从中央到地方逐层分解，责任明确，任务清晰，但考核、奖励和惩罚措施却不够严厉。"十一五"规划纲要和"十二五"规划纲

---

① 中国能源网：《2014年我国工业节能减排形势分析》，http：//www.china5e.com/index.php？m = content&c = index&a = show&catid = 13&id = 863025。

要对节能减排任务的描述是："单位国内生产总值能耗降低20%左右、主要污染物排放总量减少10%"和"单位国内生产总值能源消耗降低16%，单位国内生产总值二氧化碳排放降低17%。主要污染物排放总量显著减少，化学需氧量、二氧化硫排放分别减少8%，氨氮、氮氧化物排放分别减少10%"。从考核对象来看，节能主要是"国内生产总值能耗"这一强度指标，减排则由"主要污染物"总量指标细化为"国内生产总值二氧化碳"强度指标及"主要污染物"、"化学需氧量、二氧化硫"和"氨氮、氮氧化物"总量指标。仔细研究发现，这一考核体系的设置相对单一，量化简单粗暴，存在一定的不科学性。比如节能中的强度指标，在中国经济持续高速增长的背景下，"国内生产总值能耗"下降，但能源消耗总量可能会上升，而且因中国经济总量较大，能耗上升的幅度也会很大，强度是下去了，但总量却增加了。是不是应该建立包括能源的强度、总量等多维度指标体系，使考核机制更为科学？又比如减排指标中，"化学需氧量、氨氮、二氧化硫、氮氧化物"是废水和废气的主要污染物，但废水和废气中还有其他主要污染物，包括挥发酚、氰化物、烟尘、粉尘等，其对环境的危害也极为严重，甚至不比"化学需要量、二氧化硫"等弱，是不是这些污染物也应该明确其减排任务，使考核机制更为精细？

除了考核机制，奖励和惩罚措施也应该更科学和严厉。传统的资金奖惩是最基本的措施，但同时还可以结合以下几个方面：一是与政府政绩考核相结合，实行一票否决制。对于没有完成节能减排任务的，官员的迁升、评优等概不考虑，部分淘汰落后产能工作进展极为缓慢的，还应追加有关责任人的具体责任；对于超额完成任务的，则予以优先考虑。二是与地方政府财税、产业政策等挂钩。对于没有完成任务的，次年财税不足额拨付，部分产业发展国家不给予优惠政策；对于超额完成的，则足额拨付次年财税，同时优先考虑相关的产业政策。三是加强社会和舆论的监督，及时将各省份、企业和个人淘汰落后产能工作情况进行公布，加强民众对淘汰落后产能工作的参与。

二、积极运用市场手段推动节能减排工作

淘汰落后产能是节能减排工作代表性行政手段之一，正在并且将来仍会发挥巨大作用。除了行政手段以外，依靠市场机制提高节能减排效率，对节能减

排进行调控也显得尤为重要。较之于行政手段，市场手段对能源资源供需影响更为直接、有效。目前国内外对节能减排的市场调控主要有三种方式：一是放开能源资源的价格管制，推动能源和环保产业的市场化；二是合理征收资源税和环境税，通过财税手段进行市场调节；三是进行碳和排污权交易，大力发展绿色金融。然而中国在这三方面的制度安排和贯彻实施均差强人意，大部分仍处于起步阶段，未来有待于进一步的加强。

（一）放开能源资源的价格管制，推动能源和环保产业的市场化

鉴于能源资源等战略物资对国民经济安全和发展的重大影响，多年来，中国对其的定价机制一直没有完全放开，能源资源的市场化价格改革长期处于研究试点阶段。市场化程度较低的价格机制丧失了对能源资源优化配置的功能，使大量能源资源流向传统高能耗、高污染、高排放企业。特别是前文分析的六大高耗能行业，多年来能耗占中国工业总能耗的 70% 以上，对应获得的产出却不成比例，价格机制失灵、资源配置扭曲情况比较严重。

党的十八大以来，中国已经提出"深化资源性产品价格和税费改革"，十八届三中全会又进一步明确"完善主要由市场决定价格的机制。凡是能由市场形成价格的都交给市场，政府不进行不当干预。推进水、石油、天然气、电力、交通、电信等领域价格改革，放开竞争性环节价格。"但目前这一领域的进展仍然较为缓慢，2013 年至今，仅分别调整了成品油价格定价机制、非居民用天然气价格机制和可再生能源电价标准，更为深入和大面积的能源资源价格改革仍然没有看到。放开能源资源的价格管制，推动能源和环保产业的市场化，这对实现能源资源的最优配置，以市场手段提高节能减排效率，深化节能减排工作非常重要。

（二）合理征收资源税和环境税，通过财税手段进行市场调节

开征资源税和环境税是提高节能减排效率又一有效的制度安排。本书的研究认为，资源税和环境税作为环境规制的市场型手段，对提高区域和行业视角的工业节能减排效率都有积极的影响。在市场价格机制尚未建立的前提下，资源税和环境税有助于缓解能源资源配置的扭曲，实现能源资源配置的效用最大化。对于能源消耗高和污染物排放严重的企业，资源税和环境税有效提高其生产成本，一方面让这些企业直接减少对能源的消耗和污染物的排放，另一方面

激励这些企业研发新的技术进行节能减排，此外还增加这些企业的产品成本，降低其市场竞争力，直至推出市场。

中国已经在开始研究并试点环境税和资源税。"十二五"规划纲要中提出，"推进环保收费制度改革，建立健全污染者付费制度，提高排污费征收率"，"积极推进环境税费改革，选择防治任务繁重、技术标准成熟的税目开征环境保护税，逐步扩大征收范围"。十八届三中全会明确"调整消费税征收范围、环节、税率，把高耗能、高污染产品及部分高档消费品纳入征收范围"，"加快资源税改革，推动环境保护费改税"。但中国目前严峻的资源、生态、环境形势要求开展资源税和环境税提速，特别是在工业领域，资源税和环境税的实施对工业的可持续发展有重要意义。

(三) 进行碳和排污权交易，大力发展绿色金融

碳金融和排污权交易是国际上通行的节能减排市场手段之一，自1960年科斯提出这一理论以来，国际社会对此的研究实施已有了较长时间。碳金融和排污权交易对节能减排效率高的企业有较强的激励作用，这可以促使它们进一步提高节能减排技术，"生产"出更高的碳和污染物减排能力，从而获得经济效益。而对于节能减排效率较低的企业，如果不改善节能减排能力，那么它们只能去购买其他企业的排放权，这将为企业高能源消耗和高污染物排放带来更多的成本，增加它们节能减排的动力和压力。

中国对碳和排污权交易的实践还处于研究探索阶段。20世纪90年代，为控制酸雨，中国引入了排污权交易制度，并在部分试点企业进行了为数不多的排污权交易。2007年，中国第一个排污权交易中心在浙江挂牌成立，随后排污权交易制度才引起各界的重视。由于目前中国环保制度的缺失，排污权交易受让主体范围较小，且现行排污权定价机制易造成不公平，排污权交易在中国尚没有全面推广。未来，中央和地方各级政府应建立健全排污权定价、强制实施等制度，扩大排污交易的范围，以绿色金融手段提高节能减排效率。

三、坚定不移地调整工业产业结构

经历了21世纪新一轮快速工业化和重工业化过程，中国迈入了深重工业发展阶段，重工业总产值占工业总产值比重高达75%左右。重工业作为国民经济

命脉，我们不能不发展，但其同时也是工业高能耗、高污染、高排放的主要来源，严重制约中国工业可持续发展，需要加以调整和控制。本书的研究表明，节能减排效率较高的大都为战略性新兴产业、高新技术产业和轻工业，资源密集型、劳动密集型重工业节能减排效率普遍偏低。在面板数据模型分析中，重工业比重对高、中、低工业节能减排效率地区的影响系数都为负，重工业所占比重越高，越不利于节能减排效率的提高。因此，坚定不移地调整产业结构对提高工业节能减排效率有积极的作用。

（一）大力发展战略性新兴产业和高新技术产业

战略性新兴产业和高新技术产业对经济社会的长远发展具有重大的引领作用，主要包括节能环保产业、新能源产业、生物医药业、高端装备制造业等。这些产业的特点是成长潜力大、知识技术密集高、污染物排放少、能源资源消耗低，生产技术基本处于行业领先水平，生产经营过程低碳、绿色、环保，是典型的可持续发展产业。在本书的研究中，通信设备、计算机及其他电子设备制造业、仪器仪表及文化、办公用机械制造业、医药制造业、交通运输设备制造业、电气机械及器材制造业等战略性新兴产业和高新技术产业比重较高的行业节能减排效率均超过 0.95，接近节能减排效率前沿面，国家和各地方应大力发展这方面的企业，在创造较高经济效益的同时，节约了资源，保护了环境。

（二）调整控制资源密集型、劳动密集型等重工业的能耗结构和污染物排放

石油和天然气开采业、有色金属冶炼及压延加工业、电力、热力的生产和供应业、燃气生产和供应业、石油加工、炼焦及核燃料加工业、煤炭开采和洗选业、黑色金属冶炼及压延加工业等资源密集型、劳动密集型重工业是中国传统"三高"型企业，由于其生产技术水平较低，生产经营过程中不注重生态环境保护，经常出现环境被污染、生态被破坏、能源资源被大量消耗等事件，节能减排效率较低。要提高中国工业的节能减排效率水平，调整和控制这些行业的能耗结构和污染物排放是可行的路径之一。一方面，加强这些行业的技术创新，制定更高的能耗限额标准，研发引进更高水平的生产技术，以提高能源利用效率、污染物循环利用效率和污染物清洁效率；另一方面，加强对这些行业的环境监控，严格节能评估审查和环境影响评价，提高"三高"项目准入门槛，新项目的能效、环保指标要达到国内同行业、同规模领先水平，以更为健全和

完善的环保制度来推进减少行业的污染物排放，实现行业的清洁生产；此外，严格限制这些行业的进一步发展与布局，严禁核准产能过剩行业新增产能项目，坚决停建"三高"行业违规在建项目，完善加工贸易禁止类和限制类目录，淘汰落后产能企业，控制新企业的审批，减少这些企业的非必要增量。

（三）限制大中型企业的兼并重组，支持灵活、小精的中小企业和小微企业发展

面板数据模型的分析结果显示，行业企业规模系数在高节能减排效率行业中为正，在中、低节能减排效率行业中为负，这意味着总体来看，行业企业规模越小，则越有利于节能减排工作的进行。目前部分行业国进民退、大规模兼并的现象较为严重，甚至形成了行业垄断，这是不利于节能减排的。这些大型企业体制机制较为笨重，行政命令上下传导效率低，可用于节能减排的资源有限，且在存在垄断利润的前提下缺乏节能减排的动力，严重影响了节能减排效率。而规模较小的中小企业和小微企业则相对灵活，其日常运营成本低，企业拥有更多的资源进行节能减排，且这些企业进行环保技改的壁垒不高，节能减排动力较大，有利于节能减排工作的推行。

四、加强中西部地区工业的发展与扶持

本书的研究表明，中部和西部地区经济发展水平相对落后，目前仍处于靠牺牲环境发展经济的重化工时期，全力推动经济发展仍然是其首要目标，工业增长过程中不会太多关注资源环境问题，因此节能减排效率较低。要进一步深化这些地区的节能减排工作，缩小节能减排效率的区域不均衡，如果仅是从企业生产的资源节约与环境友好入手，只能治标而不治本。根本的原因是这些地区工业发展水平较低，高质量的产业、资金、技术等不会在这些地区落户，大都只能承接国外和国内东部地区转移的淘汰落后产业，以此造成恶性循环，能耗和环境污染问题越发严峻。因此，国家要加强对中西部地区工业的扶持，加强中西部地区工业人才培养与技术研发，不要盲目地招商引资，而应有条件地择资选资，全面推动中西部地区工业的发展。

（一）加强国家对中西部地区工业发展的扶持

由于部分历史原因及长期以来中国的区域发展政策和产业发展政策，致使

中国经济发展不均衡，东部地区较强、中西部地区较弱的局面逐步形成。近年来，国家先后施行西部大开发、中部崛起等战略，全面推动中西部地区的发展。但从发展的效果来看，中部和西部地区国民经济整体水平较多年前有较大进步，但总体仍然相对落后，需要加大扶持力度。国家应将部分战略性新兴产业和高新技术产业布局于中西部地区，引入适当的项目，投入资金和技术，同时结合中西部地区资源、劳动力等优势，充分开发中西部地区工业发展潜力。同时，对于中西部地区落后产能企业，除了进行传统的"等量置换"和"减量置换"，还可以适当考虑"增量置换"，在土地、财税补贴上予以优先，推动中西部地区工业的优化升级。

（二）加强中西部地区工业人才培养与技术研发

人才和技术与资本的趋利行为一样，在东部地区的配置较为优秀，在中西部地区则较为薄弱。科学是第一生产力，没有技术，工业难以高质量发展。而技术源自于人力资本，因此对人才的培养与技术的研发同等重要。中西部地区工业要发展，除了国家的扶持以外，还要着力进行人才培养与技术研发。一方面，可以与高校、科研机构、企业等联合培养人才、开发技术，大面积、多渠道地引进企业需要的人才与技术；另一方面，制定相应的人才落地政策，要保证将人才留住，减少不必要的人才流失；此外，加大中西部地区技术研发的投入力度，重视企业的自主研发，同时引进国内和国外同行业先进技术，提高企业生产技术水平。

（三）因地制宜，择资选资

中国各级政府政绩考核中对经济增长的强大压力，使各地不顾一切地招商引资，致使部分高能耗、高污染、高排放企业借机向经济相对落后的中西部地区转移。一方面，在当前全球经济重新布局的背景下，发达国家因环境等问题淘汰的落后产业向发展中国家转移，对资金和项目极度渴求的中国中西部地区成为这些国外企业的首选。另一方面，在东部地区淘汰落后产能过程中，部分难以生存的企业经过重新包装，在中西部地区得以继续生产，但却给当地带来了严重的环境污染，消耗了大量的能源资源。中西部地区在未来的发展中不应盲目地招商引资，而应该因地制宜，选择与地方发展最为契合的企业，加强对这些企业的环保评估，择资选资，在发展的同时节约资源、保护环境。

五、重视技术创新对节能减排的积极作用

戴彦德、白泉（2012）的研究表明，目前既有的节能减排技术虽还有一定潜力可挖，但效率上升空间日益趋窄，要进一步深化工业节能减排工作，必须进行技术创新。[①] 本书研究认为，无论是内生创新努力，还是国内创新溢出、国外技术引进，不同形式的技术创新对工业节能减排效率提高都有重要意义。为完成中国节能减排任务，使国家有效应对国际碳减排博弈及全球气候变化压力，实现中国工业的生态文明，必须重视技术创新对节能减排的积极作用。

（一）立足企业自主研发，促进国内节能减排技术交流，加快引进国外先进技术

企业自主研发在本书研究的三种形式技术创新中影响作用都是最大的，因此企业要立足于此进行节能减排技术创新。只有企业自身对现有的技术水平和技术需求最为了解，企业以此为基础，研发最符合企业实情的技术，才能最大限度地提高节能减排效率。对于节能减排效率较低的中西部地区和资源密集型、资本密集型、劳动密集型重工业，要多与节能减排效率高、技术水平先进的东部地区及战略性新兴产业、高新技术产业等进行节能减排技术交流，加快国内先进技术的技术转移。同时，加快国外先进技术的引进、消化、吸收和再创新，对先进节能减排技术进行税收减免，尤其是目前外资和国外技术进入较少的领域，打破部分政策限制，使之与国内的技术水平相融合，真正实现洋技术中用。

（二）成立节能减排技术中心

目前国内尚没有专门进行节能减排技术研究的中心或机构，更多的是企业结合自身技术水平进行的个人行为，研究资源及某些通用技术难以得到整合，规模效应和技术溢出效应难以得到体现。建议国家成立节能减排技术中心，针对不同的行业或某些大型的企业，联合高校、科研机构等共同攻关，专门进行节能减排重大、关键、共性技术研究，以实现节能减排技术的效益最大化。国家对节能减排技术中心在资金、人才、技术、政策上予以大力支持，积极推广、示范、试点中心研发出来的节能减排技术，实现这些技术的产业化发展。

---

① 戴彦德、白泉：《中国"十一五"节能进展报告》，北京，中国经济出版社，2012。

（三）积极引导生活节能减排技术的创新

生产节能减排技术创新固然重要，但生活节能减排技术的创新也应引起我们的重视。越来越多的研究表明，居民日常生活中对水、电等能源资源的浪费越来越严重，汽车尾气排放、城市生活垃圾等问题也日益突出。一方面，要加强企业研发生活节能产品，如新能源电器、汽车等，突破其中的关键性技术，使我们的生活更加绿色、低碳；另一方面，进行日常生活设施建设时，要科学布局、高效规划，研发节能环保技术建设绿色建筑；此外，加强对居民可持续发展观念的宣传教育，让民众主动积极地参与到生活节能减排工作中，购买高效节能产品，进行绿色环保消费，形成节能减排生活方式。

第三节　结束语

工业节能减排是中国建设生态文明和美丽中国，以绿色发展、低碳发展实现美丽中国梦的重要手段和方式之一，是新时期中国改变传统工业高能耗、高污染、高排放粗放式发展模式，推进中国新型工业化可持续发展的内在要求。在当前中国工业增长与资源、生态、环境矛盾日益突出的背景下，进一步深化工业节能减排工作，提高工业节能减排效率，完成工业节能减排任务，积极应对全球气候变化，是中国工业不得不面对的问题。然而，中国的节能减排工作不仅仅只是经济问题，历史、政治等因素在中国资本、资源、人力的配置中发挥了重要作用。正是新中国成立以来施行的优先发展重工业战略，使中国工业在实现跨越式增长的同时，由于长期的高投资催生了现在的高能耗、高污染和高排放。中国要彻底地解决能源消耗和污染物排放问题，除了要坚持市场经济改革，充分发挥市场的决定作用，政治体制改革、对部分行业的去行政化也尤为重要。

本书的研究也存在较多的局限性和不足之处。一是本书研究的时间跨度较短，数据的样本量有限，研究的结果可能存在偏差。节能减排政策从2006年开始实施，因此本书的研究只能从2006年开始。但无论是节能减排效率的测度，还是面板数据模型分析，6年的时间跨度样本数据都显得较少，研究结果只能是相对可信。二是本书依据效率与生产率理论，以非径向、非导向性基于松弛变量的方向距离函数为基础构建工业节能减排指数，目前对这一领域的研究相对较少，可借鉴和参照的文献非常有限，模型的部分细节处理不一定非常完善，且在经济学界不存在任何一个绝对完美拟合现实的模型，研究结果难免与现实存在一定出入。三是影响工业节能减排效率的除了技术创新、环境规制、行业异质性外，还有其他诸多因素，如地方政府竞争、制度设计等。但鉴于篇幅及面板模型变量数目限制等原因，本书暂不予以研究，其是笔者未来的研究方向与研究内容之一。四是鉴于笔者本人缺乏实际工作经验，对中国大陆 30 个省份和 36 个工业行业没有进行实践考察，更多的只是进行理论研究与分析，因此本研究可能有不当的地方，提出的政策建议可能有不切实际之处。事实上，这样类似的因素可能还有很多，理想很丰满，但现实很骨感，理论研究与实践往往存在较大差距，笔者只能用有限的精力和能力对最复杂的现象进行最简单的研究，能为中国的发展事业尽一份绵薄之力则无憾。

　　未来中国工业的节能减排工作，在行政手段已经发挥巨大作用的提前下，希望能看到更多的市场调控。应积极推进能源资源价格改革、资源税和环境税、碳金融和排污权交易、战略性新兴产业与高新技术产业的支持、"三高"企业的调控引导等，充分发挥市场对经济发展的决定作用，坚定不移地去掉经济运行中的行政化，运用市场看不见的手，实现能源资源的最优配置。

附录一

1978 年以来中国颁布制定的主要全国性节能减排专项行政法规①

序号	颁布时间	颁布单位	法规名称
1	1980 年 2 月 22 日	原国家经济委员会国家计划委员会	《关于加强节约能源工作的报告》
2	1986 年 1 月 12 日	国务院	《国务院关于发布〈节约能源管理暂行条例〉的通知》（已废止）
3	1986 年 6 月 27 日	铁道部	《铁路节约能源管理暂行细则》（已失效）
4	1986 年 8 月 19 日	化工部	《化工部关于化工系统实施国家〈节约能源管理暂行条例〉细则》
5	1986 年 8 月 20 日	交通部	《交通部关于发布〈交通行业节能管理实施条例〉的通知》
6	1986 年 10 月 14 日	国家医药管理局	《医药行业实施国务院〈节约能源管理暂行条例〉办法》
7	1987 年 1 月 10 日	城乡建设环境保护部	《城乡建设环境保护部关于颁发〈城市建设节约能源管理实施细则〉的通知》
8	1987 年 9 月 3 日	商业部	《商办工业节约能源管理实施办法》
9	1987 年 9 月 22 日	国家医药管理局	《医药工业企业节约能源管理升级（定级）暂行办法（试行）》
10	1988 年 12 月 27 日	交通部	《交通部关于印发〈交通行业国家级节约能源管理升级（定级）审定办法〉的通知》

① 笔者根据国务院、国家发展和改革委员会、环境保护部、住房和城乡建设部、工业和信息化部、科技部、财政部等国家部委官方网站上的资料整理，时间截至 2014 年 9 月。

序号	颁布时间	颁布单位	法规名称
11	1990年2月2日	国家计委	《国家计委印发〈节约能源监测管理暂行规定〉的通知》
12	1990年5月21日	化工部	《化工企业节约能源管理升级（定级）办法》
13	1991年2月5日	能源部	《火力发电厂节约能源规定（试行）》
14	1991年3月2日	国家建材局	《建材工业节约能源管理办法》
15	1991年12月25日	铁道部	《节约能源监测管理暂行办法》
16	1991年12月25日	国家计委、国务院生产办等	《国家计委国务院生产办能源部关于印发〈小型节能热电项目可行性研究技术规定〉的通知》
17	1992年4月29日	民用航空总局	《民用航空节约能源管理实施细则》
18	1992年6月29日	机电部	《机械工业节约能源监测管理暂行规定》
19	1992年11月9日	国务院	《国务院批转国家建材局等部门关于加快墙体材料革新和推广节能建筑意见的通知》
20	1993年3月30日	国家税务局、国家计划委员会	《国家税务局、国家计划委员会关于印发〈固定资产投资方向调节税治理污染、保护环境和节能项目等三个税目注释〉的通知》
21	1993年4月20日	国家计委、国家税务局	《国家计委、国家税务局印发〈关于北方节能住宅投资征收固定资产投资方向调节税的暂行管理办法〉的通知》
22	1995年8月14日	交通部	《全国在用车船节能产品（技术）推广应用管理办法》
23	1996年4月17日	煤炭部	《煤炭部关于发布〈煤炭工业部节约能源监测管理办法〉的通知》
24	1997年10月16日	电力工业部	《电力节能检测中心管理办法》
25	1997年11月1日	全国人民代表大会常务委员会	《中华人民共和国节约能源法（1997年）》
26	1999年3月10日	国家经贸委	《重点用能单位节能管理办法》
27	2000年2月18日	建设部	《民用建筑节能管理规定》
28	2001年7月5日	建设部	《关于发布行业标准〈夏热冬冷地区居住建筑节能设计标准〉的通知》
29	2002年6月20日	建设部	《建设部关于印发〈建设部建筑节能"十五"计划纲要〉的通知》

序号	颁布时间	颁布单位	法规名称
30	2002 年 12 月 3 日	国家环境保护总局	《关于印发〈大气污染防治重点城市划定方案〉的通知》
31	2003 年 1 月 6 日	国家环境保护总局	《关于大气污染防治重点城市限期达标工作的通知》
32	2003 年 1 月 13 日	国家环境保护总局	《关于发布〈柴油车排放污染防治技术政策〉的通知》
33	2003 年 1 月 15 日	国家环境保护总局	《关于发布〈摩托车排放污染防治技术政策〉的通知》
34	2003 年 4 月 21 日	国家环境保护总局	《关于进一步加强城市机动车污染排放监督管理的通知》
35	2003 年 7 月 14 日	国家环境保护总局	《关于执行医疗机构污染物排放标准问题的通知》
36	2003 年 8 月 27 日	国家环境保护总局	《关于实施国家第二阶段机动车排放标准的公告》
37	2003 年 11 月 7 日	国家环境保护总局	《关于确定杭州市、唐山市为污染物排放总量控制试点城市的通知》
38	2003 年 12 月 24 日	国家环境保护总局	《关于发布国家污染物排放标准〈火电厂大气污染物排放标准〉的公告》
39	2004 年 5 月 21 日	国家环境保护总局	《国家环境保护总局关于贯彻实施新修订〈火电厂大气污染物排放标准〉的通知》
40	2004 年 6 月 14 日	建设部	《关于实施〈节约能源——城市绿色照明示范工程〉的通知》
41	2004 年 7 月 2 日	国家发展和改革委员会	《国家发展和改革委员会办公厅关于修订〈中国节能技术政策大纲〉有关事宜的通知》
42	2004 年 7 月 29 日	国家环境保护总局	《国家环境保护总局关于贯彻实施〈柠檬酸工业污染物排放标准〉的通知》
43	2004 年 9 月 2 日	国家环境保护总局	《关于进一步加强大气污染防治改善城市环境空气质量的通知》
44	2004 年 11 月 11 日	国家环境保护总局	《地方环境质量标准和污染物排放标准备案管理办法》（已废止）

序号	颁布时间	颁布单位	法规名称
45	2004 年 12 月 7 日	国家环境保护总局	《关于加强冬季城市大气污染防治工作的通知》
46	2004 年 12 月 17 日	财政部、国家发展和改革委员会	《财政部、国家发展改革委员会关于印发〈节能产品政府采购实施意见〉的通知》
47	2004 年 12 月 29 日	国家环境保护总局	《国家环境保护总局关于发布国家污染物排放标准〈水泥工业大气污染物排放标准〉的公告》
48	2005 年 4 月 15 日	建设部	《关于新建居住建筑严格执行节能设计标准的通知》
49	2005 年 5 月 31 日	建设部	《关于发展节能省地型住宅和公共建筑的指导意见》
50	2005 年 6 月 6 日	国务院	《国务院办公厅关于进一步推进墙体材料革新和推广节能建筑的通知》
51	2005 年 10 月 11 日	国家环境保护总局	《国家环境保护总局关于严格执行〈城镇污水处理厂污染物排放标准〉的通知》
52	2005 年 11 月 10 日	建设部	《民用建筑节能管理规定》（2005 年）
53	2005 年 12 月 25 日	国务院	《国务院办公厅转发发展改革委等部门关于鼓励发展节能环保型小排量汽车意见的通知》
54	2006 年 7 月 31 日	建设部	《关于印发〈民用建筑工程节能质量监督管理办法〉的通知》
55	2006 年 8 月 6 日	国务院	《国务院关于加强节能工作的决定》
56	2006 年 12 月 29 日	建设部	《建设部关于印发〈建筑门窗节能性能标识试点工作管理办法〉的通知》
57	2007 年 1 月 5 日	国家发展和改革委员会	《国家发展改革委关于印发固定资产投资项目节能评估和审查指南（2006）的通知》
58	2007 年 4 月 17 日	财政部、环境保护部	《国家环境保护总局财政部关于印发〈中央财政主要污染物减排专项资金项目管理暂行办法〉的通知》
59	2007 年 6 月 3 日	国务院	《国务院关于印发节能减排综合性工作方案的通知》
60	2007 年 6 月 29 日	中国人民银行	《中国人民银行关于改进和加强节能环保领域金融服务工作的指导意见》
61	2007 年 7 月 3 日	国家发展和改革委员会、国家环境保护总局	《国家发展改革委、国家环保总局关于印发煤炭工业节能减排工作意见的通知》

续表

序号	颁布时间	颁布单位	法规名称
62	2007 年 7 月 13 日	国家测绘局办公室	《关于进一步加强节能减排工作的通知》
63	2007 年 7 月 30 日	国务院	《国务院办公厅关于建立政府强制采购节能产品制度的通知》
64	2007 年 8 月 2 日	国务院	《国务院办公厅关于转发发展改革委等部门节能发电调度办法（试行）的通知》
65	2007 年 8 月 10 日	财政部、国家发展和改革委员会	《财政部　国家发展改革委关于印发〈节能技术改造财政奖励资金管理暂行办法〉的通知》
66	2007 年 8 月 16 日	国家环境保护总局	《国家环境保护总局关于印发〈"十一五"主要污染物总量减排核查办法（试行)〉的通知》
67	2007 年 8 月 28 日	国家环境保护总局、国家发展和改革委员会	《关于加快节能减排投资项目环境影响评价审批工作的通知》
68	2007 年 8 月 28 日	国家发展和改革委员会、教育部、科技部等	《关于印发节能减排全民行动实施方案的通知》
69	2007 年 8 月 29 日	全国妇联	《全国妇联关于开展节能减排家庭社区行动的通知》
70	2007 年 9 月 14 日	教育部	《教育部关于开展节能减排学校行动的通知》
71	2007 年 9 月 29 日	国家发展和改革委员会、科技部等	《关于发布〈节能减排全民科技行动方案〉的通知》
72	2007 年 10 月 23 日	建设部、财政部	《关于加强国家机关办公建筑和大型公共建筑节能管理工作的实施意见》
73	2007 年 10 月 24 日	财政部	《财政部关于印发〈国家机关办公建筑和大型公共建筑节能专项资金管理暂行办法〉的通知》
74	2007 年 11 月 17 日	国务院	《国务院批转节能减排统计监测及考核实施方案和办法的通知》
75	2007 年 11 月 20 日	住房和城乡建设部	《关于开展建设领域节能减排监督检查工作的通知》
76	2007 年 11 月 23 日	中国银行业监督管理委员会	《中国银监会关于印发〈节能减排授信工作指导意见〉的通知》

续表

序号	颁布时间	颁布单位	法规名称
77	2007 年 11 月 23 日	信息产业部	《关于印发节能降耗电子信息技术、产品与应用方案推荐目录的通知》
78	2007 年 11 月 27 日	国家发展和改革委员会	《国家发展改革委关于做好中小企业节能减排工作的通知》
79	2007 年 11 月 30 日	国家环境保护总局	《关于印发〈主要污染物总量减排核算细则（试行）〉的通知》
80	2007 年 12 月 5 日	财政部、国家发展和改革委员会	《财政部、发展改革委关于调整节能产品政府采购清单的通知》
81	2007 年 12 月 20 日	交通运输部	《关于港口节能减排工作的指导意见》
82	2007 年 12 月 20 日	财政部	《财政部关于印发〈北方采暖区既有居住建筑供热计量及节能改造奖励资金管理暂行办法〉的通知》
83	2008 年 3 月 14 日	国家发展和改革委员会、财政部	《国家发展改革委 财政部关于印发〈节能项目节能量审核指南〉的通知》
84	2008 年 4 月 3 日	国家电力监管委员会	《电监会 发展改革委 环境保护部关于印发〈节能发电调度信息发布办法（试行）〉的通知》
85	2008 年 5 月 13 日	住房和城乡建设部、教育部	《住房和城乡建设部、教育部关于推进高等学校节约型校园建设进一步加强高等学校节能节水工作的意见》
86	2008 年 6 月 26 日	住房和城乡建设部	《住房和城乡建设部关于印发〈民用建筑节能信息公示办法〉的通知》
87	2008 年 7 月 10 日	住房和城乡建设部	《住房和城乡建设部关于印发〈北方采暖地区既有居住建筑供热计量及节能改造技术导则〉（试行）的通知》
88	2008 年 7 月 15 日	国务院办公厅	《国务院办公厅关于印发 2008 年节能减排工作安排的通知》
89	2008 年 8 月 1 日	国务院	《公共机构节能条例》
90	2008 年 8 月 1 日	国务院	《民用建筑节能条例》
91	2008 年 8 月 1 日	国务院	《国务院办公厅关于深入开展全民节能行动的通知》

续表

序号	颁布时间	颁布单位	法规名称
92	2008 年 8 月 20 日	住房和城乡建设部、国家工商行政管理总局等	《关于加强建筑节能材料和产品质量监督管理的通知》
93	2008 年 8 月 26 日	国家旅游局	《关于加强旅游行业节能工作的通知》
94	2008 年 9 月 5 日	住房和城乡建设部	《关于做好 2008 年建设领域节能减排工作的实施意见》
95	2008 年 9 月 9 日	商务部	《商务部关于 2008 年商务系统节能减排工作安排的通知》
96	2008 年 9 月 23 日	交通运输部	《关于印发公路水路交通节能中长期规划纲要的通知》
97	2008 年 9 月 23 日	财政部、国家税务总局	《财政部、国家税务总局关于执行环境保护专用设备企业所得税优惠目录节能节水专用设备企业所得税优惠目录和安全生产专用设备企业所得税优惠目录有关问题的通知》
98	2008 年 10 月 14 日	财政部	《财政部关于印发〈再生节能建筑材料财政补助资金管理暂行办法〉的通知》
99	2008 年 11 月 7 日	国家税务总局	《国家税务总局关于税务系统深入开展节能行动和进一步加强节油节电、节能减排工作的通知》
100	2008 年 12 月 4 日	住房和城乡建设部、国家发展和改革委员会、财政部、国务院法制办公室	《关于贯彻实施〈民用建筑节能条例〉的通知》
101	2009 年 1 月 16 日	财政部、国家发展和改革委员会	《财政部、国家发展改革委关于调整节能产品政府采购清单的通知》
102	2009 年 1 月 23 日	财政部科技部	《节能与新能源汽车示范推广财政补助资金管理暂行办法》
103	2009 年 5 月 18 日	财政部、国家发展和改革委员会	《财政部 国家发展改革委关于开展"节能产品惠民工程"的通知》
104	2009 年 5 月 22 日	财政部、国家发展和改革委员会	《高效节能产品推广财政补助资金管理暂行办法》
105	2009 年 7 月 3 日	国家质量监督检验检疫总局	《高耗能特种设备节能监督管理办法》

序号	颁布时间	颁布单位	法规名称
106	2009 年 7 月 19 日	国务院	《国务院办公厅关于印发 2009 年节能减排工作安排的通知》
107	2009 年 7 月 20 日	农业部	《农业部办公厅关于做好 2009 年渔业节能减排项目实施工作的通知》
108	2009 年 7 月 21 日	住房和城乡建设部	《关于扩大农村危房改造试点建筑节能示范的实施意见》
109	2009 年 9 月 22 日	国家发展和改革委员会、科技部、工业和信息化部等	《关于印发半导体照明节能产业发展意见的通知》
110	2010 年 3 月 18 日	工业和信息化部	《工业和信息化部关于印发〈2010 年工业节能与综合利用工作要点〉的通知》
111	2010 年 3 月 26 日	国务院国有资产监督管理委员会	《中央企业节能减排监督管理暂行办法》
112	2010 年 4 月 2 日	国务院	《国务院办公厅转发发展改革委等部门关于加快推行合同能源管理促进节能服务产业发展意见的通知》
113	2010 年 4 月 14 日	工业和信息化部	《关于进一步加强中小企业节能减排工作的指导意见》
114	2010 年 4 月 30 日	财政部、国家发展和改革委员会	《财政部 国家发展改革委关于调整高效节能空调推广财政补贴政策的通知》
115	2010 年 5 月 4 日	国务院	《国务院关于进一步加大工作力度确保实现"十一五"节能减排目标的通知》
116	2010 年 5 月 6 日	国家税务总局	《国家税务总局关于进一步做好税收促进节能减排工作的通知》
117	2010 年 5 月 10 日	国家电力监督管理委员会	《国家电监会关于进一步加强电力行业节能减排监管工作的通知》
118	2010 年 5 月 26 日	财政部、国家发展和改革委员会、工业和信息化部	《关于印发〈"节能产品惠民工程"节能汽车（1.6 升及以下乘用车）推广实施细则〉的通知》
119	2010 年 5 月 28 日	中国人民银行、中国银行业监督管理委员会	《中国人民银行 中国银行业监督管理委员会关于进一步做好支持节能减排和淘汰落后产能金融服务工作的意见》

续表

序号	颁布时间	颁布单位	法规名称
120	2010 年 5 月 31 日	财政部、国家发展和改革委员会	《财政部 国家发展改革委关于印发〈节能产品惠民工程高效电机推广实施细则〉的通知》
121	2010 年 5 月 31 日	财政部、科技部、工业和信息化部、国家发展和改革委员会	《关于扩大公共服务领域节能与新能源汽车示范推广有关工作的通知》
122	2010 年 6 月 4 日	国务院	《国务院办公厅关于进一步加大节能减排力度加快钢铁工业结构调整的若干意见》
123	2010 年 6 月 8 日	国家旅游局	《关于印发〈关于进一步推进旅游行业节能减排工作的指导意见〉的通知》
124	2010 年 6 月 10 日	住房和城乡建设部	《关于切实加强政府办公和大型公共建筑节能管理工作的通知》
125	2010 年 6 月 17 日	住房和城乡建设部国家发展和改革委员会	《关于切实加强城市照明节能管理严格控制景观照明的通知》
126	2010 年 6 月 18 日	国家发展和改革委员会、工业和信息化部、财政部	《"节能产品惠民工程"节能汽车推广目录（第一批）》
127	2010 年 6 月 18 日	住房和城乡建设部	《关于进一步加强建筑门窗节能性能标识工作的通知》
128	2010 年 7 月 9 日	国家安全生产监督管理总局	《国家安全监管总局关于进一步做好煤矿安全监察系统节能减排工作的通知》
129	2010 年 8 月 11 日	国家发展和改革委员会、工业和信息化部、财政部	《"节能产品惠民工程"节能汽车推广目录（第二批）》
130	2010 年 9 月 2 日	财政部办公厅、发展改革委办公厅、工业和信息化部办公厅	《关于做好节能汽车推广补贴兑付工作的通知》
131	2010 年 9 月 17 日	国家发展和改革委员会	《固定资产投资项目节能评估和审查暂行办法》
132	2010 年 9 月 19 日	交通运输部	《交通运输部关于开展道路运输节能减排督查工作的通知》

序号	颁布时间	颁布单位	法规名称
133	2010 年 9 月 25 日	国家发展和改革委员会、工业和信息化部、财政部	《三部委关于"节能产品惠民工程"节能汽车推广目录（第三批）的公告》
134	2010 年 9 月 26 日	国家税务总局	《国家税务总局转发〈财政部 国家发展改革委关于调整节能产品政府采购清单的通知〉的通知》
135	2010 年 10 月 2 日	住房和城乡建设部	《关于开展 2010 年住房城乡建设领域节能减排专项监督检查的通知》
136	2010 年 11 月 12 日	工业和信息化部	《"节能产品惠民工程"节能汽车推广专项核查办法》
137	2010 年 11 月 12 日	国家发展和改革委员会、工业和信息化部、财政部	《工业和信息化部、国家发展改革委、财政部关于印发〈"节能产品惠民工程"节能汽车（1.6升及以下乘用车）推广专项核查办法〉的通知》
138	2010 年 11 月 23 日	国家发展和改革委员会、工业和信息化部、财政部	《"节能产品惠民工程"节能汽车推广目录（第四批）》
139	2010 年 12 月 3 日	国家外汇管理局	《国家外汇管理局综合司关于办理二氧化碳减排量等环境权益跨境交易有关外汇业务问题的通知》
140	2010 年 12 月 30 日	财政部、国家税务总局	《关于促进节能服务产业发展增值税、营业税和企业所得税政策问题的通知》
141	2011 年 5 月 4 日	财政部、住房和城乡建设部	《财政部、住房和城乡建设部关于进一步推进公共建筑节能工作的通知》
142	2011 年 5 月 18 日	工业和信息化部	《关于建立工业节能减排信息监测系统的通知》
143	2011 年 6 月 20 日	财政部、交通运输部	《财政部、交通运输部关于印发〈交通运输节能减排专项资金管理暂行办法〉的通知》
144	2011 年 6 月 21 日	财政部、国家发展和改革委员会	《关于印发〈节能技术改造财政奖励资金管理办法〉的通知》
145	2011 年 6 月 22 日	财政部、国家发展和改革委员会	《关于开展节能减排财政政策综合示范工作的通知》
146	2011 年 6 月 27 日	交通运输部	《交通运输部关于印发公路水路交通运输节能减排"十二五"规划的通知》

序号	颁布时间	颁布单位	法规名称
147	2011 年 8 月 8 日	财政部、科技部	《财政部、科技部关于印发〈中欧中小企业节能减排科研合作资金管理暂行办法〉的通知》
148	2011 年 10 月 24 日	财政部办公厅、科技部办公厅、工业和信息化部办公厅等	《关于进一步做好节能与新能源汽车示范推广试点工作的通知》
149	2011 年 11 月 30 日	住房和城乡建设部、国家发展和改革委员会	《关于批准发布〈公共机构办公用房节能改造建设标准〉的通知》
150	2011 年 12 月 1 日	国务院	《国务院关于印发"十二五"控制温室气体排放工作方案的通知》
151	2011 年 12 月 2 日	农业部	《农业部关于进一步加强农业和农村节能减排工作的意见》
152	2012 年 1 月 6 日	工业和信息化部	《关于进一步加强工业节能减排信息监测系统建设工作的通知》
153	2012 年 1 月 15 日	商务部	《商务部关于"十二五"期间开展零售业节能环保示范工作的通知》
154	2012 年 1 月 29 日	住房和城乡建设部办公厅	《关于印发既有居住建筑节能改造指南的通知》
155	2012 年 1 月 31 日	国家发展和改革委员会、教育部、农业部等	《关于印发节能减排全民行动实施方案的通知》
156	2012 年 3 月 6 日	财政部、国家税务总局、工业和信息化部	《关于节约能源使用新能源车船车船税政策的通知》
157	2012 年 4 月 1 日	住房和城乡建设部、财政部	《关于推进夏热冬冷地区既有居住建筑节能改造的实施意见》
158	2012 年 5 月 9 日	住房和城乡建设部	《关于印发"十二五"建筑节能专项规划的通知》
159	2012 年 6 月 16 日	国务院	《国务院关于印发"十二五"节能环保产业发展规划的通知》
160	2012 年 6 月 28 日	国务院	《国务院关于印发节能与新能源汽车产业发展规划（2012—2020 年）的通知》

续表

序号	颁布时间	颁布单位	法规名称
161	2012 年 7 月 11 日	工业和信息化部	《工业和信息化部关于进一步加强工业节能工作的意见》
162	2012 年 7 月 11 日	工业和信息化部、财政部、国家发展和改革委员会等	《工业和信息化部、财政部、发展改革委商务部关于印发〈节能产品惠民工程推广信息监管实施方案〉的通知》
163	2012 年 8 月 5 日	财政部、中国民用航空局	《关于印发〈民航节能减排专项资金管理暂行办法〉的通知》
164	2012 年 8 月 6 日	国务院	《国务院关于印发节能减排"十二五"规划的通知》
165	2012 年 9 月 19 日	工业和信息化部、科学技术部、财政部	《工业和信息化部、科学技术部、财政部关于加强工业节能减排先进适用技术遴选评估与推广工作的通知》
166	2012 年 10 月 29 日	环境保护部、国家发展和改革委员会、财政部	《关于印发〈重点区域大气污染防治"十二五"规划〉的通知》
167	2013 年 1 月 24 日	环境保护部、国家统计局、国家发展和改革委员会等	《关于印发"十二五"主要污染物总量减排统计、监测办法的通知》
168	2013 年 1 月 30 日	国家发展和改革委员会、科学技术部、工业和信息化部等	《关于印发半导体照明节能产业规划的通知》
169	2013 年 2 月 5 日	工业和信息化部	《工业和信息化部关于进一步加强通信业节能减排工作的指导意见》
170	2013 年 2 月 6 日	国务院	《国务院办公厅关于加强内燃机工业节能减排的意见》
171	2013 年 5 月 31 日	农业部	《农业部办公厅关于做好 2013 年渔业节能减排项目实施工作的通知》
172	2013 年 8 月 1 日	国务院	《国务院关于加快发展节能环保产业的意见》
173	2013 年 8 月 16 日	国家发展和改革委员会	《国家发展改革委关于加大工作力度确保实现 2013 年节能减排目标任务的通知》

序号	颁布时间	颁布单位	法规名称
174	2013 年 9 月 10 日	国务院	《国务院关于印发大气污染防治行动计划的通知》
175	2013 年 9 月 17 日	环境保护部、国家发展和改革委员会、工业和信息化部等	《关于印发〈京津冀及周边地区落实大气污染防治行动计划实施细则〉的通知》
176	2013 年 9 月 27 日	财政部	《关于下达 2013 年交通运输节能减排专项资金的通知》
177	2013 年 12 月 23 日	工业和信息化部	《工业和信息化部关于石化和化学工业节能减排的指导意见》
178	2014 年 1 月 6 日	国家发展和改革委员会	《国家发展改革委关于印发〈节能低碳技术推广管理暂行办法〉的通知》
179	2014 年 2 月 19 日	科学技术部、工业和信息化部	《科技部、工业和信息化部关于印发 2014—2015 年节能减排科技专项行动方案的通知》
180	2014 年 3 月 3 日	科学技术部、环境保护部	《科技部、环境保护部关于印发〈大气污染防治先进技术汇编〉的通知》
181	2014 年 4 月 30 日	国务院	《国务院办公厅关于印发〈大气污染防治行动计划实施情况考核办法（试行）〉的通知》
182	2014 年 5 月 15 日	国务院	《国务院办公厅关于印发〈2014—2015 年节能减排低碳发展行动方案〉的通知》
183	2014 年 7 月 18 日	环境保护部、国家发展和改革委员会、工业和信息化部等	《关于印发〈大气污染防治行动计划实施情况考核办法（试行）实施细则〉的通知》
184	2014 年 8 月 6 日	国家发展和改革委员会	《国家发展改革委关于印发〈单位国内生产总值二氧化碳排放降低目标责任考核评估办法〉的通知》
185	2014 年 9 月 12 日	国家发展和改革委员会、环境保护部、国家能源局	《关于印发〈煤电节能减排升级与改造行动计划（2014—2020 年）〉的通知》

附录二

2012 年中国节能减排十大里程碑事件

事件一：党的十八大首提包含生态文明的"五位一体"，以节能减排建设美丽中国①

2012 年 11 月，党的十八大首次提出："必须更加自觉地把全面协调可持续作为深入贯彻落实科学发展观的基本要求，全面落实经济建设、政治建设、文化建设、社会建设、生态文明建设五位一体总体布局……"。党的十七大首次明确进行生态文明建设，十八大进一步将生态文明深化为"五位一体"总体布局。

党的十八大还强调："坚持节约资源和保护环境的基本国策，坚持节约优先、保护优先、自然恢复为主的方针，着力推进绿色发展、循环发展、低碳发展，形成节约资源和保护环境的空间格局、产业结构、生产方式、生活方式，从源头上扭转生态环境恶化趋势，为人民创造良好生产生活环境，为全球生态安全作出贡献"。"面对资源约束趋紧、环境污染严重、生态系统退化的严峻形势，必须树立尊重自然、顺应自然、保护自然的生态文明理念，把生态文明建设放在突出地位，融入经济建设、政治建设、文化建设、社会建设各方面和全过程，努力建设美丽中国，实现中华民族永续发展"。"推动能源生产和消费革命，控制能源消费总量，加强节能降耗，支持节能低碳产业和新能源、可再生能源发展，确保国家能源安全"。节能减排已经成为建设生态文明、助力美丽中国的重要措施与手段。

---

① 中央政府门户网站，胡锦涛在中国共产党第十八次全国代表大会上的报告，http://www.gov.cn/ldhd/2012-11/17/content_2268826.htm。

事件二：国务院出台《节能减排"十二五"规划》①

2012 年 8 月 6 日，"为确保实现'十二五'节能减排约束性目标，缓解资源环境约束，应对全球气候变化，促进经济发展方式转变，建设资源节约型、环境友好型社会，增强可持续发展能力，根据《中华人民共和国国民经济和社会发展第十二个五年规划纲要》"，国务院出台《节能减排"十二五"规划》。

《节能减排"十二五"规划》由"现状与形势"、"指导思想、基本原则和主要目标"、"主要任务"、"节能减排重点工程"、"保障措施"、"规划实施"六个部分组成，提出了"十二五"时期节能减排的主要任务，对未来中国污染减排工作作出了具体部署和要求，是"十二五"时期中国节能减排的顶层设计与总体规划。

事件三：国务院出台《国家环境保护"十二五"规划》②

"保护环境是我国的基本国策。为推进'十二五'期间环境保护事业的科学发展，加快资源节约型、环境友好型社会建设"，国务院发布制定了《国家环境保护"十二五"规划》。

《国家环境保护"十二五"规划》由"环境形势"、"指导思想、基本原则和主要目标"、"推进主要污染物减排"、"切实解决突出环境问题"、"加强重点领域环境风险防控"、"完善环境保护基本公共服务体系"、"实施重大环保工程"、"完善政策措施"、"加强组织领导和评估考核"九个部分组成，统筹提出了主要污染物减排、改善民生环境保障、农村环保惠民、生态环境保护、重点领域环境风险防范、核与辐射安全保障、环境基础设施公共服务、环境监管能力基础保障及人才队伍建设等"十二五"期间的主要环境保护重点工作，是未来五年中国环保行业的纲领性文件，绘就了环保发展的战略宏图。

---

① 中央政府门户网站，国务院关于印发节能减排"十二五"规划的通知，http：//www.gov.cn/gongbao/content/2012/content_ 2217291. htm。

② 中央政府门户网站，国务院关于印发国家环境保护"十二五"规划的通知，http：//www. gov. cn/zwgk/2011 – 12/20/content_ 2024895. htm。

事件四：国务院讨论通过《"十二五"循环经济发展规划》①

2012年12月12日，国务院讨论通过《"十二五"循环经济发展规划》。规划提出，要加快能源生产和利用方式变革，强化节能减排优先战略，全面提高能源开发转化和利用效率，合理控制能源消费总量，构建安全、稳定、经济、清洁的现代能源产业体系。规划明确建立循环型工业体系、循环型农业体系、循环型服务业体系，开展循环经济示范行动，全面推进循环经济发展。

循环经济是中国经济社会发展的重大战略任务，是推进生态文明建设、实现可持续发展的重要途径和基本方式。循环经济对能源效率提高和污染物排放减少的要求，是中国开展节能减排工作目标之一，有利于中国推行绿色生产与绿色消费。

事件五：工业和信息化部出台《工业节能"十二五"规划》②

2012年2月27日，"为贯彻落实《中华人民共和国国民经济和社会发展第十二个五年规划纲要》、《工业转型升级规划（2011—2015年）》、《国务院"十二五"节能减排综合性工作方案》和《节能减排规划（2011—2015年）》，确立绿色发展的理念，提升工业节能发展水平"，工业和信息化部制定发布了《工业节能"十二五"规划》。

《工业节能"十二五"规划》提出了"十二五"期间工业节能目标：到2015年规模以上工业增加值能耗比2010年下降21%左右，实现节能量6.7亿吨标准煤。提出了"十二五"期间工业九大重点节能项目工程：工业锅炉窑炉节能改造、内燃机系统节能、电机系统节能改造、余热余压回收利用、热电联产、工业副产煤气回收利用、企业能源管控中心建设、两化融合促进节能减排、节能产业培育。同时提出了钢铁、有色金属、石化、化工、建材、机械、轻工、纺织、电子信息等重点行业节能途径与措施。随后，工业和信息化部又先后发布了《2012年工业节能与综合利用工作要点》、《工业和信息化部关于进一步加

---

① 新华网，国务院通过"十二五"循环经济发展规划：http://news. xinhuanet. com/fortune/2012 - 12/13/c_ 124087545. htm，访问时间：2014年11月23日。

② 中国新闻网，工业节能"十二五"规划发布，重点支持节能工程建设：http:// finance. chinanews. com/ny/2012/02 - 28/3703330. shtml，访问时间：2014年11月23日。

强工业节能工作的意见》，进一步加强工业节能工作。

事件六：绿色金融助力深化节能减排工作①

2012 年 2 月 24 日，"为贯彻落实《国务院"十二五"节能减排综合性工作方案》、《国务院关于加强环境保护重点工作的意见》等宏观调控政策，以及监管政策与产业政策相结合的要求，推动银行业金融机构以绿色信贷为抓手，积极调整信贷结构，有效防范环境与社会风险，更好地服务实体经济，促进经济发展方式转变和经济结构调整"，中国银行业监督管理委员会制定发布了《绿色信贷指引》。

《绿色信贷指引》明确绿色信贷的支持方向和重点领域，对国家重点调控的限制类以及有重大环境和社会风险的行业制定专门的授信指引，实行有差别、动态的授信政策。银行业金融机构将从三方面推进绿色信贷：一是加大对绿色低碳循环经济支持，控制落后产能信贷投放；二是注意防范环境社会风险；三是银行注重自身环境和社会表现。《绿色信贷指引》对绿色信贷的实施提出了明确的要求和路径，极大地助力深化了中国节能减排工作。

事件七：碳交易工作在中国试点施行②

2012 年 1 月 13 日，"为落实'十二五'规划关于逐步建立国内碳排放交易市场的要求，推动运用市场机制以较低成本实现 2020 年我国控制温室气体排放行动目标，加快经济发展方式转变和产业结构升级"，国家发展改革委发布《国家发展改革办公厅关于开展碳排放权交易试点工作的通知》，明确在北京市、天津市、上海市、重庆市、湖北省、广东省及深圳市开展碳排放权交易试点。

碳交易作为节能减排的创新机制之一，既能为中国经济繁荣带来新的资金和活力，也为中国在碳金融时代争取一定的话语权提供保障。碳交易作为减缓气候变化的节能减排重要手段之一，为中国在未来全球气候变化谈判中提供了

---

① 中国银行业监督管理委员网站，《中国银监会关于印发绿色信贷指引的通知》，http://www.cbrc.gov.cn/chinese/home/docView/127DE230BC31468B9329EFB01AF78BD4.html；中国节能专家联盟网，《银行绿色信贷为节能服务产业贡献正能量》，http://connection.cecpu.cn/Content.aspx?ID=2846。

② 新京报网：《7 省市将开展碳排放权交易试点》，http://www.bjnews.com.cn/finance/2012/01/14/177873.html。

有力的武器。

事件八：阶梯定价开启中国节能减排新时代①

2012 年 7 月 1 日，阶梯电价在全国全面开始施行，中国内地除西藏和新疆外的 29 个省区市共同步入居民用电"阶梯电价"时代。与此同时，阶梯水价、阶梯气价也在部分省（市）展开，阶梯化收费已成为未来中国资源品价格制定的一个重要手段。阶梯定价对居民日常生活的节能减排有重要意义，通过市场化手段、以价格为支撑开展节能减排工作是深化节能减排的主要方向。阶梯定价以价格杠杆优化能源市场的资源配置，对能源消费和污染物排放有明显的引导作用。

事件九：中央财政大力扶持节能减排②

2012 年，中央财政积极调整财政支出结构，切实保证节能减排工作的进行。2012 年 5 月，财政部宣布中央财政将安排 979 亿元节能减排和可再生能源专项资金，比 2011 年增加 251 亿元。同时，加上可再生能源电价附加、战略性新兴产业、循环经济、服务业发展和中央基建投资中安排的资金，2012 年节能减排财政支出达到 1 700 亿元。此外，国务院还先后多次安排专项资金超过 30 亿元补贴节能减排产品，产品目录涉及节能灯、高效节能空调、高效电机、节能汽车等，为节能减排产品推广提供可靠的财政保障。

事件十：中国成为世界第一风电并网大国③

2012 年 6 月，中国并网风电达 5 258 万千瓦，取代美国成为世界第一风电并网大国。中国风电成为全球风电规模最大、发展最快的电网，大电网运行大风电的能力处于世界领先水平。中国成为世界第一风电并网大国有三重重要的意

---

① 新华网：《居民阶梯电价制度将于 7 月 1 日开始在全国全面试行》，http：//news. xinhuanet. com/fortune/2012 – 06/14/c_ 123283526. htm。

② 新华网：《中央财政今年投 1 700 亿元推进节能减排，突出八大重点》，http：//news. xinhua-net. com/politics/2012 – 05/24/c_ 112029323. htm。

③ 新华网：《我国成为世界第一风电大国，并网风电超 5 200 万千瓦》，http：//news. xinhua-net. com/tech/2012 – 08/16/c_ 123589397. htm。

义，一是标志着中国从"电力大国"向"电力强国"迈出了坚实的一步，中国电力已经实现了从"量"到"质"的升级；二是标志着中国已逐步完成了从"传统石化电力"向"新能源非石化电力"的转变，新型能源结构将大力助推中国的节能减排工作；三是标志着中国电力已经从价值链的低端向价值链的高端迈进，新能源电力将是未来电力市场的主旋律。

参 考 文 献

［1］北京师范大学科学发展观与经济可持续发展研究基地、西南财经大学绿色经济与经济可持续发展研究基地、国家统计局中国经济景气监测中心：《2010 中国绿色发展指数年度报告：省际比较》，北京，北京师范大学出版社，2010。

［2］北京师范大学科学发展观与经济可持续发展研究基地、西南财经大学绿色经济与经济可持续发展研究基地、国家统计局中国经济景气监测中心：《2013 中国绿色发展指数报告：区域比较》，北京，北京师范大学出版社，2013。

［3］陈诗一：《节能减排、结构调整与工业发展方式转变研究》，北京，北京大学出版社，2011。

［4］戴彦德、白泉等：《中国"十一五"节能进展报告》，北京，中国经济出版社，2012。

［5］国宏美亚（北京）工业节能减排技术促进中心：《2011 中国工业节能进展报告——"十一五"工业节能成效和经验回顾》，北京，海洋出版社，2012。

［6］胡剑锋、魏楚：《基于市场机制的节能减排理论、实践与政策》，北京，科学出版社，2012。

［7］揭益寿：《中国绿色经济绿色产业理论与实践》，江苏，中国矿业大学出版社，2002。

［8］蒋洪强、张伟、王明旭：《节能减排的经济效应分析》，北京，中国环境出版社，2013。

［9］李晓西：《中国市场化进程——李晓西的观察与思考》，北京，人民出版社，2009。

［10］李晓西：《中国：新的发展观》，北京，中国经济出版社，2009。

［11］李晓西：《中国市场化进程》，北京，人民出版社，2009。

［12］李晓西、胡必亮等：《中国经济新转型》，北京，中国大百科全书出版社，2011。

［13］李晓西：《宏观经济学（中国版·第二版)》，北京，中国人民大学出版社，2011。

［14］李晓西、胡必亮等：《中国：绿色经济与可持续发展》，北京，人民出版社，2012。

［15］李晓西、林卫斌等：《"五指合拳"——应对世界新变化的中国能源战略》，北京，人民出版社，2013。

［16］李建平、李闽榕、王金南：《中国省域环境竞争力发展报告2009—2010》，北京，社会科学文献出版社，2011。

［17］刘国光：《西部大开发——云南建设绿色经济强省》，云南省政府经研中心等单位编制，1999。

［18］刘思华：《绿色经济论》，北京，中国财政经济出版社，2001。

［19］刘学敏：《循环经济与低碳发展——中国可持续发展之路》，北京，现代教育出版社，2011。

［20］首都科技发展战略研究院：《2012首都科技创新发展报告》，北京，科学出版社，2012。

［21］苏明、傅志华等：《中国"十一五"节能减排财税政策回顾与展望》，北京，中国经济科学出版社，2012。

［22］王群伟、周德群、周鹏：《效率视角下的中国节能减排问题研究》，上海，复旦大学出版社，2013。

［23］吴国华：《中国节能减排战略研究》，北京，经济科学出版社，2009。

［24］杨拴昌：《中国工业节能减排发展蓝皮书》，北京，中央文献出版社，2013。

［25］郑玉歆、齐建国：《实现节能减排目标的经济分析与政策选择》，北京，社会科学文献出版社，2013。

［26］中国科学院可持续发展战略研究组：《2013中国可持续发展战略报

告：未来 10 年的生态文明之路》，北京，科学出版社，2013。

[27] 中国工业节能与清洁生产协会、中国节能环保集团公司：《2011 中国节能减排发展报告——从"十一五"到"十二五"》，北京，中国经济出版社，2011。

[28] 中国工业节能与清洁生产协会、中国节能环保集团公司：《2012 中国节能减排发展报告——结构调整促绿色增长》，北京，中国经济出版社，2013。

[29] 中国电子信息产业发展研究院编著，杨拴昌主编：《中国工业节能减排发展蓝皮书（2012）》，北京，中央文献出版社，2013。

[30] 中华人民共和国国家质量监督检验检疫总局、中国国家标准化管理委员会：《中华人民共和国国家标准：综合能耗计算通则》，北京，中国标准出版社，2008。

[31] 张春霞：《绿色经济发展研究》，北京，中国林业出版社，2002。

[32] 蔡宁、吴婧文、刘诗瑶：《环境规制与绿色工业全要素生产率——基于我国 30 个省市的实证分析》，载《辽宁大学学报》，2014（1）。

[33] 蔡宁、丛雅静、吴婧文：《中国绿色发展与新型城镇化——基于 SBM – DDF 模型的双维度研究》，载《北京师范大学学报（社会科学版）》，2014（5）。

[34] 蔡宁、丛雅静、李卓：《技术创新与工业节能减排效率——基于 SBM – DDF 方法和面板数据模型的区域差异研究》，载《经济理论与经济管理》，2014（6）。

[35] 蔡宁、丛雅静、吴婧文：《节能减排效率评价研究综述：构建一种新型节能减排指数》，载《河北经贸大学学报》，2015（3）。

[36] 蔡昉、都阳、王美艳：《经济发展方式转变与节能减排内在动力》，载《经济研究》，2008（6）。

[37] 蔡宏波、石嘉骐、王伟尧、宋小宁：《技术创新、最优碳税与国际减排合作》，载《国际贸易问题》，2013（2）。

[38] 陈诗一：《能源消耗、二氧化碳排放与中国工业的可持续发展》，载《经济研究》，2009（4）。

[39] 陈诗一：《节能减排与中国工业的双赢发展：2009—2049》，载《经济

《研究》，2010（3）。

［40］陈诗一：《中国的绿色工业革命：基于环境全要素生产率视角的解释（1980—2008）》，载《经济研究》，2010（11）。

［41］陈诗一：《中国工业分行业统计数据估算：1980—2008》，载《经济学（季刊）》，2011（3）。

［42］陈诗一：《中国各地区低碳经济转型进程评估》，载《经济研究》，2012（8）。

［43］陈德敏、张瑞：《环境规制对中国全要素能源效率的影响——基于省际面板数据的实证检验》，载《经济科学》，2012（4）。

［44］陈书章、宋春晓、宋宁、马恒运：《小麦生产 TFP 的区域比较分析》，载《河北农业大学学报》，2013（3）。

［45］陈青青、龙志和、林光平：《中国区域技术效率的随机前沿分析》，载《数理统计与管理》，2011（2）。

［46］陈好孟：《金融支持节能减排问题探讨》，载《中国金融》，2007（22）。

［47］陈明生、康琪雪、张京京：《节能环保与经济增长双重目标下我国重工业结构的调整研究》，载《工业技术经济》，2012（2）。

［48］崔文田、高宇、张博：《Malmquist 指数与 Malmquist – Luenberger 指数的比较研究》，载《西安工程科技学院学报》，2005（2）。

［49］董洁、黄付杰：《中国科技成果转化效率及其影响因素研究——基于随机前沿函数的实证分析》载《软科学》，2012（10）。

［50］方军雄：《市场化进程与资本配置效率的改善》，载《经济研究》，2006（5）。

［51］傅京燕、李丽莎：《环境规制、要素禀赋与产业国际竞争力的实证研究》，载《管理世界》，2010（10）。

［52］冯之俊：《论循环经济》，载《中国软科学》，2004（10）。

［53］冯海发：《总要素生产率与农村发展》，载《当代经济科学》，1993（2）。

［54］樊耀东：《电信运营业节能减排指标体系研究》，载《电信科学》，

2008（5）。

[55] 官建成、陈凯华：《我国高技术产业技术创新效率的测度》，载《数量经济技术经济研究》，2009（10）。

[56] 郭庆旺、贾俊雪：《中国全要素生产率的估算：1979—2004》，载《经济研究》，2005（6）。

[57] 郭军华、倪明、李帮义：《基于三阶段 DEA 模型的农业生产效率研究》，载《数量经济技术经济研究》，2010（12）。

[58] 郭彩霞、邵超峰、鞠美庭：《天津市工业能源消费碳排放量核算及影响因素分解》，载《环境科学研究》，2012（2）。

[59] 洪阳、栾胜基：《环境质量与经济增长的库兹尼茨关系探讨》，载《上海环境科学》，1999（3）。

[60] 黄勇峰、任若恩、刘晓生：《中国制造业资本存量永续盘存法估计》，载《经济学（季刊)》，2002，1（2）。

[61] 黄薇：《风险视角下中国保险公司效率的实证研究》，载《数量经济技术经济研究》，2008（12）。

[62] 黄薇：《中国保险机构资金运用效率研究：基于资源型两阶段 DEA 模型》，载《经济研究》，2009（8）。

[63] 胡必亮、蔡宁、徐利刚：《第一产业的绿色增长》，载《经济研究参考》，2012（13）。

[64] 胡求光、李洪英：《R&D 对技术效率的影响机制及其区域差异研究——基于长三角、珠三角和环渤海三大经济区的 SFA 经验分析》，载《经济地理》，2011（1）。

[65] 何小钢、张耀辉：《技术进步、节能减排与发展方式转型：基于中国工业 36 个行业的实证考察》，载《数量经济技术经济研究》，2012（3）。

[66] 韩晶：《基于 SFA 方法的中国制造业创新效率研究》，载《北京师范大学学报（社会科学版)》，2010（6）。

[67] 韩晶、蓝庆新：《中国工业绿化度测算及影响因素研究》，载《中国人口·资源与环境》，2012（5）。

[68] 韩一杰、刘秀丽：《基于超效率 DEA 模型的中国各地区钢铁行业能源

效率及节能减排潜力分析》，载《系统科学与数学》，2011（3）。

［69］韩慧健、辛况、陶续云：《山东省节能减排政府规制长效机制的构建策略》，载《科学与管理》，2012（10）。

［70］华海岭、高月姣、吴和成：《大中型工业企业技术改造和获取投入效率的 DEA 分析》，载《科研管理》，2011（4）。

［71］金桂荣、张丽：《中小企业节能减排效率及影响因素研究》，载《中国软科学》，2014（1）。

［72］刘书俊：《环境库兹涅茨曲线与节能减排》，载《环境保护》，2007（24）。

［73］刘元明、单绍磊、高朋钊：《煤炭企业节能减排评价指标体系及模型构建》，载《经济研究导刊》，2011（25）。

［74］刘玲利、李建华：《基于随机前沿分析的我国区域研发资源配置效率实证研究》，载《科学学与科学技术管理》，2007（12）。

［75］刘敏、尚新玲：《基于索洛余值法的西安科技进步贡献率测算研究》，载《科技广场》，2008（9）。

［76］刘瑞翔、安同良：《资源环境约束下中国经济增长绩效变化趋势与因素分析——基于一种新型生产率指数构建与分解方法的研究》，载《经济研究》，2012（11）。

［77］李晓西、郑艳婷、蔡宁：《能源绿色战略的国际比较与借鉴》，载《国家行政学院学报》，2012（6）。

［78］李晓西、郑艳婷、蔡宁：《绿色战略：美丽中国》，载《经济研究参考》，2013（2）。

［79］李晓西、郑艳婷、蔡宁：《绿色能源战略，美丽中国》，载《青海科技》，2013（2）。

［80］李晓西、刘一萌、宋涛：《人类绿色发展指数的测算》，载《中国社会科学》，2014（6）。

［81］李清彬、武鹏、赵晶晶：《新时期私营工业全要素生产率的增长与分解——基于 2001—2007 年省级面板数据的随机前沿分析》，载《财贸经济》，2010（3）。

［82］李双杰、范超：《随机前沿分析与数据包络分析方法的评析与比较》，载《统计与决策》，2009（7）。

［83］李春梅、杨蕙馨：《中国信息产业技术效率及影响因素分析——基于随机前沿分析方法的省际实证研究》，载《产业经济评论》，2012（4）。

［84］李涛：《资源约束下中国碳减排与经济增长的双赢绩效研究——基于非径向 DEA 方法 RAM 模型的测度》，载《经济学（季刊)》，2013（2）。

［85］李廉水、周勇：《技术进步能提高能源效率吗？——基于中国工业部门的实证检验》，载《管理世界》，2006（10）。

［86］李真：《技术模仿、转移与创新的贸易利益效应研究——来自中国工业企业的证据》，载《数量经济技术经济研究》，2011（4）。

［87］李国志、李宗植：《二氧化碳排放决定因素的实证分析——基于 70 个国家（地区）面板数据》，载《数理统计与管理》，2011（4）。

［88］李伟娜、杨永福、王珍珍：《制造业集聚、大气污染与节能减排》，2010（9）。

［89］李春米、毕超：《环境规制下的西部地区工业全要素生产率变动分析》，载《西安交通大学学报（社会科学版)》，2012（1）。

［90］李静：《基于 SBM 模型的环境效率评价》，载《合肥工业大学学报（自然科学版)》，2008（5）。

［91］李静、彭翡翠、黄丹丹：《基于并行 DEA 模型的中国工业节能减排效率研究》，载《工业技术经济》，2014（5）。

［92］李子豪、刘辉煌：《FDI 的技术效应对碳排放的影响》，载《中国人口·资源与环境》，2011（12）。

［93］李明：《高校节能减排评价指标体系及综合评判方法》，载《西安工业大学学报》，2011（4）。

［94］李科：《我国省际节能减排效率及其动态特征分析》，载《中国软科学》，2013（5）。

［95］廖先玲、姜秀娟、赵峰、何静：《基于"索洛余值"改进模型的山东省技术进步贡献率测算研究》，载《科技进步与对策》，2010（11）。

［96］林永生、马洪立：《大气污染治理中的规模效应、结构效应与技术效

应——以中国工业废气为例》，载《北京师范大学学报（社会科学版）》，2013（3）。

[97] 凌亢、王浣尘、刘涛：《城市经济发展与环境污染关系的统计研究——以南京市为例》，载《统计研究》，2001（10）。

[98] 蓝庆新、韩晶：《中国工业绿色转型战略研究》，载《经济体制改革》，2012（1）。

[99] 逯雨波、郭彬：《基于 DRF 与 SE - DEA 模型的节能减排效率评价》，载《财会通讯》，2013（27）。

[100] 卢方元、靳丹丹：《我国 R&D 投入对经济增长的影响——基于面板数据的实证分析》，载《中国工业经济》，2011（3）。

[101] 卢强、吴清华、周永章、周慧杰：《广东省工业绿色转型升级评价的研究》，载《中国人口·资源与环境》，2013（7）。

[102] 陆旸：《环境规制影响了污染密集型商品的贸易比较优势吗?》，载《经济研究》，2009（4）。

[103] 陆旸：《从开放宏观的视角看环境污染问题：一个综述》，载《经济研究》，2012（2）。

[104] 苗敬毅、刘应宗：《对技术进步贡献率"索洛余值法"估计的一种改进》，载《数学的实践与认识》，2008（2）。

[105] 牛海燕、牛言跃、徐婷：《节能减排视角下我国电力行业面临的问题及对策》，载《科技与管理》，2008（1）。

[106] 齐建国：《关于循环经济理论与政策的思考》，载《新视野》，2004（4）。

[107] 齐建国：《中国经济高速增长与节能减排目标分析》，载《财贸经济》，2007（10）。

[108] 饶清华、邱宇、许丽忠、张江山：《节能减排指标体系与绩效评估》，载《环境科学研究》，2011（9）。

[109] 沙文兵：《对外直接投资、逆向技术溢出与国内创新能力——基于中国省际面板数据的实证研究》，载《世界经济研究》，2012（3）。

[110] 孙学科、范金、胡汉辉：《中国地区农业 TFP 测算与分解：以南京市

为例》，载《技术经济》，2008（1）。

［111］孙欣、韩伟伟、宋马林：《中国省域节能减排效率评价及其影响因素》，载《西北农林科技大学学报（社会科学版）》，2014（4）。

［112］沈满洪、许云华：《一种新型的环境库兹涅茨曲线——浙江省工业化进程中经济增长与环境变迁的关系研究》载《浙江社会科学》，2000（4）。

［113］宋德勇、卢忠宝：《中国碳排放影响因素分解及其周期性波动研究》，载《中国人口·资源与环境》，2009（3）。

［114］苏利阳、郑红霞、王毅：《中国省际工业绿色发展评估》，载《中国人口·资源与环境》，2013（8）。

［115］唐德祥、李京文、孟卫东：《R&D 对技术效率影响的区域差异及其路径依赖——基于我国东、中、西部地区面板数据随机前沿方法（SFA）的经验分析》，载《科研管理》，2008（2）。

［116］唐要家、袁巧：《工业出口贸易结构变动对节能减排的影响》，载《经济与管理评论》，2012（5）。

［117］涂正革：《中国的碳减排路径与战略选择——基于八大行业部门碳排放量的指数分解分析》，载《中国社会科学》，2012（3）。

［118］王兵、吴延瑞、颜鹏飞：《环境管制与全要素生产率增长：APEC 的实证研究》，载《经济研究》，2008（5）。

［119］王兵、吴延瑞、颜鹏飞：《中国区域环境效率与环境全要素生产率增长》，载《经济研究》，2010（5）。

［120］王军：《理解污染避难所假说》，载《世界经济研究》，2008（1）。

［121］王彦彭：《我国节能减排指标体系研究》，载《煤炭经济研究》，2009（2）。

［122］王德祥、李建军：《我国税收征管效率及其影响因素——基于随机前沿分析（SFA）技术的实证研究》，载《数量经济技术经济研究》，2009（4）。

［123］王俊能、许振成、胡习邦、彭晓春、周杨：《基于 DEA 理论的中国区域环境效率分析》，载《中国环境科学》，2010（4）。

［124］王林、杨新秀：《道路运输企业节能减排评价指标体系的构建》，载《河北理工大学学报（信息与管理工程版）》，2009（4）。

［125］王丽民、宋炳宏、么海亮：《技术创新对河北省节能减排作用的实证研究》，载《河北大学学报（哲学社会科学版）》，2011（4）。

［126］汪中华、梁慧婷：《基于 DEA 模型的黑龙江省工业节能减排效率研究》，载《中国林业经济》，2012（2）。

［127］汪建成、毛蕴诗：《技术改进、消化吸收与自主创新机制》，载《经济管理》，2007（3）。

［128］吴延兵：《R&D 存量、知识函数与生产效率》，载《经济学（季刊)》，2006（3）。

［129］吴延斌：《自主研发、技术引进与生产率——基于中国地区工业的实证研究》，载《经济研究》，2008（8）。

［130］吴翌琳、谷彬：《创新支持政策能否改变高科技产业融资难问题》，载《统计研究》，2013（2）。

［131］吴琦、武春友：《基于 DEA 的能源效率评价模型研究》，载《管理科学》，2009（1）。

［132］魏守华、姜宁、吴贵生：《本土技术溢出与国际技术溢出效应——来自中国高技术产业创新的检验》，载《财经研究》，2010（1）。

［133］魏下海、余玲铮：《中国全要素生产率变动的再测算与适用性研究——基于数据包络分析与随机前沿分析方法的比较》，载《华中农业大学学报（社会科学版）》，2011（3）。

［134］魏后凯：《企业规模、产业集中与技术创新能力》，载《经济管理》，2002（4）。

［135］魏楚、沈满洪：《工业绩效、技术效率及其影响因素——基于2004年浙江省经济普查数据的实证分析》，载《数量经济技术经济研究》，2008（7）。

［136］魏巍贤：《基于 CGE 模型的中国能源环境政策分析》，载《统计研究》，2009（7）。

［137］夏光：《"绿色经济"新解》，载《环境保护》，2010（7）。

［138］夏洁瑾：《FDI 对我国节能减排的影响作用分析》，载《中外企业家》，2013（11）。

［139］夏晶、李佳妮：《基于"索洛余值法"测算湖北 TFP 贡献率的实证

分析》，载《经济研究导刊》，2011（19）。

［140］肖宏伟、李佐军、王海芹：《中国绿色转型发展评价指标体系研究》，载《当代经济管理》，2013（8）。

［141］谢科范、张诗雨、刘骅：《重点城市创新能力比较分析》，载《管理世界》，2009（1）。

［142］徐常萍，吴敏洁：《环境规制对制造业产业结构升级的影响分析》，载《统计与决策》，2012（16）。

［143］徐国泉、刘则渊、姜照华：《中国碳排放的因素分解模型及实证分析：1995—2004》，载《中国人口·资源与环境》，2006（6）。

［144］徐杰、杨建龙：《中国劳动投入及其对经济增长的贡献》，载《经济问题探索》，2010（10）。

［145］许凯、张刚刚：《面向行业的节能减排评价体系研究》，载《武汉理工大学学报》，2010（2）。

［146］余瑞祥：《关于资源环境库兹涅茨曲线的解释》，载《资源·产业》，1999（5）。

［147］颜鹏飞、王兵：《技术效率、技术进步与生产率增长：基于DEA的实证分析》，载《经济研究》，2004（12）。

［148］叶祥松、彭良燕：《我国环境规制下的规制效率与全要素生产率研究：1999—2008》，载《财贸经济》，2011（2）。

［149］余泳泽：《我国节能减排潜力、治理效率与实施路径研究》，载《中国工业经济》，2011（5）。

［150］余泳泽、杜晓芬：《经济发展、政府激励约束与节能减排效率的门槛效应研究》，载《中国人口·资源与环境》，2013（7）。

［151］于鹏飞、李悦、高义学、郗敏、孔范龙：《基于DEA模型的国内各地区节能减排效率研究》，载《中国人口·资源与环境》，2010（S1）。

［152］杨斌：《2000—2006年中国区域生态效率研究——基于DEA方法的实证分析》，载《经济地理》，2009（7）。

［153］杨华峰、姜维军：《企业节能减排效果综合评价指标体系研究》，载《工业技术经济》，2008（10）。

［154］周五七、聂鸣：《碳排放与碳减排的经济学研究文献综述》，载《经济评论》，2013（5）。

［155］周五七、聂鸣：《中国碳排放强度影响因素动态计量检验》，载《管理科学》，2012（5）。

［156］周五七、聂鸣：《基于节能减排的中国省级工业技术效率研究》，载《中国人口·资源与环境》，2013（1）。

［157］周明、李宗植：《基于产业集聚的高技术产业创新能力研究》，载《科研管理》，2011（1）。

［158］赵金楼、李根、苏屹、刘家国：《我国能源效率地区差异及收敛性分析——基于随机前沿分析和面板单位根的实证研究》，载《中国管理科学》，2013（2）。

［159］赵欣、龙如银：《江苏省碳排放现状及因素分解实证分析》，载《中国人口·资源与环境》，2010（7）。

［160］朱波、宋振平：《基于 SFA 效率值的我国开放式基金绩效评价研究》，载《数量经济技术经济研究》，2009（4）。

［161］朱启贵：《能源流核算与节能减排统计指标体系》，载《上海交通大学学报（哲学社会科学版)》，2010（6）。

［162］朱聆、张真：《上海市碳排放强度的影响因素解析》，载《环境科学研究》，2011（1）。

［163］张卓元：《以节能减排为着力点推动经济增长方式转变》，载《经济纵横》，2007（15）。

［164］张军、施少华、陈诗一：《中国的工业改革与效率变化——方法、数据、文献和现有的结果》，载《经济学（季刊)》，2003，3（1）。

［165］张兆国、靳小翠、李庚秦：《低碳经济与制度环境实证研究——来自我国高能耗行业上市公司的经验证据》，载《中国软科学》，2013（3）。

［166］张雷、徐静珍：《水泥行业节能减排综合测评指标体系的构建》，载《河北理工大学学报（自然科学版)》，2010（2）。

［167］张健华：《我国商业银行效率研究的 DEA 方法及 1997—2001 年效率的实证分析》，载《金融研究》，2003（3）。

［168］张颂心、龚建立、王飞绒：《产业创新影响能耗强度的实证分析——以浙江省为例》，载《技术经济与管理研究》，2006（6）。

［169］张江雪、蔡宁、杨陈：《环境规制对中国工业绿色增长指数的影响》，载《中国人口·资源与环境》，2015（1）。

［170］张江雪、朱磊：《基于绿色增长的我国各地区工业企业技术创新效率研究》，载《数量经济技术经济研究》，2012（2）。

［171］张江雪、宋涛、王溪薇：《国外绿色指数相关研究述评》，载《经济学动态》，2010（9）。

［172］张江雪、王溪薇：《中国区域工业绿色增长指数及其影响因素研究》，载《软科学》，2013（10）。

［173］张倩肖、冯根福：《三种 R&D 溢出与本地企业技术创新——基于我国高技术产业的经验分析》，载《中国工业经济》，2007（11）。

［174］中国社会科学院工业经济研究所课题组、李平：《中国工业绿色转型研究》，载《中国工业经济》，2011（4）。

［175］李玲：《中国工业绿色全要素生产率及影响因素研究》，暨南大学博士学位论文，2012。

［176］刘建刚：《基于能源效率视角的碳排放实证研究》，上海社会科学院博士论文，2012。

［177］沙之杰：《低碳经济背景下的中国节能减排发展研究》，西南财经大学博士论文，2011。

［178］谭娟：《政府环境规制对低碳经济发展的影响及其实证研究》，湖南大学博士论文，2012。

［179］王祥：《中国能耗强度影响因素分析与节能目标实现》，东北财经大学博士论文，2012。

［180］杨福霞：《中国省际节能减排政策的技术进步效应分析》，兰州大学博士论文，2012。

［181］赵定涛：《基于环境规制视角的两型社会建设实证研究》，中国科学技术大学博士论文，2012。

［182］国家统计局：中国统计年鉴（2006—2013），北京，中国统计出版

社，2006—2013。

［183］国家统计局、环境保护部：中国环境统计年鉴（2007—2012），北京，中国统计出版社，2007—2012。

［184］国家统计局、科学技术部，中国科技统计年鉴（2007—2012），北京，中国统计出版社，2007—2012。

［185］国家统计局能源统计司，中国能源统计年鉴（2007—2012），北京，中国统计出版社，2007—2012。

［186］国家统计局工业统计司，中国工业经济统计年鉴（2007—2012），北京，中国统计出版社，2007—2012。

［187］国家统计局国民经济综合统计司、国家统计局农村社会经济调查司，中国区域经济统计年鉴（2007—2012），北京，中国统计出版社，2007—2012。

［188］环境保护部，中国环境统计年报（2006—2011），北京，中国环境科学出版社，2006—2011。

［189］中国有色金属工业协会，中国有色金属工业年鉴（2007—2012），北京，中国有色金属工业协会，2007—2012。

［190］曲格平：《循环经济与环境保护》，载《光明日报》，2000 - 11 - 20。

［191］谢振华：《关于循环经济理论与政策的几点思考》，载《光明日报》，2003 - 11 - 03。

［192］郇公弟：《世界首个新兴市场碳效率指数问世》，载《中国证券报》，2009 - 12 - 12。

［193］赵家荣：《推动节能低碳发展是必然选择》，载《经济参考报》，2013 - 11 - 25。

［194］朱敏：《我国主要战略性新兴产业发展现状分析》，载《中国经济时报》，2012 - 05 - 23。

［195］中国建材报：《建材工业节能降耗取得显著进展》，2011 - 01 - 05。

［196］诸大建：《可持续发展呼唤循环经济》，载《科学导报》，1998（9）。

［197］国家统计局，月度数据库［DB/LO］，http：//data. stats. gov. cn/workspace/index？ m = hgyd，2014。

［198］国务院办公厅：《国务院关于进一步加强淘汰落后产能工作的通知》

（国发〔2010〕7 号），http：//www. gov. cn/zwgk/2010 – 04/06/content _ 1573880. htm，2010。

［199］工业和信息化部：《关于石化和化学工业节能减排的指导意见》，http：//www. miit. gov. cn/n11293472/n11295091/n11299314/15812611. html，2013。

［200］工业和信息化部：《建材工业"十二五"发展规划》，http：//www. cinic. org. cn/site951/zcdt/2011 – 11 – 30/517369. shtml，2011。

［201］工业和信息化部、国家能源局：《2011 年全国各地区淘汰落后产能目标任务完成情况》，http：//www. miit. gov. cn/n11293472/n11293877/n1313810 1/n13138118/15078090. html，2012。

［202］工业和信息化部、国家能源局：《2012 年全国各地区淘汰落后产能目标任务完成情况》，http：//www. miit. gov. cn/n11293472/n11293877/n13138101/ n13138133/15753478. html，2013。

［203］科学技术部：《国家科技计划年度报告 2012》，http：//www. most. gov. cn/ndbg/2012ndbg/，2012。

［204］世界经济论坛、埃森哲咨询公司：《全球能源架构绩效指数 2014 年报告》，http：//nstore. accenture. com/acn_ com/Accenture – Insight – New – Energy – Architecture – 2014 – Report. pdf，2013。

［205］新华网：《国务院通过"十二五"循环经济发展规划》，http：//news. xinhuanet. com/fortune/2012 – 12/13/c_ 124087545. htm。

［206］新华网：《居民阶梯电价制度将于 7 月 1 日开始在全国全面试行》，http：//news. xinhuanet. com/fortune/2012 – 06/14/c_ 123283526. htm。

［207］新华网：《中央财政今年投 1 700 亿元推进节能减排，突出八大重点》，http：//news. xinhuanet. com/politics/2012 – 05/24/c_ 112029323. htm。

［208］新华网：《我国成为世界第一风电大国，并网风电超 5 200 万千瓦》，http：//news. xinhuanet. com/tech/2012 – 08/16/c_ 123589397. htm。

［209］新京报网：《7 省市将开展碳排放权交易试点》，http://www. bjnews. com. cn/finance/2012/01/14/177873. html。

［210］张平：《国务院关于转变发展方式调整经济结构情况的报告》，http：//www. npc. gov. cn/huiyi/cwh/1110/2009 – 08/25/content_ 1515435. htm，2009。

［211］中国钢铁工业协会：《中国钢铁工业节能减排月度简报》，http：//www. chinaisa. org. cn/gxportal/DispatchAction. do? efFormEname = ECTM40&key = VDdeYQxnB2YEZQUyXzhXNgdjUDAFYQE2UWdSZ1A7BjNRQg9ADhVUZAEQVxBW QVEz，2012。

［212］中央政府门户网站：《胡锦涛在中国共产党第十八次全国代表大会上的报告》，http：//www. gov. cn/ldhd/2012 – 11/17/content_ 2268826. htm。

［213］中央政府门户网站：《国务院关于印发节能减排"十二五"规划的通知》，http：//www. gov. cn/gongbao/content/2012/content_ 2217291. htm。

［214］中央政府门户网站，国务院关于印发国家环境保护"十二五"规划的通知［EB/LO］，http：//www. gov. cn/zwgk/2011 – 12/20/content_ 2024895. htm。

［215］中国新闻网：《工业节能"十二五"规划发布，重点支持节能工程建设》，http：//finance. chinanews. com/ny/2012/02 – 28/3703330. shtml。

［216］中国银行业监督管理委员会网站：《中国银监会关于印发绿色信贷指引的通知》，http：//www. cbrc. gov. cn/chinese/home/docView/127DE230BC3146 8B9329EFB01AF78BD4. html。

［217］中国节能专家联盟网：《银行绿色信贷为节能服务产业贡献正能量》，http：//connection. cecpu. cn/Content. aspx? ID = 2846。

［218］人民网：《青岛输油管道事故报告发布：泄漏到爆炸的8小时》，http://hi. people. com. cn/n/2014/0111/c228872 – 20363213. html。

［219］石油和化工节能网：《2013年石油和化工行业十大新闻》，http：//www. syhgjn. cn/news_ info. asp? nid = 6630。

［220］王骏：《我国2015年风电装机总量将达到1亿千瓦》，北极星电力网新闻中心，http：//news. bjx. com. cn/html/20131024/467843. shtml。

［221］Aigner, D. J. , T. Amemiya and D. J. Poirier, "On the Estimation of Production Frontiers", *International Economic Review*, 1976（17），377 – 396.

［222］Caves D. W. , Christensen L. R. , Diewert W. E. , "Multilateral Comparisons of Output, Input and Productivity using Superlative Index Numbers", *The Economic Journal*, 1982, 92 (365), 73 – 86.

[223] Charnes A. , Cooper W. W. , Rhodes E. , "Measuring the Efficiency of Decision Making Units", *European Journal of Operational Research*, 1978 (2), 429 – 444.

[224] Chung Y H, Fare R. , Grosskopf S. , "Productivity and Undesirable Outputs: A Directional Distance Function Approach", *Journal of Environmental Management*, 1997.

[225] Chou J. , "Growth Theories in Light of the East Asian experience", Chicago: University of Chicago Press, 1995: 105 – 128.

[226] Copeland B. , Taylor S. , "North – South Trade and Environment", *Quarterly Journal*, 1994.

[227] Copeland, B. R. Pollution Content Tariffs, "Environmental Rent Shifting, and the Control of Cross Border Pollution", *Journal of International Economics*, 1996, 40: 459 – 476.

[228] Cole M. , Elliott R. and Wu S. , "Industrial Activity and the Environment in China: An Industry Level Analysis", China Economic Review, 2008 (19), 393 – 408.

[229] David G. Streets, Kejun Jiang Xiulian Hu Jonathan E. Sinton Xiao – Quan Zhang Deying Xu Mark Z. Jacobson James E. Hansen, "Climate Change: Recent Reductions in China's Greenhouse Gas Emissions", *Science*, 2001.

[230] David Pearce, Anil Markandya, Edward Barbier, "Blueprint for a Green Economy", *Earthscan Publications Limited*, 1989.

[231] Dietz T. and E. A. Rosa, "Effects of Population and Affluence on CO_2 Emissions". *Ecology*, 1997 (94): 175 – 179.

[232] Emerson, J. W. , A. Hsu, M. A. Levy, A. de Sherbinin, V. Mara, D. C. Esty, and M. Jaiteh, "2012 Environmental Performance Index and Pilot Trend Environmental Performance Index", *New Haven: Yale Center for Environmental*, 2012.

[233] Farrell M. J. , "The measurement of productive efficiency", *Journal of*

Royal Statistical Society Series, 1957, 120 (3), 253 – 290.

[234] Fare R. , Grosskopf S. , Lovell C. A. K. and Yaisawarng S. , "Derivation of Shadow Prices for Undesirable Outputs: A Distance Function Approach", *The Review of Economics and Statistics*, 1993, 75 (2), 375 – 380.

[235] Fare R. , Primont D. , "Multi – output Production and Duality: Theory and Applications" . Boston: Kluwer Academic Publishers, 1995.

[236] Fare R. , Grosskopf, S. , Pasurka, C. , "Accounting for Air Pollution Emissions in Measuring State Manufacturing Productivity Growth", *Journal of Reginal Science*, 2001.

[237] Fukuyama, H. , and W. L. Weber, "A Directional Slacks – based Measure of Technical Inefficiency", *Socio – Economic Planning Sciences*, 2009, 43 (4), 274 – 287.

[238] Fried H. O. , Schmidt S. S. , Yaisawarng S. , "Incorporating the Operating Environment into a Nonparametric Measure of Technical Efficiency", *Journal of Productivity Analysis*, 1999 (12), 249 – 267.

[239] Grossman G. M. and A. B. Krueger, "Environmental Impacts of the North American Free Trade Agreement", *NBER Working Paper* 3914, 1991.

[240] International Union for Conservation of Nature (IUCN), "2012 IUCN Annual Report: Nature + Towards Nature – based Solutions", *International Union for Conservation of Nature*, 2012.

[241] Harberger A. C. , "On the Use of Distributional Weights in Social Cost – Benefit Analysis", *Journal of Political Economy*, 1978, 86 (2): 87 – 120.

[242] Jeffrey Wurgler, "Financial Markets and the Allocation of Capital", *Journal of Financial Economics*, 2000: 58.

[243] Kheder S. B. , and Zugravu. N. , "The pollution haven hypothesis: a geographic economy model in a comparative study", *FEEM Working Paper*, No. 73. 2008.

[244] Leontief W. and D. Ford, "Air Pollution and the Economic Structure: Empirical Results of Input – output Computations, Input – Output Techniques", *Am-*

sterdam: North Holland Publishing Company, 1972.

[245] Malmquist S. , "Index numbers and indifference surfaces", *Trabajos de Estatistica*, 1953, 4 (2), 209 – 242.

[246] Masih A. M. and R. Masih, "Energy Consumption, Real Income and Temporal Causality: Results from a Culti – county Study Based on Co – integration and Error – correction Modeling Techniques", *Energy Economics*, 1996 (18): 165 – 183.

[247] Martine Z. I. and E. A. Bengochea, "Pooled Mean Group Estimation for an Environmental Kuznets Curve for CO_2", *Economics Letters*, 2004, 82 (1): 121 – 126.

[248] Porter M E. , "America's Green Strategy", *Scientific American*, 1991, 264 (4): 168.

[249] Roberts J. T. and P. E. Grimes, "Carbon Intensity and Economic Development 1962 – 91: A Brief Exploration of the Environmental Kuznets Curve", *World Development*, 1997 (2): 191 – 198.

[250] Ruggiero J. , "Nonparametric Estimation of Returns to Scale in the Public Sector with an Application to the Provision of Educational Services", *The Journal of the Operational Research Society*, 2000 (51), 906 – 912.

[251] Schmidt, P. , "On the Statistical Estimation of Parametric Frontier Production Functions", *Review of Economics and Statistics*, 1976 .(58), 238 – 239.

[252] Solow R. M. , "A Contribution to the Theory of Economic Growth", *The Quarterly Journal of Economics*, 1956, 70 (1), 65 – 94.

[253] Tone K. , "A Slacks based Measure of Efficiency in Data Envelopment Analysis", *European Journal of Operational Research*, 2001, 130, 498 – 509.

[254] United Nations Environment Programme (UNEP), "Towards a Green Economy Pathways to Sustainable Development and Poverty Eradication", www. unep. org/greeneconomy, 2011.

[255] United Nations Environment Programme (UNEP), "Measuring Progress towards an Inclusive Green Economy", www. unep. org, 2012.

[256] World Water Assessment Programme (WWAP), "The United Nations

World Water Development Report 4: Managing Water under Uncertainty and Risk", Paris: UNESCO, 2012.

[257] Worthington A. C., "Cost Efficiency in Australian Local Government: A Comparative Analysis of Mathematical Programming and Econometric Approaches", *Financial Accountability and Management*, 2000 (16), 201 –224.

[258] Wu Libo, Kaneko Shinji, Matsuoka Shunji, "Driving Forces behind the Stagnancy of China's energy – related CO_2 emissions from 1996 to 1999: The relative importance of structural change, intensity change and scale change", *Energy Policy*, 2005.

[259] W. W. Copper, L. M. Seiford and K. Tone, "Data Envelopment Analysis: a Comprehensive Text with Models, Applications, References and DEA – solver Software", New York: Springer Science + Business Media, 2007, 99 – 106.

[260] Yoruk B. K. and Osman Z., "The Kuznets Curve and the Effect of International Regulations on Environmental Efficiency", *Economics Bulletin*, 2006, 17 (1): 1 –7.

[261] Zhang, R., Jing, J., Tao, J., Hsu, S. – C., Wang, G., Cao, J., Lee, C. S. L., Zhu, L., Chen, Z., Zhao, Y., and Shen, Z, "Chemical Characterization and Source Apportionment of PM2. 5 in Beijing: Seasonal Perspective, Atmospheric Chemistry and Physics", 2013 (13), 7053 – 7074, doi: 10. 5194/acp – 13 – 7053 – 2013.

[262] Zhang Jiangxue and Cai Ning, "Studyon the Green Transformation of China's Industrial Sector", *Contemporary Asian Economy Research*, 2014, 5 (1): 26 – 37.

后　记

　　本书是根据我的博士论文修改而成。自 2009 年开始进行绿色经济方面的研究以来，我已经完成或参与了不少与此相关的课题，独立或合作发表过若干篇论文，在此领域有一定的积累。恰逢博士论文也涉及绿色经济这一领域，借此契机将之前的研究进行一番总结，同时也可算做我离开校园后开展新的研究之始。

　　节能减排是中国建设生态文明，实现美丽中国梦的有效途径之一，是中国经济可持续发展的重要手段。在当前中国经济转型升级的新常态时期，深化节能减排，提高节能减排效率，尤其是工业的节能减排效率，对缓解经济增长与资源、生态、环境之间日益突出的矛盾，积极应对全球气候变化有重要意义。本书从工业节能减排效率的视角，构建新型工业节能减排指数，测度和评估了中国 30 个省份和 36 个工业行业节能减排效率情况，探索分析了影响工业节能减排效率的主要因素，并提出了改善中国工业节能减排的相关政策建议。

　　本书的完成受到国内多位专家学者的帮助和指点。

　　首先，我要特别感谢著名经济学家、我的硕博导师李晓西教授。李教授博学精深的学术造诣，让我惊叹；李教授严谨治学的科学态度，让我感动；李教授高瞻远瞩的思维方式，让我受益匪浅；李教授对我为人处世的谆谆教诲，让我铭记于心。无论是学习方面，还是生活方面，李教授都对我精心指导，从每个细节引导我，激励我，教育我。李教授就是我人生中的明灯，照亮了我前进的方向。

　　其次，我还要特别感谢我的师母王凤英老师。王老师在生活上对我的关心，让我倍感温暖；王老师对我的帮助和爱护，让我茁壮成长。王老师亦师亦母，在点滴中呵护着我。

最后，我要感谢北京师范大学新兴市场研究院院长胡必亮教授和北京师范大学经济与资源管理研究院书记张琦教授。两位教授在学术上给了我很多锻炼的机会，指导我完成相关的学术研究，为我的学习、生活和就业提供了很多建议。

在本书的写作过程中，我还要感谢北京师范大学经济与资源管理学院的张江雪副教授，是张教授的帮助让我走进了工业可持续发展的研究，张教授主持的国家自然科学基金青年项目"中国工业生态效率评价及其绿色转型机制设计"（项目编号：71203013）对本书进行了支助；感谢北京师范大学经济与资源管理学院的林永生副教授，林教授对全书的写作框架、写作思路等进行了深入详细的指导；感谢国务院发展研究中心的程秀生教授、中国银行的王元龙教授、对外经济贸易大学的蓝庆新教授、北京师范大学经济与资源管理学院的韩晶教授、张生玲教授、林卫斌副教授，几位教授在我博士论文开题和答辩时的建议让我受益匪浅；国务院研究室科教文卫司侯万军司长，以及中国农业银行的曾学文主任、国家统计局的潘建成主任、王有捐主任、施发启处长、江明清处长、赵军利处长、陈小龙处长，以及北京师范大学经济与资源管理学院的王诺副教授、郑艳婷副教授、邵辉副教授、白瑞雪副教授、范世涛老师、赵峥老师、刘一萌老师、周晔馨老师、史桂英老师、杨柳老师、范丽娜老师、王颖老师、荣婷婷老师、宋涛老师、王赫楠老师等，也都从各个方面给我帮助，让我不断进步。

感谢中国电子科学研究院的李睿深主任、严晓芳主任、张岩主任、李路博士、安达博士、曾倬颖硕士、计宏亮硕士、郝英好硕士、白蒙硕士、赵楠硕士、饶玉柱硕士、刘欢博士、白倩倩博士、陈茜博士、梁智昊博士、龚振炜博士、谢鹏博士等同事，谢谢你们平时对我工作的关心、包容和支持。

感谢中国金融出版社的黄海清等老师，在他们的帮助和支持下，我才得以出版本书。

借此机会，我还要对国家统计局的丛雅静博士、中国人保的李卓硕士表示感谢，是两位的鼓励和支持才让我有信心完成了本书的写作；对中国工商银行的朱磊硕士、北京师范大学的杨陈硕士、石翊龙博士、中国建设银行的刘诗瑶硕士表示感谢，谢谢你们对本书图表、数据等的贡献；对张亮亮博士、宋洋博士、刘杨博士、闵德龙硕士、青正硕士、罗佳硕士、杨栋硕士、王翥硕士、胡

233

可征硕士、岳宏飞硕士等表示感谢。

门前老树长新芽，院里枯木又开花，半生存了多少话，藏进了满头白发。时间都去哪儿了？也许我最该感谢的，也是最愧对的，是我的家人。是你们在生活上和学习上给了我太多的关怀与支持，你们的恩情是无法用言语形容的，没有你们的默默付出，不会有我今天的成绩，由衷地祝你们身体健康、万事如意！

蔡宁

2015 年 5 月于北京